JN044078

左門至峰・平田賀一 著

技術評論社

本書で扱っている過去問題は，令和5年度ネットワークスペシャリスト試験の午後Ⅰ・午後Ⅱのみです。午前試験は扱っていません。

著者および弊社は，本書の使用による情報処理技術者試験の合格を保証するものではありません。

はじめに

本書は，ネットワークスペシャリストを目指す皆さんが，試験に合格されることを願って書いた本です。

タイトルの「R5」は，令和5年の過去問解説であることを意味しています。また，サブタイトルには「本物のネットワークスペシャリストになるための」と付けています。それは，本書は「最も詳しい」「過去問解説」であるだけでなく，「本物のネットワークスペシャリスト」になってもらうことを意識して書いた本だからです。したがって，「こう問われたらこう答える」などの試験テクニックだけを身に付けて合格するための本にはしていません。

資格だけ持っていて，業務がまったくできないネットワークスペシャリストでは意味がありません。プロ中のプロ，「さすがネットワークスペシャリストは違うなあ」「彼（彼女）は本物だ！」といわれるような知識・経験を身に付けられるような本にしました。この「ネスペ」シリーズは毎年のことですが，わずか1年分の，しかも午後解説しか掲載していません。ですが，単に正解を解説しているだけでなく，実務での実情や，実際の設定も紹介しています。また，各技術の裏側にある本質的なところも，なるべく丁寧に解説しました。

ネットワークスペシャリストに合格するための勉強方法は，基礎学習と過去問の演習です。この二つの勉強を，愚直に，真剣に取り組んだ人が合格されています。

基礎に関しては，拙書の『ネスペ教科書　改訂第2版』（星雲社），そして過去問は本書を含む「ネスペ」シリーズ（技術評論社）で学習してください。また，単にテキストを読むだけでなく，手を動かしながら知識が拡充されるように『手を動かして理解する ネスペ「ワークブック」』を令和4年8月に発行しました。これらの本を活用しながら，ぜひとも合格を勝ち取っていただきたいと思います。

皆さまがネットワークスペシャリスト試験に合格されることを，心からお祈り申し上げます。

2023年10月　　左門 至峰

もくじ

第1章

本書の使い方／過去問を解くための基礎知識

nespeR4

1.1 本書の使い方

1 合格へは３ステップで学習を

ネットワークスペシャリスト試験は，令和４年度の合格率がわずか17.4％という超難関試験です。そんな試験に合格するためには，やみくもに勉強を始めるのではなく，以下に示すような3ステップで行っていくとよいでしょう。まず，受験するまでの大まかな計画を立てます。計画を立てたのち，本格的な勉強に入ります。そして，ネットワークについての基礎知識をしっかりと押さえたのち，過去問題（以下「過去問」と略す）の学習を行います。

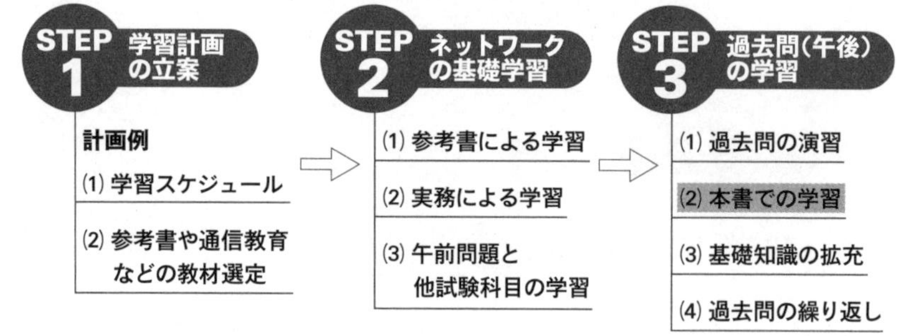

STEP 1 学習計画の立案
計画例
(1) 学習スケジュール
(2) 参考書や通信教育などの教材選定

⇨

STEP 2 ネットワークの基礎学習
(1) 参考書による学習
(2) 実務による学習
(3) 午前問題と他試験科目の学習

⇨

STEP 3 過去問(午後)の学習
(1) 過去問の演習
(2) 本書での学習
(3) 基礎知識の拡充
(4) 過去問の繰り返し

STEP 1 学習計画の立案

学習計画を立てるときは，情報収集が大事です。まず，合格に向けた青写真を描けなければいけません。「こうやったら受かる」という青写真があるから，学習計画が立てられるのです。また，仕事やプライベートも忙しい皆さんでしょうから，どうやって時間を捻出するかも考えなければいけません。

計画は，ネットワークスペシャリスト試験だけのものとは限りません。ドットコムマスターやCCNAなどのネットワーク関連の試験を受けることもあるでしょう。どのような仕事に携わってどのような知識を得られるのかや，学生であれば学校の講義内容なども意識しましょう。ネットワークスペシャリスト試験の勉強方法は，過去問を解いたりテキストを読むことだけではありません。日々の業務も大事ですし，自分のPCでメールの設定を確認したり，オンラインバンキングの証明書の中身を見ることも，この試験の勉強につながるのです。

計画というのは，あくまでも予定です。計画どおりいかないことのほうが多いでしょう。ですから，あまり厳密に立てる必要はありません。しかし，「これなら受かる！」と思える学習スケジュールを立てないと，長続きしません。もし，日常業務が忙しくて，合格できると思えるスケジュール立案が難しければ，受ける試験を変えたり，翌年に延期するなど，冷静な判断が必要かもしれません。

この試験に合格するまでの学習期間は，比較的長くなるでしょう。ですから，合格に向けてモチベーションを高めることも大事です。誰かにモチベーションを高めてもらうことは期待できません。自分で自分自身をencourageする（励ます）のです。拙書『資格は力』（技術評論社）では，資格の意義や合格のコツ，勉強方法，合格のための考え方などをまとめています。勉強を始める前に，ぜひご一読いただければと思います。

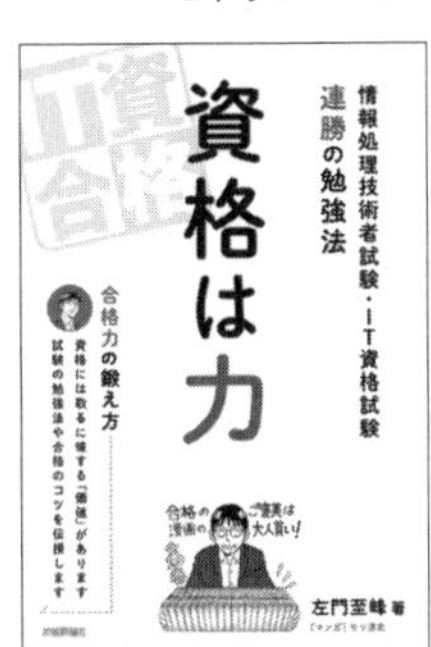

■資格の意義や合格のコツ，勉強方法，合格のための考え方などをまとめた『資格は力』

 ネットワークの基礎学習

次はネットワークの基礎学習です。いきなり過去問を解くという勉強方法もあります。ですが，基礎固めをせずに過去問を解いても，その答えを不必要に覚えてしまうだけで，あまり得策とはいえません。まずは，市販の参考書を読んで，ネットワークに関する基礎を学習しましょう。

参考書選びは結構大事です。なぜなら相性があるからです。書店に行っていろいろ見比べて，自分にあった本を選んでください。私からのアドバイスは，**あまり分厚い本を選ばないこと**です。基礎固めの段階では，浅くてもい

いので，この試験の範囲の知識を一通り学習することです。分厚い本だと，途中で挫折する可能性があります。気持ちが折れてしまうと，勉強は続きません。

これまた拙書で恐縮ですが，『ネスペ教科書 改訂第2版』（星雲社）は，ネットワークスペシャリスト試験を最も研究した私が，試験に出るところだけを厳選してまとめた本です。ページ数も316ページと，手頃なものにしています。理解を助ける図やイラストも多用していますので，まずはこの本で学習していただくのもいいかと思います。

■『ネスペ教科書』は試験に出るところだけを厳選

私が書いた基礎固めの本としては，『ネスペの基礎力』（技術評論社）もあります。合格者にいただいたアンケート結果を見ると，この本を推奨してくださる方がたくさんいます。こちらは，タイトルに「プラス20点の午後対策」と入れているように，ある程度基礎を理解した人向けの本です。なので，いきなり読む本というより，他の本で基礎固めしてから読んでいただくことを意識しています。

この本では，基礎知識の解説中に143個の質問を皆さんに投げかけています。この投げかけた質問の答えはすぐに見るのではなく，自らしっかりと考えて答えてください。そうすることで，わかったつもりになっていた知識，あいまいだった知識に対して，新たな気づきがあると思います。

■『ネスペの基礎力』はある程度基礎を理解した人向け

STEP 3 過去問（午後）の学習

網羅的に基礎知識が身に付いたら，過去問を学習しましょう。合格するには過去問を何度も繰り返し解くことが大事です。

私はかねてから，**過去問演習は4年分を3回繰り返してください**とお伝えしています。このとき，問題文を一言一句まで理解してください。なぜなら，この試験は，問題文にちりばめられたヒントを用いて正答を導くように作られているからです。単に，設問だけを読んでも正解はできません。それに，問題文に書かれたネットワークに関する記述が，ネットワークの基礎知識の学習につながるからです。

ここで役立つのが本書です。本書の過去問解説は，1年分しかありません。しかも，午前問題の解説はなく，午後問題の解説だけです。その分，問題文の解説や，設問における答えの導き方，答案の書き方までを丁寧に解説しました。

また，女性キャラクター（剣持成子といいます）が，解説の中でいくつかの疑問を投げかけます。ぜひ皆さんも，彼女の疑問に対して，自分が先生になったつもりで解説を考えてください。

そして，過去問解説の終わりには，令和5年度試験に合格された方の復元答案を記載しています。IPAから発表される解答例そのままを答えることは不可能です。ですが，違う表現で答えても多くの方が点をもらって合格されています。合格者がどのような答案を書いているかも参考にしてください。

STEP3（3）では，「基礎知識の拡充」と書きました。これは，STEP2で広く浅く演習した知識の深堀りをすることです。過去問を解きながら，ときに実機で設定してみたり，ネットで調べたりしながら知識を深めてください。本書でも，今回の問題で登場した技術の知識に関して，問題文をベースに整理しています。今回はHTTP/2，マルチキャストなどを解説しました。これらの解説を参考に，他の技術に関しても自分なりに理解を深めてもらいたいと思います。

nespeR5

1.2 HTTP/2の基礎解説

午後Ⅰ問1では, HTTP/2について詳しく問われました。HTTP/2に関しては, 応用情報技術者試験（令和元年度秋期 午後問5）で詳しく問われたので, その内容を含めて整理します。

1 HTTPプロトコルの仕組み

HTTP（Hyper Text Transfer Protocol）は, ご存じのとおりインターネットのWebサイトを閲覧するためのプロトコルです。HTTPに関して, 基本的な内容を再確認しましょう。

● **3ウェイハンドシェイクが行われる**

HTTPで通信をするには, 3ウェイハンドシェイクを行った上でTCPコネクションを確立します。

● **複数のTCPコネクションでWebサイトに接続**

Webサイトは, 一つのページであっても, index.htmlなどのHTMLファイルに加え, 画像ファイルやCSSファイルなど, いくつものファイルで構成されています。つまり, 一つのページを閲覧するのに, PCのブラウザとWebサーバの間で複数のTCPコネクションが確立されます。

2 HTTP/1.1とその問題点

HTTPのバージョンですが, 1997年に標準化されたHTTP/1.1が長らく利用されてきました。しかし, HTTP/1.1の仕組みは, 特に通信の高速化の観点で問題点があります。

【問題点①】一つのTCPコネクションで同時に取得できるのは，一つのファイルのみ

過去問（R1年度秋期AP試験 午後問5）の図（下図）を見てください。これは，ブラウザがサーバにWebアクセスした際の通信状況を時間軸で表したものです。

色枠内のindex.htmlというファイルからimage004.jpgまでを見てください。ここには五つのファイルがありますが，ファイルを同時に取得していません。一つのファイルを取得してから，次のファイルを取得しています。このように，一つのTCPコネクションで同時に取得できるのは一つのファイルのみに限定されています。これだと，通信に時間がかかりますよね。

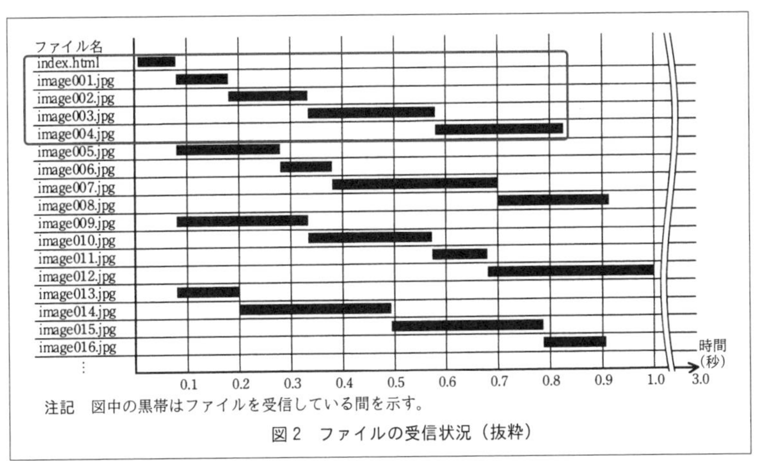

注記　図中の黒帯はファイルを受信している間を示す。

図2　ファイルの受信状況（抜粋）

では，複数のTCPコネクションを確立すればいいのでは？

はい，そのとおりです。上の図でも，四つのTCPコネクションを同時に確立していることがわかります。具体的には，image001.jpg，image005.jpg，image009.jpg，image013.jpgのファイルを並行して受信しています。ですが，Google Chrome等では，一つのブラウザからのTCPコネクションの最大数は6に制限されています。あまり増やすと，サーバへのTCPコネクション確立要求が増えすぎて，サーバエラー（503）になってしまうからです。

【問題点②】高速化技術に制約がある

前記の問題点を解決するために，HTTP1.1では「HTTPパイプライン」機能があります。これは，一つのTCPコネクション上で複数のHTTPリクエストを処理する機能です。

パイプラインを使わない場合，前のレスポンスを受け取らないと次のリクエストが送信できません（下図①）。

一方，パイプラインの場合，レスポンスを待たずに次のリクエストを送ることができます（下図②）。しかし，複数のリクエストを識別する仕組みがありません。よって，複数のリクエストの順番を管理できません。そこで，「リクエストを受けたのと同じ順序でレスポンスを返す」ことで複数のレスポンスの順序を保っているのです。このやり方だと，途中に非常に大きなファイルがあったり，レスポンスを作るのにサーバ側で重たい処理をするような場合，後続のレスポンスは待たされることになります。これをHoLブロッキング（Head Of Line Blocking）といいます（覚える必要はありません）。列（Line）の先頭（Head）のパケットが，それ以降のパケットが送られないようにする（Block）という意味です。

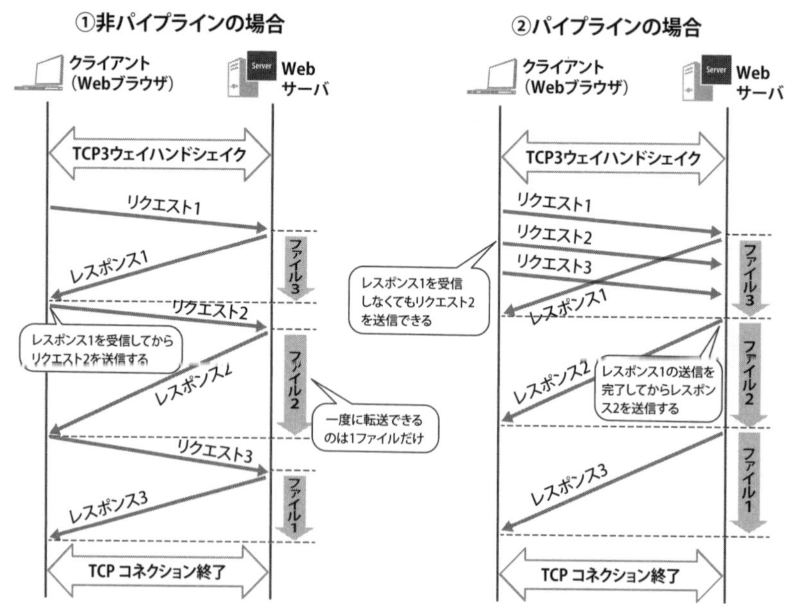

■非パイプラインの場合とパイプラインの場合の処理

このように，パイプラインによる高速化はあまり期待できません。よって，多くのブラウザではパイプラインを使わずに，TCPコネクションをいくつも確立して送るという方法をとることが一般的です。

【問題点③】HTTPヘッダーが圧縮されない

HTTP/1.1では，データ部分のみを圧縮しました。具体的には，CSS（Cascading Style Sheets）やJS（JavaScript）ファイルなどのテキストデータを圧縮します。しかし，HTTPヘッダーに関しては，圧縮されません。

ヘッダーのデータ量なんて，微々たるものでは？

そんなこともないんです。以下はIPAのサイトにアクセスしたときのHTTPリクエストヘッダーです。見てもらうとわかるように，まあまあ長いです。

```
v HyperText Transfer Protocol 2
  v Stream: HEADERS, Stream ID: 1, Length 509, GET /
      Length: 509
      Type: HEADERS (1)
    > Flags: 0x25, Priority, End Headers, End Stream
      0... .... .... .... .... .... .... .... = Reserved: 0x0
      .000 0000 0000 0000 0000 0000 0000 0001 = Stream Identifier: 1
      [Pad Length: 0]
      1... .... .... .... .... .... .... .... = Exclusive: True
      .000 0000 0000 0000 0000 0000 0000 0000 = Stream Dependency: 0
      Weight: 255
      [Weight real: 256]
      Header Block Fragment: 82418af1e3c2e6ac6bcc75fa5787844092b6b9ac1c8558d520a4b6c2ad617b5a54251f01…
      [Header Length: 845]
      [Header Count: 18]
    > Header: :method: GET
    > Header: :authority: www.ipa.go.jp
    > Header: :scheme: https
    > Header: :path: /
    > Header: upgrade-insecure-requests: 1
    > Header: user-agent: Mozilla/5.0 (Windows NT 10.0; Win64; x64) AppleWebKit/537.36 (KHTML, like Gecko)
    > Header: accept: text/html,application/xhtml+xml,application/xml;q=0.9,image/avif,image/webp,image/ap
    > Header: sec-fetch-site: none
    > Header: sec-fetch-mode: navigate
    > Header: sec-fetch-user: ?1
    > Header: sec-fetch-dest: document
    > Header: sec-ch-ua: "Not/A)Brand";v="99", "Google Chrome";v="115", "Chromium";v="115"
    > Header: sec-ch-ua-mobile: ?0
    > Header: sec-ch-ua-platform: "Windows"
    > Header: accept-encoding: gzip, deflate, br
    > Header: accept-language: ja,en-US;q=0.9,en;q=0.8
    > Header: cookie: _ga_QTRQ8M2VQJ=GS1.1.1691846516.1.1.1691846524.52.0.0
    > Header: cookie: _ga=GA1.1.832409645.1691846517
      [Full request URI: https://www.ipa.go.jp/]
```

■HTTPリクエストヘッダーの例

3 HTTP/2

前記の問題点を改良したプロトコルがHTTP/2です。2015年に標準化され，今では多くのサイトで利用されるようになりました。

たとえば，IPAのサイトを見てみましょう。以下はGoogle Chromeのブラウザの画面です。F12キーを押してディベロッパーツールを表示させます。「ネットワーク」タブ（下図❶）を開き，表示する項目を右クリックで増やします（下図❷のように「プロトコル」にチェックを入れる）。すると，プロトコルの項目が表示されます（下図❸）。

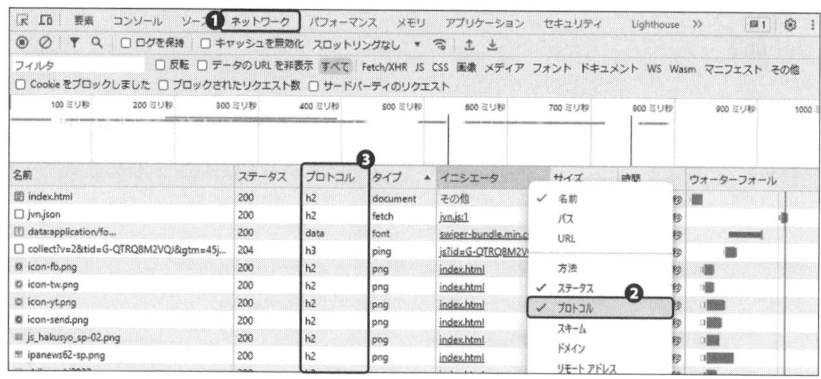

■プロトコルを確認

上記のプロトコルの列（上図❸）を見ると，多くが「h2」になっていて，HTTP/2が利用されていることがわかります。なかには「h3」（＝HTTP/3）という表示も確認できます。参考までに，HTTP/3は2022年に標準化され，さらに高速化されたプロトコルです（ここでは，HTTP/3の解説は省略させてもらいます）。

私たちのPCでは，何も設定しなくても，
自動でHTTP/2を使っているということですか？

そうです。皆さんが使っているブラウザは，よほど古いブラウザでなければ，ほぼHTTP/2に対応しています。設定は特に不要です。とはいえ，Webサーバ側では，HTTP/2有効化が必要です。

4 HTTPSをOSI参照モデルで考える

さて，HTTP/2の解説に進みますが，HTTP/2は基本的にHTTPSで動作します。HTTPSは，HTTP over TLSです。

ではTLSはOSI参照モデルの第何層でしょうか？

アプリケーション層ではないと思うので，その下のトランスポート層でしょうか？

質問をしておいてなんですが，OSI参照モデルは，実際のHTTPなどのプロトコルの実態に即していません。なので，「正解は第○層です！」と明確にはいいづらいところがあります。あえて正解をいうならば，TLSはトランスポート層（4層）とアプリケーション層（上位層）の間にあります。イメージとしては，セッション層のような役割と考えてもいいでしょう。

■TLSは第何層か

層	名称	プロトコル
7層	アプリケーション層	HTTP
6層	プレゼンテーション層	
5層	セッション層	TLS（このあたりに位置する）
4層	トランスポート層	TCP
3層	ネットワーク層	IP
2層	データリンク層	イーサネット

5 HTTP/2の通信シーケンス

HTTP/2の通信シーケンスをR5年度 午後Ⅰ問1の問題文から引用します。この図は，先のレイヤーを意識すると理解しやすいと思います。まず，トランスポート層では，3ウェイハンドシェイクによってTCPコネクションを確立します（下図❶）。次にTLSのネゴシエーションによってTLSセッションを開始します(下図❷)。最後はアプリケーション層です。確立されたTLSセッション上で，HTTP/2によってWebコンテンツ（ファイル）を転送します（下図❸）。

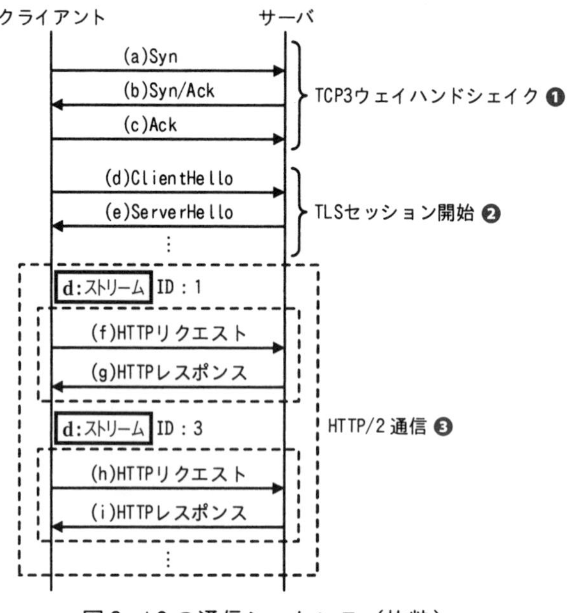

図3　h2の通信シーケンス（抜粋）

6 暗号化通信(h2)と非暗号通信(h2c)

HTTP/2の通信には，TLSを使った暗号化通信（h2）と，HTTPによる非暗号化通信（h2c）があります。h2cのcは，Cleartext（平文）という意味です。

先の図3は，タイトルに「h2の通信シーケンス」とあるように，暗号化通信です。

ただ，Google ChromeやFirefoxなどの多くのブラウザではh2cが未対応です。よって，実質的には，HTTP/2は暗号化通信のみです。加えて，h2の通信には，今回の問題文に記載があるように，「TLSのバージョンとして1.2

以上が必要」などの条件があります。TLS1.1などの古いバージョンは利用できず，高いセキュリティが保たれたプロトコルといえます。

7 ストリームによる通信の多重化

HTTP/2では，一つのTCPコネクション上で，**ストリーム**と呼ばれる仮想的な通信路を作ります。この通信路によって，複数のHTTPリクエストとHTTPレスポンスを同時に処理することができるようになりました。ストリームにはIDを付与し，複数のHTTPリクエストやHTTPレスポンスが同時にやり取りされても，クライアントとサーバでどのストリームなのかを識別できるようにします。

先の図3を見てください。❶で3ウェイハンドシェイクを実行していますから，これが一つのTCPコネクションです。この中に，ID：1のストリームとID：3のストリームがあります。この二つのストリームは同時に通信が可能です。

パイプライン処理における，リクエストを受けたのと同じ順序でレスポンスを返さなければいけない問題をどうやって解決したのですか？

p.12で述べたとおり，パイプラインでは，送られてきた複数のHTTPリクエストを識別する仕組みがありませんでした。一方，HTTP/2では，ストリームにIDが割り当てられているので，複数のHTTPリクエストを識別することができます。これにより，パイプラインのような順番に関する制約がなくなり，複数のHTTPリクエストを同時に処理することができます。

余談ですが，図3では，ストリームID：1の次がID：2ではなくID：3です。HTTP/2では，クライアントからのリクエストに奇数のIDを，サーバからのリクエストに偶数のIDを使うように決められています。IDの衝突を避けるためです。

8 ヘッダー圧縮

HTTP/1.1までは，ヘッダー情報は非圧縮のテキスト形式でした。テキスト形式というのは，人間にとっては読みやすいのですが，セキュリティの脆弱性（たとえばヘッダインジェクション攻撃）が紛れ込みやすいという弱点がありました。

そこで，HTTP/2では，HPACK（Header Compression for HTTP/2）と呼ばれるアルゴリズムで，テキスト形式のHTTPのヘッダー情報をバイナリ形式で圧縮します。

テキスト形式をバイナリ形式にすれば
圧縮できるのですか？

いえ，そういう単純なものではありません。HPACKの仕組みを覚える必要はないので読み飛ばしてかまわないのですが，バイナリ形式にする際，いくつかの圧縮技術を使います。例として「:method: GET」という文字列であれば，この文字列ではなく，「2」というインデックス（番号）に置き換えることで情報を圧縮します。

では，実際のヘッダーを見てみましょう。HTTP/1.1と，HTTP/2のそれぞれでYahoo! Japanのサイトに接続した際のパケットをキャプチャしました（次ページ図）。

※右のHTTP/2の内容ですが，バイナリ形式にはなっていません。Wiresharkが，バイナリ形式のデータをテキスト形式に自動で変換してくれるからです。

```
> Frame 15: 167 bytes on wire (1336 bits), 167 byte
> Ethernet II, Src: 5a:e0:8f:6f:ba:da (5a:e0:8f:6f:
> Internet Protocol Version 4, Src: 10.0.99.8, Dst:
> Transmission Control Protocol, Src Port: 60300, D
> Transport Layer Security
v Hypertext Transfer Protocol
  > GET / HTTP/1.1\r\n
    Host: www.yahoo.co.jp\r\n
    User-Agent: curl/7.81.0\r\n
    Accept: */*\r\n
    \r\n
    [Full request URI: https://www.yahoo.co.jp/]
    [HTTP request 1/1]
    [Response in frame: 38]
```

■HTTP/1.1のHTTPヘッダー

```
> Frame 199: 399 bytes on wire (3192 bits), 399 bytes captured (3192 b
> Ethernet II, Src: 5a:e0:8f:6f:ba:da (5a:e0:8f:6f:ba:da), Dst: Fortin
> Internet Protocol Version 4, Src: 10.0.99.8, Dst: 183.79.
> Transmission Control Protocol, Src Port: 40868, Dst Port: 443, Seq:
> Transport Layer Security
v HyperText Transfer Protocol 2
  v Stream: HEADERS, Stream ID: 15, Length 289, GET /
      Length: 289
      Type: HEADERS (1)
    > Flags: 0x25, Priority, End Headers, End Stream
      0... .... .... .... .... .... .... .... = Reserved: 0x0
      .000 0000 0000 0000 0000 0000 0000 1111 = Stream Identifier: 15
      [Pad Length: 0]
      0... .... .... .... .... .... .... .... = Exclusive: False
      .000 0000 0000 0000 0000 0000 0000 1101 = Stream Dependency: 13
      Weight: 41
      [Weight real: 42]
      Header Block Fragment: 82048163418cf1e3c2fe8739ceb90ebf4aff877ab
      [Header Length: 528]
      [Header Count: 14]
    > Header: :method: GET
    > Header: :path: /
    > Header: :authority: www.yahoo.co.jp
    > Header: :scheme: https
    > Header: user-agent: Mozilla/5.0 (X11; Ubuntu; Linux x86_64; rv:1
    > Header: accept: text/html,application/xhtml+xml,application/xml;
    > Header: accept-language: ja,en-US;q=0.7,en;q=0.3
```

■HTTP/2のHTTPヘッダー

色枠で囲んだ内容を見比べてください。表現は若干変わりましたが，記載内容は基本的に同じです。

さて，今回の午後Ｉ問1の設問でも問われるので，HTTP/2のヘッダーの具体的な内容を確認しておきましょう。主なヘッダーを以下に記載します。

■HTTP/2のヘッダーの内容

ヘッダーフィールド	必須項目	内容
:method	○	メソッド（GETやPOST）を指定
:path	○	コンテンツのパスを指定
:authority	－	FQDNを指定
:scheme	○	URLの先頭部分がhttp://かhttps://かを明らかにするために，httpかhttpsを設定

9 フロー制御

フロー制御とは，通信のフロー（flow：流れ）を制御することです。具体的には，送信速度が速すぎて受信側がデータを受け取れずにあふれてしまったり，逆に送信速度が遅すぎて非効率にならないようにするなど，通信の流れを制御することです

HTTP/2に関しては，フロー制御としてストリームの優先度の設定ができ

ます。たとえば，あるHTMLファイルに，画像とCSSとJavaScriptが含まれているとします。CSSの転送が遅れてしまうと画面のレイアウトが崩れる可能性があります。そこで，そのようなことが起きないように，クライアントのブラウザはCSSなどのファイルの優先度を高く設定します。

サーバではなく，クライアントが優先度設定をするのですか？

はい。ただ，サーバはクライアントの要求を無視し，サーバ側の都合で優先度を変えることもできます。クライアントの要求は参考にするものの，最終的な決定権はサーバにあります。

なお，優先度の処理は，ブラウザソフトウェアやサーバソフトウェアによって実装レベルがまちまちです。あまり深入りしないことをお勧めします。

参考ですが，HTTP/1.1では，一つのTCPコネクション上で同時に転送できるファイルが一つだけだったので，フロー制御の仕組みは必要ありませんでした。

10 互換性とALPN

HTTP/1.1とHTTP/2は互換性があるのですか？

HTTP/1.1とHTTP/2は別のプロトコルで，互換性はありません。なので，仮にHTTP/2しか動作しないWebサーバがあるとすると，HTTP/1.1で通信することはできません。

とはいえ，問題文にあるように，「HTTP/2は，HTTP/1.1と互換性が保たれるように設計」されています。そのおかげで，HTTP/2の場合に，「http2://●●●.jp/」などのようなHTTP/2専用のURLを使う必要はありません。

サーバには，HTTP/1.1とHTTP/2の両方の通信が届くんですよね？

はい。そうです。でも，特に問題はありません。Webサーバ側で，HTTP/1.1とHTTP/2の両方に対応すればいいだけだからです。同様のことは無線LANでも行われています。1台のAPが，2.4GHz帯と5GHz帯の両方に対応しているのと同じです。

では，サーバでは，どうやってHTTP/1.1を使うのかHTTP/2のプロトコルを使うのかを決めるのでしょうか。それは，先のHTTP/2のシーケンス（p.16）におけるTLSのClientHelloとServerHelloにて決めます。その仕組みがALPN（Application-Layer Protocol Negotiation）です。ALPNを直訳すると「アプリケーション層のプロトコル交渉」です。その名のとおり，アプリケーション層（今回はHTTP）のプロトコルをネゴシエーションします。具体的には，クライアントは「私は上位層のプロトコルとして，HTTP/2とHTTP/1.1が使えます」，サーバは「ではHTTP/2を使いましょう」といった感じでネゴシエーションします。

以下，Wiresharkでパケットキャプチャしたを見てください。Extension（拡張）として，ALPNがあります。この場合，ALPNでは，次の（＝上位の）プロトコルとしてh2（HTTP/2）とHTTP/1.1が利用可能であることを伝えています。

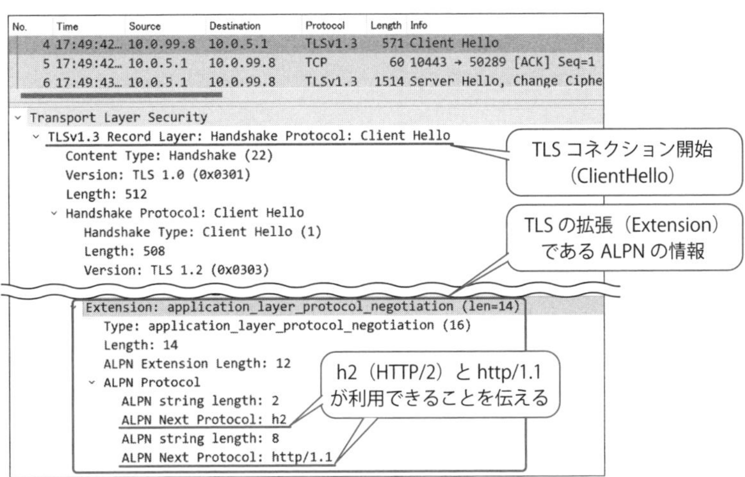

■アプリケーション層のプロトコルのネゴシエーション

参考　HTTPS通信をWiresharkでキャプチャしてみよう

この節のキャプチャ画面では，暗号化されているはずのHTTPS（HTTP over TLS）の通信内容をWiresharkで表示しました。皆さんもご自宅で確認されるかもしれないので，そのやり方を説明します。今回の環境は，Windows11とChrome（Version 115），Wireshark4.0.7です。

簡単に流れを説明すると，まず，暗号化に使う共通鍵をブラウザの機能で保存します。次に，Wiresharkにその鍵を読み込ませることで，TLS通信を復号します。

（1）Chromeの設定と起動

①デスクトップに，Chromeのショートカットを作成します。方法はいくつかあると思いますが，たとえば，「C:¥Program Files¥Google¥Chrome¥Application」のフォルダにある「chrome.exe」を右クリックし，「その他のオプションを確認」から「ショートカットの作成」を実行します。
②Chromeのショートカットのプロパティを開きます。
③「リンク先」に，以下のオプションを追記し，［OK］を押して閉じます。

--ssl-key-log-file=%userprofile%¥Desktop¥sslkeylog.txt

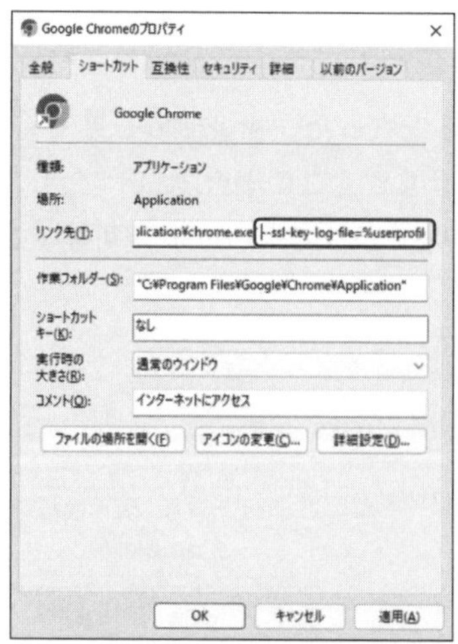

④作成したショートカットからChromeを起動します。
⑤httpsのサイトを閲覧すると，デスクトップにsslkeylog.txtが生成されることを確認します。

（2）Wiresharkの起動

①Wiresharkを起動し，キャプチャを開始します。
※先にインターフェースを指定したあとに，フィルタに「port 443」と設定して開始すると，HTTPSのトラフィックだけをキャプチャできます。

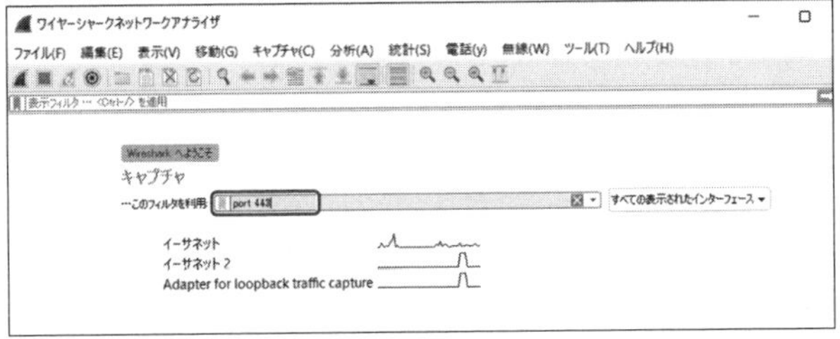

②キャプチャが開始されたら,「編集」→「設定」をクリックし,「Protocols」から「TLS」を選択します。

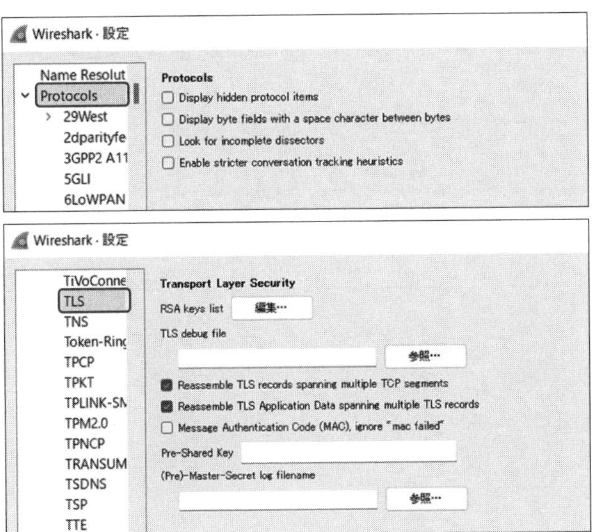

③「(Pre) -Master-Secret log filename」の「参照」ボタンを押し, デスクトップにある「sslkeylog.txt」を選択し, OKを押します。

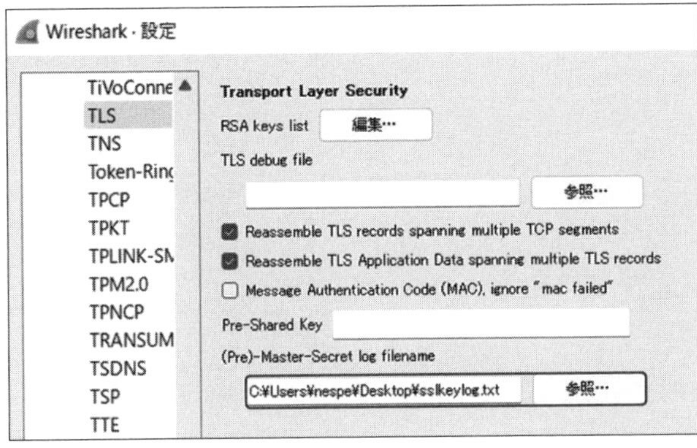

TLS通信が復号されて，通信内容が確認できます。

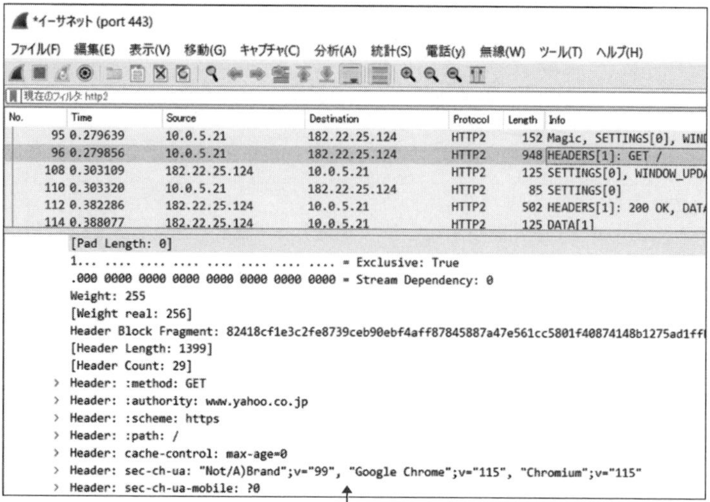

*イーサネット (port 443)

ファイル(F) 編集(E) 表示(V) 移動(G) キャプチャ(C) 分析(A) 統計(S) 電話(y) 無線(W) ツール(T) ヘルプ(H)

現在のフィルタ: http2

No.	Time	Source	Destination	Protocol	Length	Info
95	0.279639	10.0.5.21	182.22.25.124	HTTP2	152	Magic, SETTINGS[0], WIND
96	0.279856	10.0.5.21	182.22.25.124	HTTP2	948	HEADERS[1]: GET /
108	0.303109	182.22.25.124	10.0.5.21	HTTP2	125	SETTINGS[0], WINDOW_UPDA
110	0.303320	10.0.5.21	182.22.25.124	HTTP2	85	SETTINGS[0]
112	0.382286	182.22.25.124	10.0.5.21	HTTP2	502	HEADERS[1]: 200 OK, DATA
114	0.388077	182.22.25.124	10.0.5.21	HTTP2	125	DATA[1]

```
    [Pad Length: 0]
    1... .... .... .... .... .... .... .... = Exclusive: True
    .000 0000 0000 0000 0000 0000 0000 0000 = Stream Dependency: 0
    Weight: 255
    [Weight real: 256]
    Header Block Fragment: 82418cf1e3c2fe8739ceb90ebf4aff87845887a47e561cc5801f40874148b1275ad1ff
    [Header Length: 1399]
    [Header Count: 29]
  > Header: :method: GET
  > Header: :authority: www.yahoo.co.jp
  > Header: :scheme: https
  > Header: :path: /
  > Header: cache-control: max-age=0
  > Header: sec-ch-ua: "Not/A)Brand";v="99", "Google Chrome";v="115", "Chromium";v="115"
  > Header: sec-ch-ua-mobile: ?0
```

通信が復号されている

nespeR5 1.3 マルチキャストの基礎解説

午後Ⅰ問2では，マルチキャストについて詳しく問われました。問題文を引用して，基礎的な知識を解説します。

1 マルチキャストとは

たとえば，こんなケースを考えてください。

> 若手社員からネットワークスペシャリスト試験に関するアドバイスを求められることがたびたびあった。個別に同じ説明をするのは面倒になったので，全社員を集めた朝礼で，全員に説明をしようとした。ところが，上司からは，試験を受けない人もいるという理由から，反対されてしまった。何かいい方法はないだろうか。

希望者だけを集めて，その人たちだけに説明するのがいいと思います。

そのとおりです。この考え方がマルチキャストです。グループを作ってそのグループだけに配信するのです。次ページに，①ブロードキャスト，②ユニキャスト，③マルチキャストのイメージを図に表します。

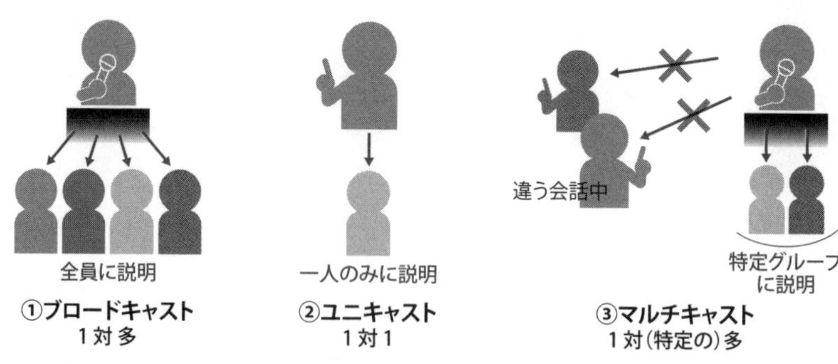

■ブロードキャスト，ユニキャスト，マルチキャストのイメージ

でも，マルチキャストをせずに，該当グループ全員にユニキャストをしてもいいですよね？

たしかに，その方法でも可能です。しかし，特に映像データなどのように大容量になってくると，帯域を大きく圧迫するというデメリットがあります。

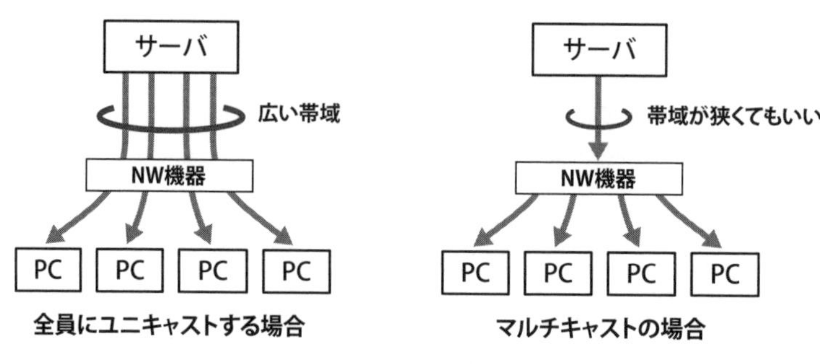

■ユニキャストでは，広い帯域が必要となる

2 マルチキャストの用語

マルチキャストに関する用語を整理します。

(1) ソースとレシーバ

ソース（マルチキャストソースともいいます）は，マルチキャストパケットを送信するホストのことです。今回の午後Ⅰ問2の問題では，IPカメラがソースに該当します。

レシーバ（マルチキャストレシーバともいいます）は，マルチキャストパケットを受信するホストのことです。今回の問題では，レシーバという名前の機器やPCが該当します。

(2) マルチキャストのIPアドレス

マルチキャストでは，先頭4ビットが1110で始まるクラスDのIPアドレスを使います。具体的には，「224.0.0.0～239.255.255.255」です。たとえば，232.1.1.1というマルチキャストIPアドレスを使うとします。ソースであるマルチキャストのサーバは，232.1.1.1を宛先IPアドレスにしたパケットを送ります。すると，232.1.1.1のグループに参加している端末（レシーバ）が，このマルチキャストを受け取ります。232.1.1.1のIPマルチキャストアドレスは，グループの識別子としても利用され，今回の問題では，「グループアドレス」と表現されています。

このパケットは，グループに参加していない端末に届いてもいいのですか？

はい，問題ありません。受信したパケットの宛先を確認し，関係ないパケットは破棄するだけだからです。ただ，後述するIGMPスヌーピングを使うと，マルチキャストを要求したPCやレシーバだけにパケットが送信されます。

3 マルチキャストの仕組み（PIM-SMとIGMPv2の場合）

さて，ここからは，マルチキャストの具体的な仕組みを説明していきます。バージョンによって動作が異なるので，PIM-SMとIGMPv2の場合で説明します。この説明でマルチキャストの基本的な動作が理解できると思います。

その後，今回の問題でも登場したPIM-SM（＋SSM）とIGMPv3の場合について説明します。

(1) PIMとIGMPの概要

マルチキャストパケットを届ける先は，このパケットが欲しい端末に限定すべきです。たとえば，今回の問題文の場合，IPカメラの映像を届ける先はレシーバ（の先にあるモニター）と一部のPCです。映像を受け取らないPCに届ける必要がありません。

レシーバにマルチキャストのパケットをきちんと届け，なおかつ，該当端末にのみ配信するための仕組みとしてPIMとIGMPがあります。

私が苦手なやつです。

難しいですよね。マルチキャストを解説するだけでも1冊の本になります。本気で理解しようとすると大変です。まずは，この二つのプロトコルが何をするものなのか，理解しましょう。一つ目のPIM（Protocol Independent Multicast）は，マルチキャストを届けるL3装置（ルータやL3スイッチなど）間でルーティングするためのプロトコルです。もう一つのIGMP（Internet Group Management Protocol）は，L3装置からレシーバ間で，レシーバを管理するためのプロトコルです。

詳細は後述しますので，まずは全体像を次ページの図でざっくり理解しましょう。

図中❶のjoinの矢印を見て下さい。これは，マルチキャストのパケットを受け取りたい端末（レシーバ11と13）が，「受け取りたい」という表明をします。

次に❷の色矢印に着目してください。IPカメラ11が配信するパケットを，マルチキャストを使ってレシーバ11とレシーバ13に届けます。

このとき，目的のレシーバだけにパケットを届ける仕組みとして，L3装置間では①PIMを使い，L3装置からレシーバ間では②IGMPを使います。

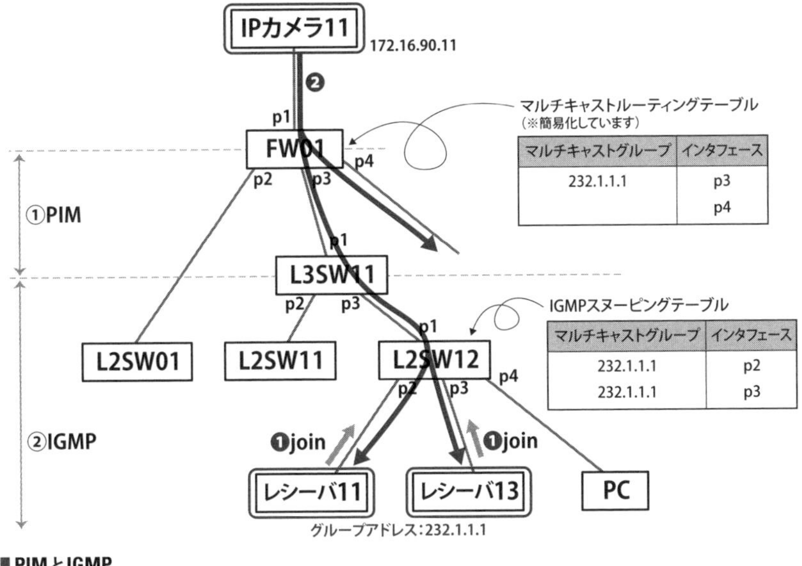

マルチキャストグループ	インタフェース
232.1.1.1	p3
	p4

マルチキャストグループ	インタフェース
232.1.1.1	p2
232.1.1.1	p3

■PIMとIGMP

(2) IGMP

IGMPの機能を紹介します。

①IGMPによるレシーバの管理

IGMP（Internet Group Management Protocol）は，Group（グループ）をManagement（管理）という言葉のとおり，マルチキャストグループに所属するレシーバを管理するプロトコルです。

PCが，あるマルチキャストグループに参加（join）するときは，IGMP joinメッセージ（正しくはメンバーシップレポート）をL3装置に送信します（上図の❶）。宛先は，IPマルチキャストアドレスです。逆に，PCが，参加しているマルチキャストグループから離脱（leave）するときは，IGMP leaveメッセージを送信します。

こうやって，マルチキャストを配信するレシーバを管理することで，そのレシーバにマルチキャストのパケットを転送できるようにします。

②IGMPスヌーピング

IGMPスヌーピングとは，L2スイッチに実装される機能で，不要なPCにはマルチキャストフレームを送信しない仕組みです。

通常の通信（つまりユニキャスト）では，スイッチのMACアドレステーブルによって，どの端末にフレームを転送するかを管理しました。同様に，前ページの図のL2SW12では，どの端末にフレームを転送するかという情報を管理します。

DHCPスヌーピングと同様に，スヌーピング（snooping）には「のぞき見する」という意味があります。IGMPスヌーピングは，IGMP joinやIGMP leaveメッセージなどをのぞき見します。こうすることで，マルチキャストグループにどの端末（レシーバ）が所属しているかを知り，所属している端末だけにマルチキャストフレームを送信します。

(3) マルチキャストルーティングプロトコル

①ユニキャストルーティングとマルチキャストルーティング

皆さんになじみ深いルーティングプロトコルとして，OSPFやBGPがあります。これらはユニキャスト用のルーティングプロトコルです。一方，マルチキャストでは，これらのルーティングプロトコルは使えません。p.29の図のFW01のマルチキャストルーティングテーブルを見てください。パケットを送るインタフェースが，p3とp4の二つあります。ユニキャストでは，二つのインタフェースに送るなんてことはあり得ませんよね。このように，ユニキャストとマルチキャストでは，基本的なルーティングの仕組みが異なるのです。

②マルチキャストルーティングプロトコルの代表格であるPIM

通常の通信（つまりユニキャスト）と同様に，セグメントを超える場合はレイヤ3の機器でルーティングが必要です。よって，p.29の図にあるように，FW01ではマルチキャストルーティングテーブルを持ち，どのインタフェースにパケットを転送するかの情報を持ちます。このときのルーティングプロトコルがPIMです。また，PIMにはいくつかの種類がありますが，代表的なのはPIM-SM（PIM-Sparse Mode）です。SM（Sparse Mode）の対となるDM（Dense Mode）もありますが，無駄な帯域を使いますし，あまり使われません。

今回の構成の場合，マルチキャストのルーティングだけでなく，通常のユニキャストのルーティングも必要ですよね？

もちろんです。マルチキャストを受け取らないPCが，サーバなどとの通信をするために，通常の（ユニキャスト）ルーティングが必要です。それに，マルチキャストルーティングをするためには，実はユニキャストルーティングが必要です。各ルータがマルチキャストのためのディストリビューションツリー（詳しくは後述）を作るのですが，その通信に使います。

③ディストリビューションツリー

マルチキャストは，1台のソースから複数のレシーバに同じパケットを複製して届けます。その際，途中のネットワーク機器で通信が枝分かれしていって，樹形図（ツリー）のような形状になります。このマルチキャストの経路をディストリビューションツリーと呼びます。

以下の色矢印は，IPカメラ11をソースとし，レシーバに対してマルチキャスト配信をする場合のディストリビューションツリーです。

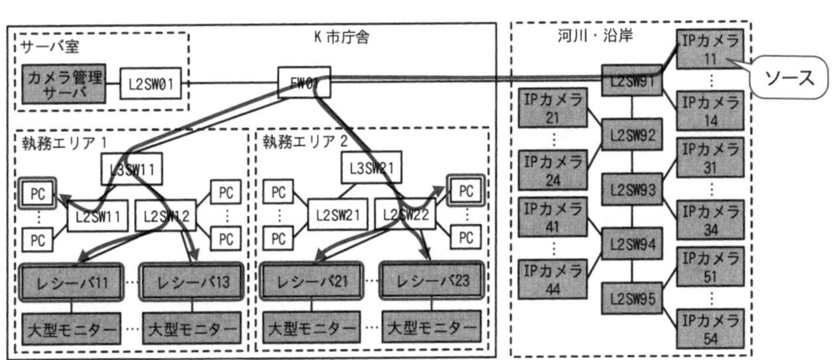

■ディストリビューションツリー

④ルーティングテーブル作成の仕組み

ルーティングテーブルがどうやって作成されるか，今回の過去問を見てみましょう。

(b) PIM-SMが有効化されたインタフェースでは，定期的にPIM helloが送信される。FW01及びL3SW11は，PIM helloを受信することでPIMネイバーの存在を発見する。

これを見るとわかるように，PIMは，OSPFのHelloと同様の動作をします。具体的には，PIM Helloをマルチキャストで送ることで，PIMネイバー（PIMが動作する隣のL3装置）の存在を確認し，隣接関係を形成します。

そして，レシーバとなる機器は，IGMPの参加メッセージ（join）を送ります。ソースとなる機器も，配信のためにマルチキャストパケットを送ります。

こうすることで，各マルチキャストのL3装置は，ソースとレシーバの情報を把握することができます。PIMによって，これらの情報がマルチキャストのL3装置間で伝達され，先のディストリビューションツリー（＝マルチキャストのルーティングテーブル）が作成されます。

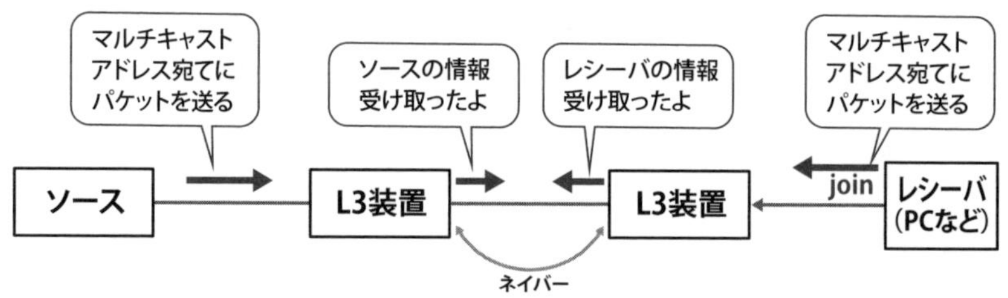

■ルーティングテーブル作成の仕組み

⑤ルーティングテーブル（＝ディストリビューションツリー）

マルチキャストを有効にしたL3装置では，経路情報を次のような形式で持ちます。これらの情報を「(S, G) エントリ」と呼びます。SはSource（マルチキャストパケットの送信元であるソース），GはGroup（マルチキャストグループ）です。通常のルーティングと同じように，マルチキャストパケットをどのインタフェースから送出するかという情報を持ちます。

▌FW01の（S, G）エントリ

(S, G)	入力インタフェース	出力インタフェース
(172.16.90.11, 232.1.1.1)	p1	p3, p4

※IPカメラ11のIPアドレスを172.16.90.11，グループアドレスは232.1.1.1とします。
※インタフェースは，P.29の図をもとに記載しています。

(4) マルチキャストの設定

①ネットワーク機器

問題文には以下の記述があります。

- FW01，L3SW11及びL3SW21では，マルチキャストルーティングを有効化し（❶），全てのインタフェースにおいて［オ：PIM-SM］を有効化する（❷）。
- L3SW11及びL3SW21では，マルチキャストルーティング用のプロトコルとして［カ：SSM］を有効化し（❸），レシーバが接続されたL2SWと接続するインタフェースにおいて，IGMPv3を有効化する（❹）。

この問題文をもとに，設定項目を以下に整理しました。

▌マルチキャストの設定

	設定項目	設定単位	目的	設定すべき箇所
❶	マルチキャストルーティング	デバイス	マルチキャストルーティングを動作させる	マルチキャストルーティングを動作させる機器
❷	PIM-SM	インタフェース	PIM-SMによって，他のマルチキャストルータと経路情報を交換できるようにする	マルチキャストルータと接続しているインタフェース ※注
❸	SSM	デバイス	SSMを有効化する	SSMを動作させる機器
❹	IGMPv3	インタフェース	レシーバからのIGMPv3のパケットを受け取れるようにする	レシーバと接続するインタフェース

※注：問題文では，「全てのインタフェースにおいて［オ：PIM-SM］を有効化する」とありましたが，その必要はありません。

これらの設定をどこに設定すべきか，今回の問題文の図を例に以下に記載しました。

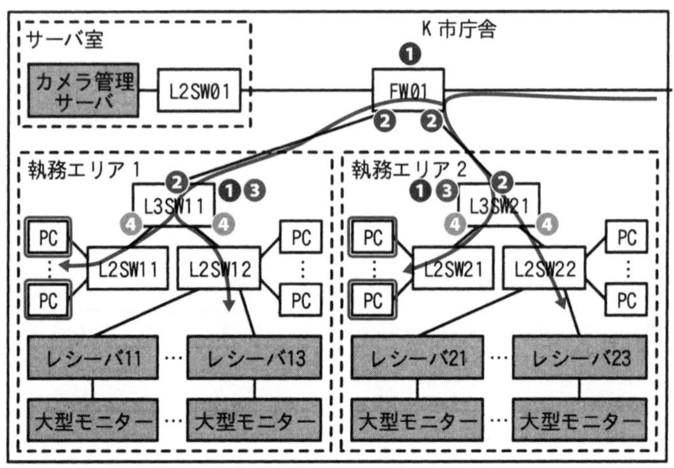

■設定すべき箇所

参考として，L3SW11のCisco機器での設定例を紹介します。

■L3SW11の設定例

```
ip multicast-routing distributed  ←❶マルチキャストルーティングを有効化

interface Vlan10  ←FW01と接続するVLAN
 ip address 172.16.10.253 255.255.255.0
 ip pim sparse-mode  ←❷PIM-SMを有効化

interface Vlan12  ←L2SW12と接続するVLAN
 ip address 172.16.12.254 255.255.255.0
 ip igmp version 3  ←❹IGMPv3を有効化

ip pim ssm default  ←❸SSMの有効化
```

②レシーバ

マルチキャストパケットを受け取る端末（＝レシーバ）では，マルチキャストを有効にする必要があります。多くの場合，マルチキャストを受信するためのアプリケーションを活用することがほとんどでしょう。そのアプリケーションが，OSに実装されたマルチキャスト機能を呼び出してIGMPを送信したり，マルチキャストパケットを受信したりします。

4 SSMとIGMPv3

(1) SSMの概要

PIM-SMでは，どのソースからマルチキャストパケットを受けとるかの指定をすることできません。よって，グループアドレスが同じであれば，欲しくないソースからのマルチキャストパケットも受け取ってしまいます。これはネットワークのトラフィックとして無駄です。

そこで，この問題を解決するためのプロトコルがSSMです。SSM（Source Specific Multicast）のフルスペルを見てください。

送信元ホスト（Source）が特定（Specific）とありますね。

はい。SSMでは，PIM-SMでは管理しなかったソース（Source）の特定（Specific）をします。PIM-SMと比較すると，以下の図のようになります。S1とS2はソースで，R1とR2はレシーバです。どちらも同じマルチキャストのグループに所属しているとします。

左図のPIM-SMでは，レシーバはソースを特定できません。なので，「R1はS1からのみ」「R2はS2からのみ」のパケットを受け取りたい場合でも，両方のパケットが届いてしまいます。一方のSSMは，(S, G) エントリで，ソースを特定できます。レシーバは，必要なパケットのみを受け取ることができます。

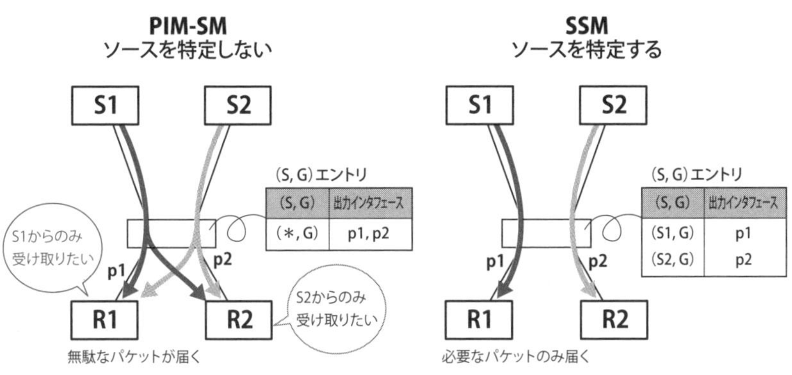

■ PIM-SMとSSM

さて，このSSMを利用するには，レシーバ側ではIGMPv3が必須です。IGMPv2では，ソースの情報を指定できなかったからです。（※詳しくは後述します）

(2) SSMの設定

SSMを設定するには，PIM-SMと同様に，マルチキャストルーティングを有効にし，インタフェースでPIM-SMを有効にします。加えて，SSMも有効にします。

SSMは，ラストホップルータ（レシーバに一番近いルータ）に設定します（それ以外で有効にしてもいいのですが，意味はありません）。p.34の問題文の図の例では，L3SW11とL3SW21にSSMを設定します。

PIM-SMを使わず，SSMだけで動作させることはできないのですか？

できません。経路情報の交換にPIM-SMを使うからです。

(3) IGMPv3

すでに述べましたが，IGMPv3は，SSMを実装するのに必要な仕組みです。まず，IGMPv2とv3の違いを問題文（午後Ⅰ問2）で確認しましょう。

- IGMPv2を使用する場合，レシーバはグループアドレスを指定してIPマルチキャストの配信要求を行う。
- IGMPv3を使用する場合，レシーバはソースのIPアドレス及びグループアドレスを指定してIPマルチキャストの配信要求を行う。

これを見るとわかるように，両者の違いは単純で，ソースのIPアドレスを指定できるかどうかです。v2だと，IGMP join（＝メンバーシップレポート）において，送信元のIPアドレスを指定できませんでした。よって，受け取りたくないソースからのパケットも受け取ってしまいました。v3からIGMP joinでは，ソースを指定できるようになりました。

IGMPv2とv3のパケットの違いですが，IGMPv2の場合の宛先IPアドレスは，参加するグループアドレスです（例：232.1.1.1）。一方，IGMPv3の場合の宛先IPアドレスは，IGMP用に割り当てられたマルチキャストアドレス224.0.0.22です。そして，データ部分に，グループアドレス（例 Multicast Address：232.1.1.1）とソースのアドレス（例 Source Address：172.16.90.11）を指定します。

以下に，IGMPv3のパケットをキャプチャしたものを紹介します。

```
> Frame 10: 58 bytes on wire (464 bits), 58 bytes captured (464 bits) on interface ens18, id 0
> Ethernet II, Src: 12:91:28:e7:09:04 (12:91:28:e7:09:04), Dst: IPv4mcast_16 (01:00:5e:00:00:16)
> Internet Protocol Version 4, Src: 172.16.12.21, Dst: 224.0.0.22 ←マルチキャストアドレス
v Internet Group Management Protocol
    [IGMP Version: 3] ←IGMPv3
    Type: Membership Report (0x22)
    Reserved: 00
    Checksum: 0xe9d4 [correct]
    [Checksum Status: Good]
    Reserved: 0000
    Num Group Records: 1
  v Group Record : 232.1.1.1  Allow New Sources
      Record Type: Allow New Sources (5)
      Aux Data Len: 0
      Num Src: 1
      Multicast Address: 232.1.1.1 ←グループアドレス
      Source Address: 172.16.90.21 ←ソースのアドレス
```

IGMPv3のパケット

nespeR5 1.4 無線LANの基礎解説

R5年度 午後Ⅰ問3では，無線LANに関して詳細に問われました。ここでは，この問題で登場する基本的なキーワードや技術について，簡単に整理します。

1 無線LANの用語

無線LANに関する基本的な用語をいくつか解説します。

①Wi-Fi（Wireless Fidelity）

Wi-Fiとは，無線LANの相互通信性を確保するために，業界団体によって決められた無線LANの規格です。この規格を満たすものがWi-Fiアライアンスとして認定され，異メーカや異機種間であっても相互接続がスムーズに行えます。

②SSID

SSID（Service Set IDentifier）とは，複数の電波が飛び交う無線の空間で，無線LANを識別するためのID（文字列）です。SSIDによって，複数のネットワークを分離します。

情報処理技術者試験では，SSIDではなくESSIDと表現されます。厳密にはSSIDにはBSSIDとESSIDがあり，EはExtended（拡張）を意味します。ですが，今のSSIDはほぼESSIDですので，両者は同じものと考えてください。

2 無線LANの周波数と規格

(1) 無線LANの周波数帯

電波は，無線LANに限らず，ラジオ，携帯電話，タクシーの無線など，さまざまな用途で使われています。個人や企業が勝手に電波を利用すると，互いに干渉しあって正常な通信ができません。そこで，総務省が用途ごとに利用可能な周波数帯を決めています。

無線LANが利用できる周波数帯には，2.4GHzと5GHzの二つがあります。2.4GHz帯はISMバンドと呼ばれます。ISMとはIndustry（産業）Science（科学）Medical（医療）の頭文字であり，産業科学医療の分野で許可なく自由に使える帯域です。

※この問題文には出てきませんでしたが，Wi-Fi 6の拡張（Extend）であるWi-Fi 6Eでは6GHz帯が使えるようになりました。

(2) チャネル（チャンネル）

チャネルとは，電波の周波数帯における「位置」を表します。

①2.4GHz

2.4GHzを使うIEEE802.11gの場合，1から13までのチャネル（ch）があり，1chは2.412GHzを中心に20MHz（0.02GHz）の幅を持ちます。同様に，2chは2.417GHzを中心，3chは2.422GHzを中心……と決められています。

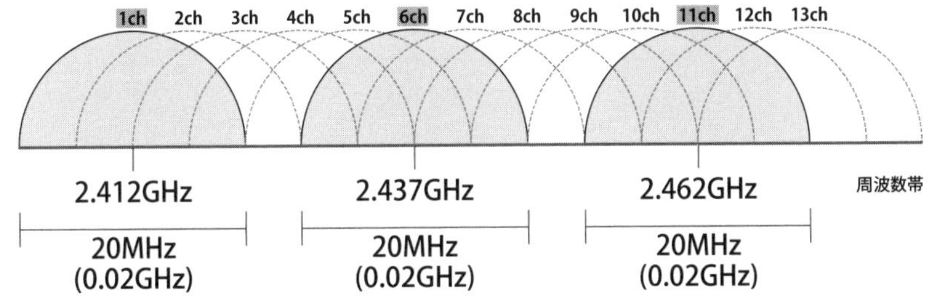

■IEEE802.11gのチャネル

無線LANのチャネルは，TVのチャネル（チャンネル）と同じです。TVのチャネルが4，6，8などと間が空いているように，無線LANでも干渉を防ぐためにチャネルの間隔を空けます。前ページの図を見てもわかるように，1，6，11の三つのチャネルを使えば電波が互いに干渉しません。

②5GHz

2.4GHz帯はISMバンドですから，他の機器も使う周波数帯です。電子レンジの電波もこの周波数帯なので，電子レンジを使うと2.4GHz帯の無線LANの通信ができなくなることがあります。

一方の5GHz帯は基本的に無線LAN専用の帯域で，しかも，以下のように多くのチャネルを持ちます。

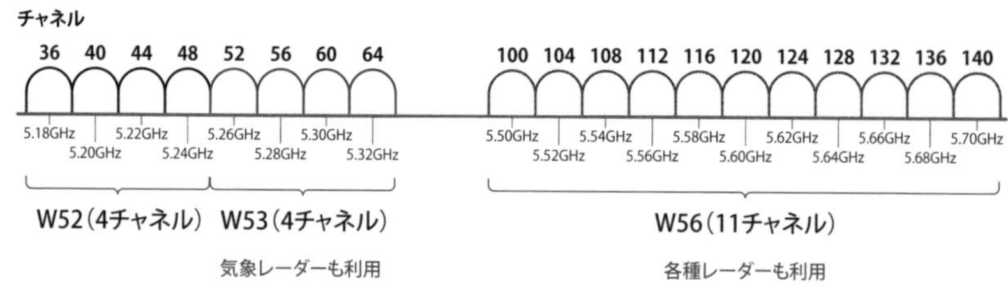

■5GHz帯のチャネル

上記のように，5GHz帯は，チャネルをW52，W53，W56の三つの群に分けています。52，53などの数字ですが，5.2GHz，5.3GHzなど，中心となる周波数帯を指しています。

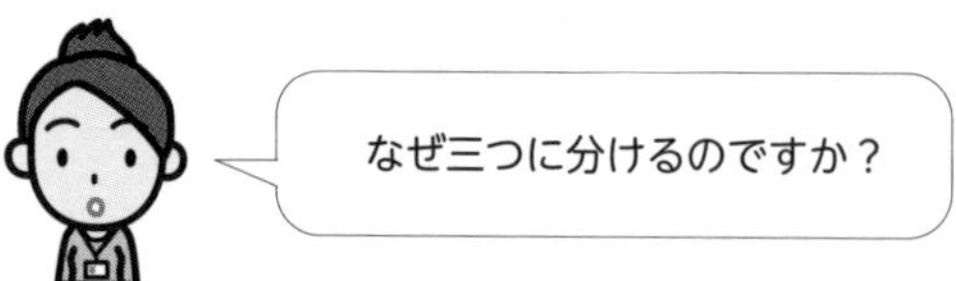

三つの群で制約が違うからです。たとえば，W52とW53は，屋外での使用ができず，屋内専用などの制限があります。また，W53とW56は，気象，航空，船舶などの各種のレーダーも使う帯域なので，干渉しないようにしなければいけません。無線LANのAPは，レーダーを検知すると即座にそのチャネルを停止し，他チャネルに切り替えます。この動作をDFS（Dynamic Frequency Selection：動的周波数選択）といいます。

参考 DFSの動作

W53やW56の電波を使っているAPにおける，DFSの動作を説明します。

①APが電波を利用する前
- APが，レーダーがないかを1分間確認
- 1分間レーダーが検出されなかった場合，ビーコンを送信開始

②APが電波を利用中
- レーダーを検出した場合は，チャネルを変更
  ※W52のチャネルに変更した場合，レーダーと干渉しないのですぐに接続できる。しかし，W53，W56に変更した場合，レーダーがないか1分間の確認時間が必要。

その AP に接続している PC は，DFS によって通信が切れるのですか？

はい，切断されます。たとえば，無線APとPCがW56（100チャネル）で接続していたとします。レーダーを検知すればそのチャネルは使えなくなるので，必ず通信が切断されます。APがチャネルを変更しても，レーダーがないかを1分間確認するので，その間は端末であるPCも通信ができません。ローミングによって他のAPに切り替わればいいのですが，そうでない場合は，端末はしばらくの間，通信ができなくなります。

以下に5GHz帯の三つのチャネルの「屋外利用」と「DFS機能」を整理しました。

チャネル	屋外利用	DFS機能
W52	×（例外あり）	不要
W53	×	必要
W56	○	必要

※W53は屋内専用とはいえ，窓際などにアクセスポイントを置くと屋外に電波が漏れてしまうこともあります。よって，レーダーと干渉する可能性があるのでDFS機能が必須です。

(2) 無線LANの規格

有線LANにおいては，イーサネットという規格を使いましたよね。無線LANも同様に，通信の方式や周波数帯などを定めた規格があります。これらは，IEEEという電気電子学会が定めた規格で，今回の問題の表1に整理されています。

表１　Wi-Fi の世代の仕様比較

	Wi-Fi 4	Wi-Fi 5	Wi-Fi 6
無線 LAN 規格	IEEE802.11n	IEEE802.11ac	IEEE802.11ax
最大通信速度（理論値）	600 Mbps	6.9 Gbps	9.6 Gbps
周波数帯	2.4 GHz 5 GHz（W52/W53/W56）	5 GHz（W52/W53/W56）	2.4 GHz 5 GHz（W52/W53/W56）
変調方式	64-QAM	256-QAM	1024-QAM
空間分割多重	MIMO	MU-MIMO 4台（下り）	MU-MIMO 8台（上り／下り）
多重方式	OFDM	OFDM	OFDMA

bps：ビット／秒　QAM：Quadrature Amplitude Modulation
MIMO：Multiple Input and Multiple Output　OFDM：Orthogonal Frequency Division Multiplexing
MU-MIMO：Multi-User Multiple Input and Multiple Output　OFDMA：Orthogonal Frequency Division Multiple Access

Wi-Fi 4は，第４世代という意味だと思いますが，昔から世代という概念がありましたか？

いえ，2018年からです。それ以前では，IEEE802.11b，IEEE802.11a，IEEE802.11nなどと呼んでいました。ですが，どれが最新の規格なのか，パッとわかりません。

そこで，無線LANの規格の世代をわかりやすくするために，Wi-Fi AllianceがWi-Fi 4，Wi-Fi 5，Wi-Fi 6という数字表記を導入しました。携帯電話の通信規格が3G，4G，5Gなどと数字で世代（generation）を表すのと同様に，4，5，6の数字は世代を表し，数字が大きいほうが新しい規格です。

参考までに，古い規格について以下に示します。

■無線LANの規格

規格	周波数帯	最大速度	世代
IEEE802.11b	2.4GHz	11Mbps	第一世代に該当
IEEE802.11g	2.4GHz	54Mbps	第二世代に該当
IEEE802.11a	5GHz	54Mbps	第三世代に該当

(3) 変調方式

問題文の表1にある変調方式QAMと多重方式OFDMについて，簡単に解説します。ただ，説明が複雑になるのと，この試験への合格だけを考えると，あまり深入りしないほうが得策です。

まず，変調とは，電波を送る際に波を変化させることです。高校の物理を勉強した人は何となくわかると思いますが，波には位相や周波数，振幅などのパラメータがあり，これらを変化させます。

①一次変調

コンピュータのデータは0と1で構成されます。無線LANでデータを送りますから，0と1を波で表現する必要があります。その表現方法として，たとえば，波の振幅の違いで0と1を表します。このように，データを波に乗せ，通信相手に送れる形式にするのが一次変調です。

一次変調には，振幅の違いで0と1を表現するASK（振幅偏移変調→ラジオのAMに該当）や，周波数の違いで表現するFSK（周波数偏移変調→ラジオのFMに該当）などがあります。より効率的にデータを送る方法として，振幅と位相を組み合わせるQAM（Quadrature Amplitude Modulation：直交振幅変調）があります。また，1単位の波でどれくらいの情報を送れるかによって数字が変わります。64-QAMは6bit，256-QAMは8bit，1024-QAMは10bitなので，数字が上がるほど伝送効率が高くなります。

②二次変調

二次変調は，ノイズをなくすことや，複数のチャネルを同時に通信すること（つまり「多重」）が目的です。たとえば，ある周波数帯域において，その周波数を複数の周波数（サブキャリア）に分割して同時通信を行います。これがFDM（Frequency Division Multiplexing：周波数分割多重）です。そして，OFDM（Orthogonal Frequency Division Multiplexing：直交波周波数分割多重）はというと，FDMに比べてサブキャリア間隔を狭め，さらに伝送効率を高めたものです。OFDMによって，複数の通信を同時に行うことができるので，表1では「多重方式」と表現されています。

また，OFDMは，1人のユーザだけでの多重ですが，OFDMA（Orthogonal Frequency Division Multiple Access：直交周波数分割多元接続）は，複数のユーザでの多重なので，さらに効率的な伝送が行えます。

3 無線LANの高速化技術

IEEE802.11nやIEEE802.11acなどで利用されている無線LANの高速化技術を紹介します。

(1) MIMO (Multiple Input Multiple Output)

MIMOは，複数（Multiple）のアンテナを束ねて，同時に通信することで高速化する技術です。アンテナを2本，3本，4本とすることで，通信速度を2倍，3倍，4倍にします。

また，表1には，MU-MIMO（Multi-User Multiple Input and Multiple Output）とあります。従来のMIMOはSU-MIMOで，SU（Single User）という言葉のとおり，複数のデバイス（ユーザ）が接続しても，順番にしか通信ができません。IEEE802.11acにて導入されたMU-MIMOでは，MU（Multi User）という言葉のとおり，複数のデバイス（ユーザ）が同時に通信できます。結果的に，ネットワーク全体として通信が高速化されます。

とはいえ，無制限に複数のユーザが接続できるわけではありません。Wi-Fi 5においては，同時に4台までかつ，APからPCまでの下り通信に限定されています。Wi-Fi 6からは，最大8台かつ，上りと下りの両方の通信に対応しています。

(2) チャネルボンディング

先ほどのMIMOはアンテナを束ねました。今度は帯域幅を束ねます。チャネルボンディングは，複数のチャネル（帯域幅）を結びつける（bonding）ことで，通信を高速化します。IEEE802.11a/gでは，20MHzの帯域幅で通信しますが，IEEEE802.11nではチャネルをボンディングして倍の40MHzの幅で送信します。その結果，通信速度も約2倍になります。

ですが，デメリットもあります。帯域幅が広がると他の電波と干渉しやすくなり，通信が不安定になることがあります。

MIMOとチャネルボンディングの違いを図で表します。

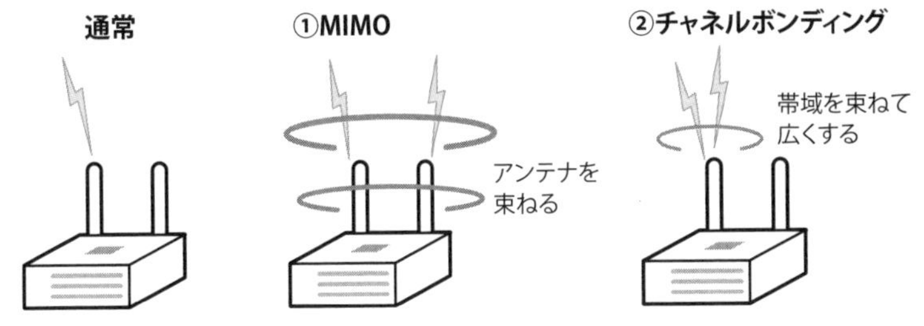

■MIMOとチャネルボンディング

(3) デュアルバンドとトライバンド

デュアルバンドは，デュアル（二つ）という言葉のとおり，2.4GHz帯と5GHz帯の二つの電波を同時に使います。トライバンドは，2.4GHz帯と5GHz帯（W52/W53）と，5GHz帯（W56）の三つの電波を同時に使います。さらに，6GHz帯を加えたクワッドバンドの機能を持ったAPも登場しています。

一つのPCが，複数の電波を使って通信ができるのですか？

いえ，1台のPCで，2.4GHzの周波数と5GHzの周波数を同時に使って通信することはできません。ですから，2.4GHz帯のIEEE802.11gの54Mbpsと，5GHz帯のIEEE802.11aの54Mbpsを足して，合計108Mbpsの通信にはならないのです。

複数の周波数帯で，同時に通信ができるのはAPです。APであれば，2.4GHz帯でPC1と通信をしながら，5GHz帯でPC2と通信できます。これにより，ネットワーク全体としては，帯域幅が広がるといえるでしょう。

4 無線LANのセキュリティ

無線LANは，ケーブルを物理的に接続する必要がなく，電波の届く範囲なら壁を越えてどこでも通信が可能です。その便利さの反面，有線LANに比べて悪意のある攻撃者からも狙われやすくなっています。具体的には通信を盗聴されたり，社員になりすましてネットワークに接続される危険があります。そこで，通信の**暗号化**や不正な人を接続させない**認証**をすることが求められます。

(1) 無線LANのセキュリティの方式

無線LANのセキュリティ対策として，古くはWEPが使われていました。しかし，ツールを使うと簡単に盗聴できるため，2003年に新しいセキュリティ規格のWPA（Wi-Fi Protected Access）が制定されました。

WPAには，WPA，WPA2，WPA3の三つがあります。三つがあるといっても，時代とともに改良されてきたため，WPA3が最新かつ選定すべき方式です。他の二つはセキュリティ面でリスクがあり，推奨されません。問題文にも「Wi-Fi 6では，セキュリティ規格であるWPA3が必須」とありました。

では，WPAの三つの方式を以下に整理します。これら三つは，「暗号化方式」として整理されることもありますが，実際には，暗号化だけでなく認証も含めたセキュリティの枠組みです。

■無線LANのセキュリティ方式

セキュリティ方式	主な暗号化方式（暗号化アルゴリズム）	鍵長	認証（上段：パーソナル 下段：エンタープライズ）
WPA	TKIP（RC4）	128bits	PSK
			802.1X（EAP）
WPA2	CCMP（AES）	128bits	PSK
			802.1X（EAP）
WPA3	GCMP（AES）	128bits（パーソナル） 192bits（エンタープライズ）	SAE
			802.1X（EAP）

WPA2のところで「CCMP」と記載しましたが，試験では問われないでしょ

う。簡単に説明しますが，CCMP（Counter-mode with CBC-MAC Protocol）は，AESをベースにして無線LAN用に改ざん検知などの仕組みを追加したものです。GCMPも，表で整理するために記載しているだけですので，無視してください。CCMPの改良版くらいの理解でいいでしょう。

（2）無線LANの認証方式

ネットワークの現場では，無線LANの認証としてMACアドレス認証やWeb認証なども使われます。しかし，これらは試験では問われません。

試験で問われるのは，WPAにおける次の二つです。具体的には，パーソナルモードで利用されるPSK（Pre Shared Key：事前共有鍵）による認証と，エンタープライズモードで利用されるIEEE802.1X認証です。

①パーソナルモード

● **WPA/WPA2の場合**

パーソナルモードの認証方式は，WPA-PSK（WPA2-PSK）です。事前に端末とAPにPSK（事前共有鍵）を設定し，PSKが一致すれば認証が成功です。皆さんが使う無線LANルータなどでは，PSKではなくパスフレーズ，パスワード，セキュリティーキーなどと表現されることがあります。

● **WPA3の場合**

WPA2のパーソナルモードでは，PSKをもとに，別の鍵であるPMK（Pairwise Master Key）を生成します。ですが，そのアルゴリズムは決まっているので，SSIDとPSKが同じであれば，PMKは常に固定です。PSKは人間が手動設定することも多く，この長さが短かったり，辞書にあるような言葉を使うと，総当たり攻撃や辞書攻撃で解読されます。

2018年6月に発表された規格であるWPA3では，PSKではなくSAE（Simultaneous Authentication of Equals：同等性同時認証）を使います。SAEのアルゴリズムを使うと，利用者が設定したパスワードに加えてMACアドレスや乱数を利用し，接続ごとに異なるPMKを生成します。利用者が「123456789」などの簡単なパスワードを設定したとしても，複雑なPMKが作成されるので，総当たり攻撃への耐性が強化されました。

ちなみに，SAEの「同等性同時認証」の言葉の意味ですが，APとクライアントが「同等」な立場で，認証と鍵交換が「同時」に行われることです。（だからどういう意味なんだ？ と思われるでしょうが，言葉の意味が気になる人がいるかもと思って，参考までに記載しました。）

②エンタープライズモード

エンタープライズモードの認証方式は，**認証サーバを使ったIEEE802.1X認証**です。認証サーバでは，利用者が入力するID/パスワード（またはクライアント証明書）が正しいかを確認し，正しければ認証が成功です。

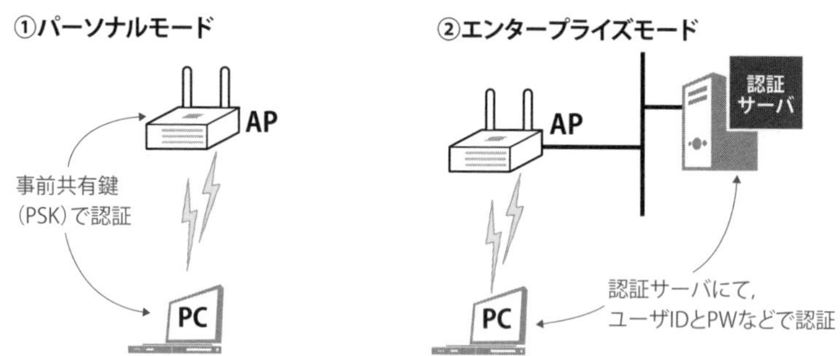

■パーソナルモードとエンタープライズモードの仕組み

また，WPA2の鍵長は128bitでしたが，WPA3-Enterpriseでは128bitに加え，192bitの鍵長のモードが追加されました。結果的に，WPA3には，WPA3-Personal，WPA3-Enterprise，WPA3-Enterprise（192bit）の3種のモードがあります。

5 無線LANコントローラ

(1) 無線LANコントローラの機能

無線LANが大規模になるにつれて，ネットワーク担当者の運用負荷が増えます。無線LANコントローラ（WLC）を導入することで，運用負荷の軽減や，一元管理によるセキュリティの向上などが期待できます。

過去問（H24年度 午後Ⅰ問2，H29年度 午後Ⅱ問2）をもとに，無線LANコントローラの機能を次に整理します。

- APの構成と設定を管理する（複数APに対する設定変更，ファームウェアのアップデートなどの一括処理）
- APのステータス（リンクダウン，接続端末数など）を監視する
- AP同士の電波干渉を検知する
- APの負荷分散制御，PMKの保持などによるハンドオーバ制御機能
- 利用者認証，認証VLANなどのセキュリティ対策機能

(2) WLCの動作モード

WLCの動作モードに関して，過去問（H24年度 午後Ｉ問2）を参考に記載します。

①モードA：制御用通信だけがWLCを通過し，データ用通信は端末間で直接行われる。
②モードB：全ての通信がWLCを通過する。

データ用通信の流れだけを図にすると，以下のようになります。

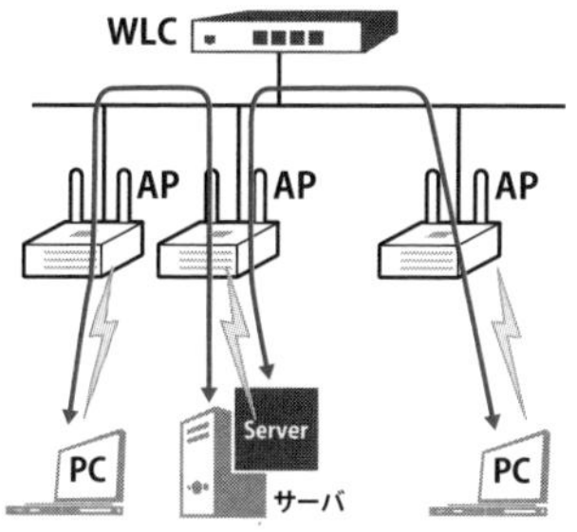

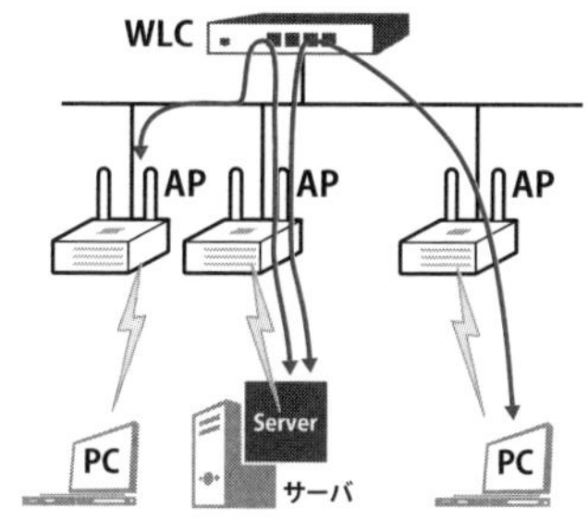

■ WLCの二つの動作モード

実際の製品では，どちらが主流ですか？

現在普及している製品では，モードBのWLCを経由させるものが多いと感じます。その利点は，WLCで認証後の通信に関するポリシーなども一元管理できるからです。たとえば，ACLを使ってネットワークのセキュリティ管理がしやすくなります。一方，モードAもメリットがあります。たとえば，WLCが通信のボトルネックにならないことです。また，WLCが一時的にダウンしても，端末間の通信が継続されるというメリットもあります。

6 PoE

(1) PoEの仕組みと接続構成

PoE（Power over Ethernet）とは，言葉のとおりLAN（Ethernet）ケーブルの上（over）で電源（Power）を供給する仕組みです。無線のAPは，天井などの電源コンセントがない場所に設置することもあります。LANケーブルを使って電源も供給すれば，延長コードなどを天井裏にまで通す必要がないので便利です。

接続構成ですが，多くの場合，PoEに対応したスイッチングハブと無線APをLANケーブルで接続して，電源を供給します（下図）。このとき，無線AP（下図❶）がPoEに対応している必要があります。加えて，スイッチングハブなどの電源を供給する機器（❷）もPoEに対応している必要があります。非対応の機器では，電源を供給する機能がありません。なお，LANケーブル（❸）は日常的に使うカテゴリ5e以上のLANケーブルで電源供給ができます。

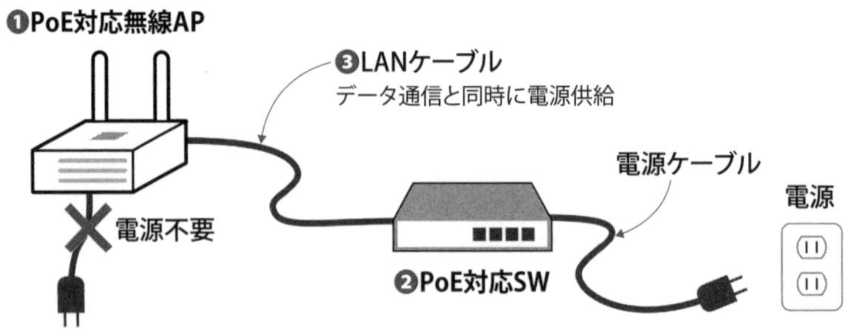

■ PoEの接続構成

(2) PoEの三つの規格

PoEにはIEEE802.3af（PoE）とIEEE802.3at（PoE+），IEEE802.3bt（PoE++）の三つの規格があります。規格ごとに，供給電力が異なります。以下，規格ごとの最大供給電力を整理します。

■PoEの規格

規格	最大供給電力	別名
IEEE802.3af	15.4W	PoE
IEEE802.3at	30W	PoE+
IEEE802.3bt	90W	PoE++

たとえば，4K画質のカメラや最新のWi-Fi 6アクセスポイントの場合，多くの電力を必要とします。そのため，供給電力が大きいIEEE802.3btに対応したPoEスイッチを利用することが多くなるでしょう。

nespeR5

1.5 BGPの基礎解説

午後Ⅱ問1では，BGPの知識が問われました。過去にも，R3年度 午後Ⅱ問2，H29年度 午後Ⅰ問3など何度かBGPが詳しく問われています。出題された構成は似ているので，基本的な用語や技術はしっかりと覚えておきましょう。

1 BGPの概要と用語

BGP（Border Gateway Protocol）は，パスベクトル型アルゴリズムです。RIPのディスタンスベクタ型に少し似ていて，パス（ASパス）とベクター（方向）で経路を決めます。ASパス（AS_PATH）は，宛先ネットワークへ到達するために経由するASの情報です。

(1) AS（自律システム）

AS（自律システム：Autonomous System）とは，特定のルーティングポリシで管理されたルータが集まったネットワークのことです。多少乱暴ではありますが，「AS＝各ISPや各企業」と考えてください。また，各ASにはASを管理するためのAS番号が割り振られます。番号があったほうが管理しやすいからです。

(2) ピアリング，ピア

ピアリングとは，BGP接続をする相手のルータと経路情報交換を行うための論理的な接続のことです。「互いに接続して，情報を交換する」くらいに考えてください。単に「ピア」ともいうこともあります。

OSPF のときはピアリングなんてなかったですよね？

はい。OSPFはマルチキャストを利用して，同一セグメント上の他のルータと経路情報を交換します。相手を指定しなくてもいいので便利ですが，極端な話，不正なOSPFルータと経路交換をする可能性もあります。一方，BGPはピアリング先のルータのIPアドレスを指定してTCPのポート179番で接続します。BGPは信頼性を重視したルーティングプロトコルなので，このような仕組みを採用しています。

また，ピアリングする相手のルータをピアといいます。

(3) eBGPとiBGP

BGPには，iBGP（Internal BGP）と，eBGP（External BGP）があります。iBGP（Internal BGP）は，同一のAS内で利用されるBGPです。一方のeBGP（External BGP）は，異なるAS間で利用されるBGPです。たとえば異なるプロバイダ間で使われます。ただ，プロトコルとしてはどちらも「BGP-4」で同じです。実際の設定では，接続先のルータのAS番号が異なればeBGP，AS番号が同じであればiBGPと自動的に判別してくれます。

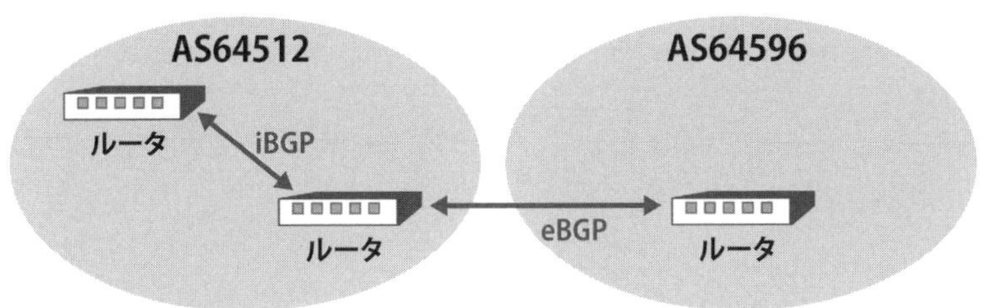

■iBGPとeBGP

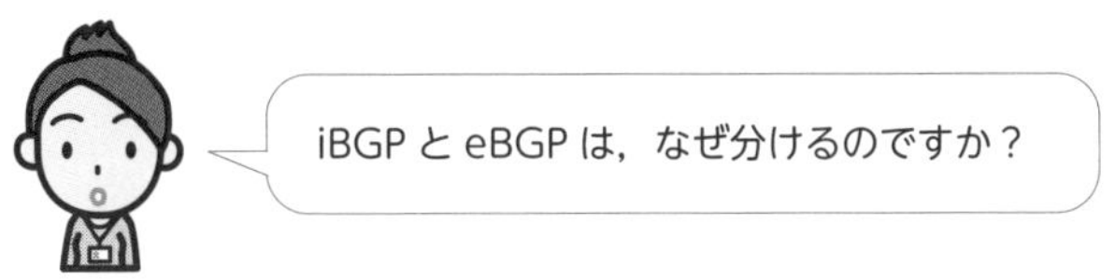

IGPとEGPを分けるのと，考え方は同じです。企業内で使うIGPであれば，自分の社内のネットワークに関して，冗長化の仕組みなど，細かな設定をしたいと思うことでしょう。一方，eBGPの場合は，AS間なので，他のASルータの機種も，設定も管理する人も別です。よって，あまり複雑な設定はできません。このように，iBGPとeBGPは設定内容が大きく違ってくるのです。

2 BGPで交換されるメッセージ

BGPでは，ピアとの間でTCPポート179番によるBGP接続を確立し，経路情報を交換します。BGPで交換されるメッセージは五つです。以下，問題文を引用しながら整理します。

■BGPで交換されるメッセージ

タイプ	名称	説明
1	OPEN	BGP接続開始時に交換する。 自AS番号，BGPID，バージョンなどの情報を含む。
2	c:UPDATE	経路情報の交換に利用する。 経路の追加や削除が発生した場合に送信される。
3	NOTIFICATION	エラーを検出した場合に送信される。
4	d:KEEPALIVE	BGP接続の確立やBGP接続の維持のために交換する。
5	ROUTE-REFRESH	ピアに対し全ての経路情報を要求する。

タイプ4のKEEPALIVEについて，過去問（R3年度 午後Ⅱ問2）では次のように説明されました。

> BGPでは，KEEPALIVEメッセージを定期的に送信します。専用線の障害時には，ルータがKEEPALIVEメッセージを受信しなくなることによって，ピアリングが切断され，AS内の各機器の経路情報が更新されます。

3 パスアトリビュート

パスアトリビュートとは，パス（path，経路と考えてください）のアトリビュート（attribute，属性）です。経路に関して，優先度や経由したAS番号などの情報が記載されています。同じ宛先への経路情報を複数受信した際に，どの経路を利用するのかを決定するのに利用されます。たとえば，LOCAL_PREFであれば，複数の経路があるなかで，この値（優先度）が高い方が優先されます。

パスアトリビュートの概要を以下にまとめます。

■パスアトリビュートの概要

タイプコード	パスアトリビュート	概要	最適経路選択の方法
2	AS_PATH	経路情報がどのASを経由してきたのかを示すAS番号の並び	AS_PATHの長さが最も短い経路情報を選択
3	NEXT_HOP	宛先ネットワークアドレスへのネクストホップのIPアドレス	NEXT_HOPが最も小さい経路情報を選択
4	MED（MULTI_EXIT_DISC）	eBGPピアに対して通知する，自身のAS内に存在する宛先ネットワークアドレスの優先度である。MEDはメトリックとも呼ばれる。	MEDの値が最も小さい経路情報を選択
5	LOCAL_PREF	iBGPピアに対して通知する，外部のASに存在する宛先ネットワークアドレスの優先度	LOCAL_PREFの値が最も大きい経路情報を選択

4 経路が正しく反映されない問題

iBGPでは，外部から受信した経路が，正しく反映されない場合があります。

(1) なぜこの問題が起こるのか

午後Ⅱ問1の図3をもとにした次ページの図で説明します。まず，ネットワーク構成を説明します。R12と，A社にあるR11が接続されています。ルーティングプロトコルはeBGPを使います。また，R11とR13も接続されています。こちらはA社内なので，ルーティングプロトコルはiBGPです。

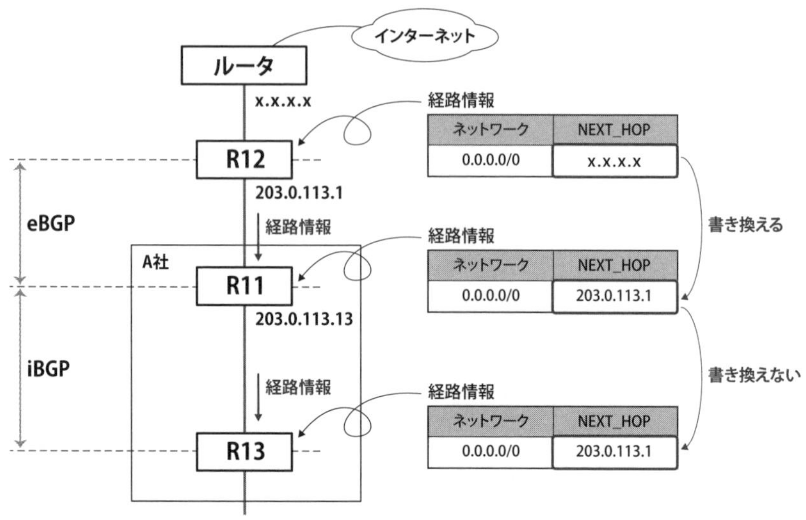

ここで，R12がデフォルトルート（宛先ネットワークは0.0.0.0/0）として，NEXT_HOPがx.x.x.x（R12のインターネット側のルータのIPアドレス）となる経路情報を持っているとします。この経路情報を，eBGPによってR11に伝えたとします。R11では，NEXT_HOPをR12のIPアドレスである203.0.113.1に書き換えて，経路情報を保持します。

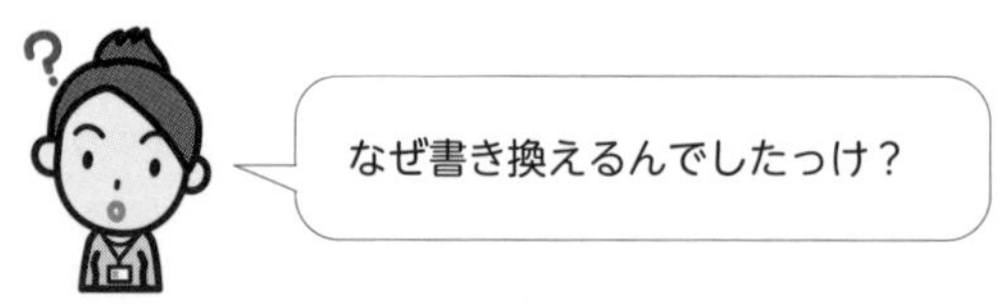

R11からみると，x.x.x.xは知らないIPアドレスです。だから，代わりに，x.x.x.xを知っているR12（203.0.113.1）にパケットを送るようにします。

同じように，R11はR13にこの経路情報を伝えます。このとき，iBGPを使っているので，R13ではNEXT_HOPを書き換えません。これがeBGPとの違いです。なぜiBGPでは書き換えないかというと，書き換えることが必ずしも正しいとは限らないからです。(詳しい説明は割愛します。『ネスペR3』ではもうちょっとだけ詳しく書きました。)

R13のルーティングテーブルには，R12のIPアドレス（＝203.0.113.1）が記載されています。R13はR12の存在を知りませんので，パケットをどこに送ればいいかわかりません。

(2) この問題の対処策

対処策については，過去問（R3年度 午後Ⅱ問2）にて，次のように説明しています。

> iBGPのピアリングでは，経路情報を広告する際に，BGPのパスアトリビュートの一つであるNEXT_HOPのIPアドレスを，自身のIPアドレスに書き換える設定を行う。

具体的な設定として，R11にnext-hop-self設定を行います。この設定によって，経路情報をR13に伝える際に，NEXT_HOPを203.0.113.13（R11自身のIPアドレス）に書き換えます。この対処策により，R13はデフォルトルート（0.0.0.0/0）宛ての正しい経路情報を保持することになります。

1.6 SAMLの基礎解説

SAML認証は，特に情報処理安全確保支援士試験では定番の問題です。ネットワークスペシャリスト試験では定番とまではいえませんが，クラウドが進行している状況ですから，今後も出題が増えそうです。

SAMLの登場人物や流れはどれも基本的に同じなので，得意分野にしたい内容です。

1 SAMLとは

SAMLは，認証，認可などの情報を安全に交換するためのフレームワークです。SAMLを使えば，一度の認証で複数のサービスが利用できるシングルサインオン（SSO）を実現することができます。

SAMLの登場人物は基本的に以下の四つです。

①SP（サービスプロバイダ）

利用者にサービスを提供（provide）するシステム。Office365などのクラウドサービスや各種アプリケーションと考えてください。

②IdP（IDプロバイダ）

SPや認証サーバと連携して，利用者の認証結果などを安全に受け渡すシステム。例として，複数の大学で共用のIDを利用する学術認証フェデレーションにおけるShibboleth（IdP），Microsoft社のAD FS（Active Directoryフェデレーションサービス）があります。

③認証サーバ

（一般的には社内に設置される）認証サーバ。Microsoft社のADサーバや，LDAPサーバと考えてください。

④Webブラウザ

SPのサービスを利用するPCのブラウザ。

2 SAMLの通信手順

SAMLの通信手順は以下のとおりです（H29年度春期 SC試験 午後Ⅰ問3より）。今回の問題とは流れが少し異なります。また，問題によって，前記四つの登場人物の名称や並び順が違うことがありますが，まずはこの手順にて基本を押さえておきましょう。

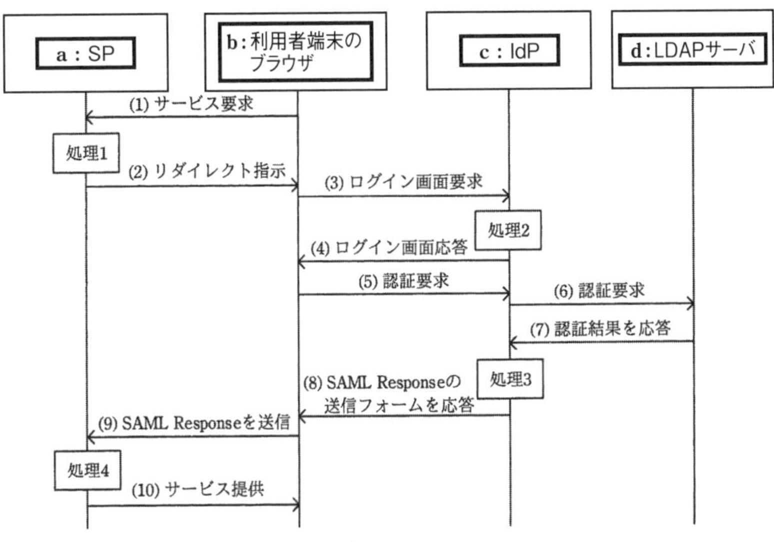

■処理内容（H29年度春期SC試験 午後Ⅰ問3を参考）

処理番号	処理内容
処理1	•IdPに認証を要求するSAML Requestを生成する。 •IdPのログイン画面のURLと組み合わせて，リダイレクト先URLを生成する。
処理2	•URL内の g：クエリ文字列 からSAML Requestを取得する。
処理3	•利用者の認証が成功した場合，認証結果であるSAMLアサーションとそのディジタル署名を含めたSAML Responseを生成する。
処理4	•SAML Responseに含まれるディジタル署名を検証することによって，ディジタル署名が h：IdP によって署名されたものであること，及びデータの i：改ざん がないことを確認する。 •SAML Response内の認証結果を確認し，サービスを提供すべきか決定する。

さて，何点か補足します。

- 処理1ですが, SPは認証情報（IDやパスワード）を持っていません。そこで，IdPに問い合わせる必要がありますが，SPは自分で問い合わせをしません。利用者端末のブラウザに，問い合わせるように依頼します。そのために，「リダイレクト先URLを生成」するのです。

なぜSPが直接IdPに問い合わせないのですか？

SPがIdPと直接やり取りをすると，利用者の認証情報などが，SPに伝わってしまうからです。セキュリティの観点から，SPに認証情報を伝えるのは望ましくありません。

- 処理2ですが,「SAML Requestを取得」して認証要求を受け取っています。その要求に応えるために，IdPはブラウザに対して，ログイン画面を応答することで，認証処理を実行します。
- 処理3ですが，認証が成功すると，<u>SAML Responseを生成</u>し，ブラウザを経由してSPに届けます。「ディジタル署名を含めた」とありますが，<u>IdPの秘密鍵で署名をします</u>。
- 処理4ですが，ここに記載があるとおり，ディジタル署名を検証することで，正規のIdPが署名したこととデータが改ざんされていないことが確認できます。※署名の検証には，IdPの公開鍵が必要です。IdPの公開鍵は，事前にSPに登録しておく必要があります。

イメージをつかんでいただくために，図中「(2) リダイレクト指示」のパケットを見てみましょう。リダイレクトを表すステータスコード302（❶），リダイレクト先であるIdPのURL（❷），SAML Requestのクエリ文字列（❸）が確認できます。

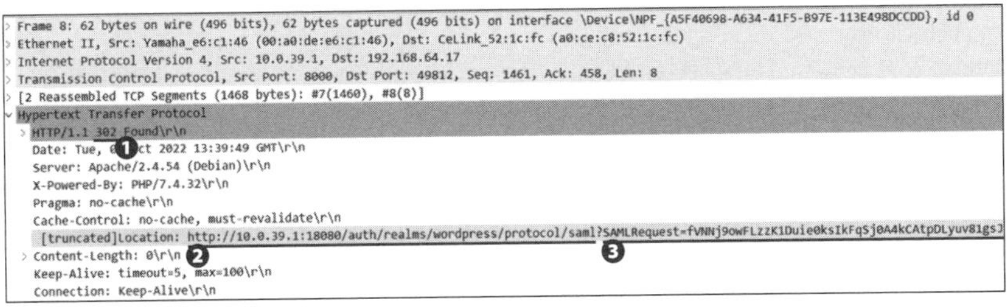

```
> Frame 8: 62 bytes on wire (496 bits), 62 bytes captured (496 bits) on interface \Device\NPF_{A5F40698-A634-41F5-B97E-113E498DCCDD}, id 0
> Ethernet II, Src: Yamaha_e6:c1:46 (00:a0:de:e6:c1:46), Dst: CeLink_52:1c:fc (a0:ce:c8:52:1c:fc)
> Internet Protocol Version 4, Src: 10.0.39.1, Dst: 192.168.64.17
> Transmission Control Protocol, Src Port: 8000, Dst Port: 49812, Seq: 1461, Ack: 458, Len: 8
> [2 Reassembled TCP Segments (1468 bytes): #7(1460), #8(8)]
v Hypertext Transfer Protocol
  > HTTP/1.1 302 Found\r\n
    Date: Tue, 0❶ct 2022 13:39:49 GMT\r\n
    Server: Apache/2.4.54 (Debian)\r\n
    X-Powered-By: PHP/7.4.32\r\n
    Pragma: no-cache\r\n
    Cache-Control: no-cache, must-revalidate\r\n
    [truncated]Location: http://10.0.39.1:18080/auth/realms/wordpress/protocol/saml?SAMLRequest=fVNNj9owFLzzK1Duie0ksIkFqSj0A4kCAtpDLyuv81gsJ
  > Content-Length: 0\r\n ❷                                                     ❸
    Keep-Alive: timeout=5, max=100\r\n
    Connection: Keep-Alive\r\n
```

■リダイレクト指示のパケット

※クエリ文字列は長いので，後半を省略しました。

ネットワークSE Column 1 ミシュラン☆でのランチ

SEはアウトローで日に当たらない生活をしているから，ランチという言葉は存在しないと思う人も多いだろう。確かに，ランチというよりは配給という感じ。

日常の平凡を抜け出すために，私はミシュラン☆のレストランへと足を運んだ。孤独なSEらしく，当然，一人きりだ。

ランチを選んだのは単純な理由。ディナーは高すぎる。

それでも，4200円はかなりの贅沢だ。思い切って奮発した。

今までSEとして頑張ってきた。たまには自分へのご褒美もいいだろう。

ミシュランの店は，ただただ優美である。その雰囲気は入り口から伝わってくる。高級店のエチケットには不安を感じたが，勇気を振り絞ってドアを開けた。

身分不相応な私を見て，店員さんの顔が一瞬曇った感じがした。

しかし，名店のプライドであろう。店員さんは，すぐに穏やかな表情に変わった。

最初にシャンパンが注がれた。

1200円。

店員が長いグラスにシャンパンを注ぐ様子は，優雅そのものだった。ただ，グラスには6割ほどしか注がれない。

「もっと入れてよ」

心の叫びだ。

残念だったのは，5ミリくらいシャンパンが残っているにもかかわらず「お下げします」と持っていかれたこと。

「ちょっと待って。まだ，100円分は残っている」

私はその言葉を飲み込んだ。SEである私は小心者なのだ。

ナプキン，フォーク，ナイフ，すべての作法がわからない。

「よろしければナプキンをお使い下さい」

しかし，どうしていいかわからない。

口を拭くのかと思いきや，膝に敷くようだ。

初めて知った（恥ずかしい……）。

パンが運ばれてきた。種類は五つもあり，順番に説明してくれた。

どれにするか非常に悩んだ。どれもおいしそうだからだ。

迷った結果，一つ選ぶ。

「お幾つでもどうぞ」
　その言葉は，最初に伝えてほしかった。
　私には，変なプライドがあったのだろう。
「とりあえずいいです」と，おいしそうなパンの前で強がってみた。

　サービス，味は素晴らしい！ さすがミシュラン。
　ただ，味に関しては，庶民の私にはぶっちゃけよくわからない。丸亀製麺のぶっかけうどんも，涙が出るくらいおいしいと思うからだ。

　横に座っているマダム4人は，ダンナ自慢と海外旅行の話に明け暮れていた。
「ロスからトロントまでのフライト時間はどれくらい？」
「ロスの空気と日本の空気はやはり違う」
　海外に行ったことがない私にとって，彼女たちの会話は異世界のものだった。

「ワインをお持ちしましょうか」
　サービスでもらえるの？ という思いも一瞬よぎったが，そんなわけはない。小心者の私は頑張った。
「いや，ちょっと考えます」
　はっきり「NO」と言えないのは日本人の悲しさか。
　他の人に注がれるワインを見て知ったが，ワインはグラスのたった3割位しか入れてもらえない。
　危ないところであった。

　庶民SEの私にとって，明らかに場違いな空間であった。
　出口で店員さんにお願いして記念写真。
　最後は笑顔で
「はい，チーズ」

※今から10年以上前に，初めてミシュランの店に行ったときに書いた記事を，整形しました。

SE事件簿① トラブル時の対応のコツ

2023年6月，『ぼく，SEやめて転職したほうがいいですか?』（日経BP社）というSEの小説を書きました。その内容からトラブル時の裏テクニック? を紹介します。

「すいません、すぐやります」

重大なトラブルが発生したときの対処であるが、あるベテランSE（システムエンジニア）は、「すいません、すぐやります」しか言わない。

ご飯を食べない

トラブル時は直すことが最も大事であることは間違いない。でも、直らないこともある。そんなとき、自分の必死さをお客様にアピールする目的と、「飯食う時間はあるんだな」と突っ込まれないために、先輩SEはご飯を食べない。相手も人間であるから、こういうのも大事とのこと。

第2章

過去問解説

令和5年度
午後Ⅰ

データで見る ネットワークスペシャリスト その1

応募者・合格者・合格率の推移

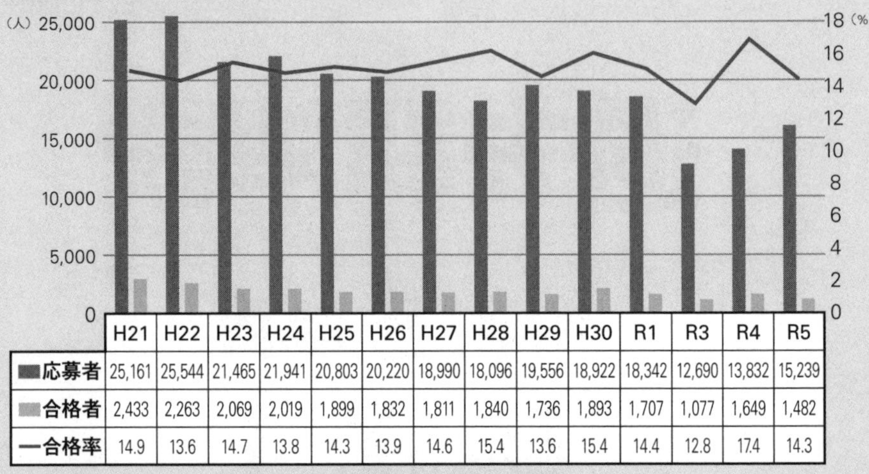

	H21	H22	H23	H24	H25	H26	H27	H28	H29	H30	R1	R3	R4	R5
■応募者	25,161	25,544	21,465	21,941	20,803	20,220	18,990	18,096	19,556	18,922	18,342	12,690	13,832	15,239
■合格者	2,433	2,263	2,069	2,019	1,899	1,832	1,811	1,840	1,736	1,893	1,707	1,077	1,649	1,482
―合格率	14.9	13.6	14.7	13.8	14.3	13.9	14.6	15.4	13.6	15.4	14.4	12.8	17.4	14.3

経験年数別の合格率（令和5年度）

経験年数	合格率
経験なし	**3.6%**
1年未満	**19.1%**
2年未満	**17.3%**
2年以上4年未満	**20.2%**
4年以上6年未満	**18.5%**
6年以上8年未満	**18.7%**
8年以上10年未満	**18.0%**
10年以上12年未満	**15.6%**
12年以上14年未満	**15.9%**
14年以上16年未満	**10.6%**
16年以上18年未満	**9.5%**
18年以上20年未満	**10.5%**
20年以上22年未満	**10.8%**
22年以上24年未満	**8.0%**
24年以上	**7.1%**

経験年数が浅くても
合格率が高いんですね！

合格者の平均年齢は 33.5 歳。
受験者は，13 歳から75 歳以上
まで幅広い層に渡っています。

IPA「独立行政法人　情報処理推進機構」発表の「情報処理技術者試験統計資料」より抜粋
https://www.ipa.go.jp/shiken/reports/hjuojm000000liyb-att/toukei_r05a_oubo.pdf

nespeR5 2.1

令和５年度
午後Ⅰ 問1

問　題

問題解説

設問解説

2.1 令和5年度 午後Ⅰ 問1

問題 ➡ 問題解説 ➡ 設問解説

問題

問1 Webシステムの更改に関する次の記述を読んで，設問に答えよ。

G社は，一般消費者向け商品を取り扱う流通業者である。インターネットを介して消費者へ商品を販売するECサイトを運営している。G社のECサイトは，G社データセンターにWebシステムとして構築されているが，システム利用者の増加に伴って負荷が高くなってきていることや，機器の老朽化などによって，Webシステムの更改をすることになった。

〔現行のシステム構成〕

G社のシステム構成を図1に示す。

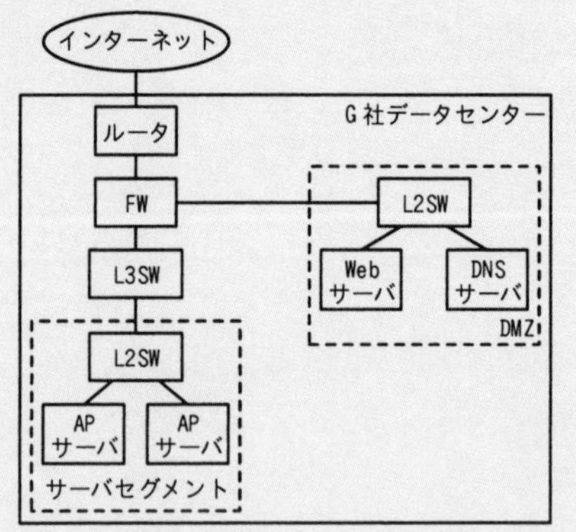

FW：ファイアウォール　L2SW：レイヤー2スイッチ　L3SW：レイヤー3スイッチ
APサーバ：アプリケーションサーバ

図1　G社のシステム構成（抜粋）

- WebシステムはDMZに置かれたWebサーバ，DNSサーバ及びサーバセグメントに置かれたAPサーバから構成される。

- ECサイトのコンテンツは，あらかじめ用意された静的コンテンツと，利用者からの要求を受けてアプリケーションプログラムで生成する動的コンテンツがある。
- WebサーバではHTTPサーバが稼働しており，静的コンテンツはWebサーバから直接配信される。一方，APサーバの動的コンテンツは，Webサーバで中継して配信される。この中継処理の仕組みを[a]プロキシと呼ぶ。
- DMZのDNSサーバは，G社のサービス公開用ドメインに対する[b]DNSサーバであると同時に，サーバセグメントのサーバがインターネットにアクセスするときの名前解決要求に応答する[c]DNSサーバである。

〔G社Webシステム構成見直しの方針と実施内容〕

G社は，Webシステムの更改に伴うシステム構成の変更について次の方針を立て，担当者として情報システム部のHさんを任命した。

- Webシステムの一部のサーバをJ社が提供するクラウドサービスに移行する。
- 通信の効率化のため，一部にHTTP/2プロトコルを導入する。

Hさんは，システム構成変更の内容を次のように考えた。

- DMZのWebサーバで行っていた処理をJ社クラウドサービス上の仮想サーバで行うよう構成を変更する。また，この仮想サーバは複数台で負荷分散構成にする。
- 重要なデータが格納されているAPサーバは，現構成のままG社データセンターに残す。
- J社の負荷分散サービス（以下，仮想LBという）を導入する。仮想LBは，HTTPリクエストに対する負荷分散機能をもち，HTTP/1.1プロトコルとHTTP/2プロトコルに対応している。
- Webブラウザからのリクエストを受信した仮想LBは，リクエストのURLに応じてAPサーバ又はWebサーバに振り分ける。
- Webブラウザと仮想LBとの間の通信をHTTP/2とし，仮想LBとAPサーバ及びWebサーバとの間の通信をHTTP/1.1とする。

Hさんが考えたWebブラウザからサーバへのリクエストを図2に示す。

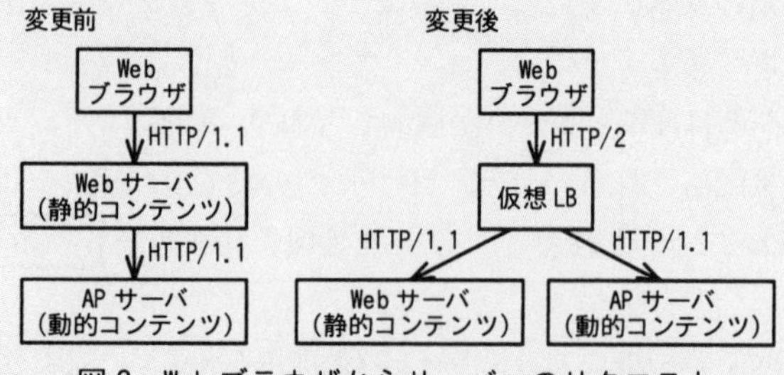

図2　Webブラウザからサーバへのリクエスト

Hさんは，次にHTTP/2プロトコルについて調査を行った。

〔HTTP/2の概要と特徴〕

HTTP/2は，HTTP/1.1との互換性を保ちながら主に通信の効率化を目的とした拡張が行われている。Hさんが注目したHTTP/2の主な特徴を次に示す。

- 通信の多重化：HTTP/1.1には，同一のTCPコネクション内で通信を多重化する方式としてHTTPパイプラインがあるが，HTTP/2では，TCPコネクション内で複数のリクエストとレスポンスのやり取りを［ d ］と呼ばれる仮想的な通信路で多重化している。①HTTPパイプラインは，複数のリクエストが送られた場合にサーバが返すべきレスポンスの順序に制約があるが，HTTP/2ではその制約がない。
- ヘッダー圧縮：HPACKと呼ばれるアルゴリズムによって，HTTPヘッダー情報がバイナリフォーマットに圧縮されている。ヘッダーフィールドには，［ e ］，:scheme，:pathといった必須フィールドがある。
- フロー制御：［ d ］ごとのフロー制御によって，一つの［ d ］がリソースを占有してしまうことを防止する。
- 互換性：HTTP/2は，HTTP/1.1と互換性が保たれるように設計されている。一般的にHTTP/2は，HTTP/1.1と同じく“https://”のURIスキームが用いられる。そのため，通信開始処理において［ f ］プロトコルの拡張の一つである②ALPN（Application-Layer Protocol Negotiation）を利用する。

〔HTTP/2における通信開始処理〕

HTTP/2では，通信方法として，h2という識別子で示される方式が定義されている。その方式の特徴を次に示す。

- TLSを用いた暗号化コネクション上でHTTP/2通信を行う方式である。
- TLSのバージョンとして1.2以上が必要である。
- HTTP/2の通信を開始するときに，ALPNを用いて②クライアントとサーバとの間でネゴシエーションを行う。

Hさんが理解したh2の通信シーケンスを図3に示す。

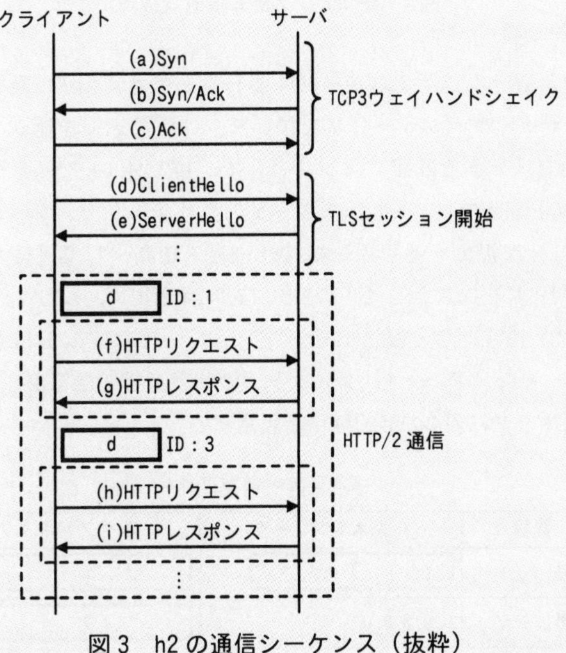

図3　h2の通信シーケンス（抜粋）

このシーケンスによって，上位プロトコルがHTTP/2であることが決定される。

〔新Webシステム構成〕

Hさんは新たなWebシステムの構成を考えた。Hさんが考えた新Webシステム構成を図4に示す。

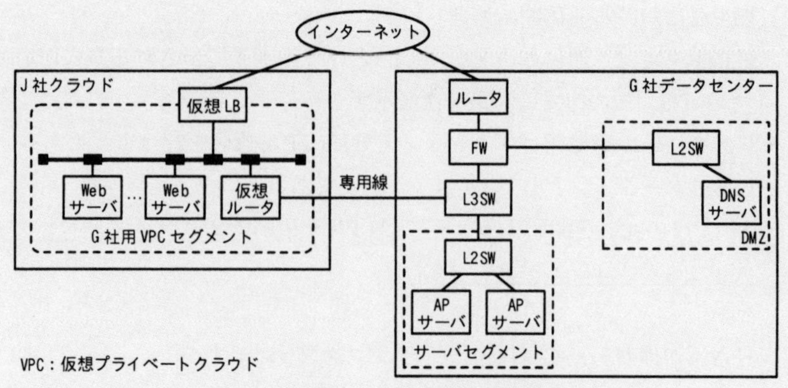

図4　新Webシステム構成（抜粋）

図4の新Webシステム構成に関するHさんの考えを次に示す。

- J社クラウドのVPCサービスを用いて，G社用VPCを確保する。G社用VPCセグメントではIPアドレスとして，172.21.10.0/24を用いる。
- G社用VPCセグメントの仮想ルータとG社データセンターのL3SWとの間を，J社が提供する専用線接続サービスを利用して接続する。専用線接続のIPアドレスとして，172.21.11.0/24を用い，L3SWのIPアドレスを172.21.11.1とし，仮想ルータのIPアドレスを172.21.11.2とする。
- G社データセンターとJ社クラウドとの間で通信できるように，L3SW及び仮想ルータに表1の静的経路を設定する。

表1　静的経路設定

機器	宛先ネットワーク	ネクストホップ
L3SW	ア	イ
仮想ルータ	0.0.0.0/0	ウ

- G社用VPCセグメント中に，仮想サーバを複数起動し，Webサーバとする。
- G社用VPCセグメントのWebサーバは静的コンテンツを配信する。
- G社データセンターのサーバセグメントのAPサーバは動的コンテンツを配信する。
- Webサーバ及びAPサーバは，これまでと同様にG社データセンターのDMZのDNSサーバを利用して名前解決を行う。

Hさんは，J社クラウドの仮想LBの仕様について調べたところ，表2に示す動作モードがあることが分かった。

表2　仮想LBの動作モード

動作モード	説明
アプリケーションモード	レイヤー7で動作して負荷分散処理を行う。
ネットワークモード	レイヤー4で動作して負荷分散処理を行う。

④Hさんは，今回のシステム構成の変更内容を考慮して仮想LBで設定すべき動作モードを決めた。

Hさんは，ここまでの検討内容を情報システム部長へ報告し，承認を得た。

設問1　本文中及び図3中の［　a　］～［　f　］に入れる適切な字句を答えよ。

設問2　〔HTTP/2の概要と特徴〕について答えよ。

(1)　本文中の下線①について，複数のリクエストを受けたサーバは，それぞれのリクエストに対するレスポンスをどのような順序で返さなければならないか。35字以内で答えよ。

(2)　本文中の下線②について，ALPNを必要とする目的は何か。30字以内で答えよ。

設問3　〔HTTP/2における通信開始処理〕について答えよ。

(1)　本文中の下線③について，h2のネゴシエーションが含まれるシーケンス部分を，図3中の(a)～(i)の記号で全て答えよ。

(2)　本文中の下線③について，ネゴシエーションでクライアントから送られる情報は何か。35字以内で答えよ。

設問4　〔新Webシステム構成〕について答えよ。

(1)　表1中の［　ア　］～［　ウ　］に入れる適切なIPアドレスを答えよ。

(2)　本文中の下線④について，Hさんが決めた動作モードを答えよ。また，その理由を“HTTP/2”という字句を用いて35字以内で答えよ。

問題文の解説

HTTP/2をテーマとした問題です。HTTP/2に関しては，過去にネットワークスペシャリスト試験で問われたことはなく，応用情報技術者試験（R1年度秋期 午後問5)で問われただけでした。この問題を勉強していた人は多少有利だったと思いますが，多くの方には難しかったと思います。

冒頭の章でHTTP/2の基礎知識をまとめました。まずはそちらを読んで，基本的な理解を深めてください。

問1 Webシステムの更改に関する次の記述を読んで，設問に答えよ。

G社は，一般消費者向け商品を取り扱う流通業者である。インターネットを介して消費者へ商品を販売するECサイトを運営している。

G社の概要について記載されています。特に重要な箇所はありません。参考までに，「流通業者」とは，卸売業者および小売業者のことです。また，ECサイトのEC（Electronic Commerce）は，「電子商取引」という意味です。ECサイトによって，ネット販売をしていると考えましょう。

G社のECサイトは，G社データセンターにWebシステムとして構築されているが，システム利用者の増加に伴って負荷が高くなってきていることや，機器の老朽化などによって，Webシステムの更改をすることになった。

Webシステムを更改します。このあと記載がありますが，クラウドやHTTP/2を活用します。

〔現行のシステム構成〕

G社のシステム構成を図1に示す。

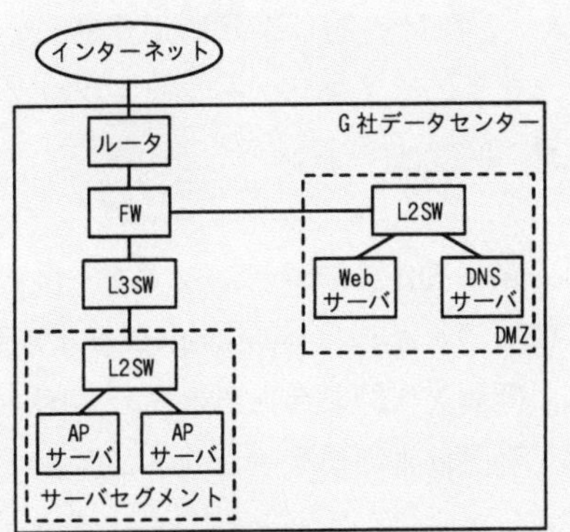

FW：ファイアウォール　L2SW：レイヤー2スイッチ　L3SW：レイヤー3スイッチ
APサーバ：アプリケーションサーバ

図1　G社のシステム構成（抜粋）

過去の「ネスペ」シリーズでもお伝えしていますが，構成図を見るときには，FWを探してください。そして，FWを中心にネットワーク構成を確認します。多くの場合，FWによって，インターネット，DMZ，内部LAN（今回はサーバセグメント）の三つに分けられます。DMZには外部に公開するWebサーバとDNSサーバが配置されています。

G社の社員PCはどこにつながっていますか？

図1はデータセンターの設備なので，G社の社員のPCはありません。インターネットVPN等で，G社と接続されている可能性はありますが，図1には掲載されていません。

- Webシステムは DMZに置かれたWebサーバ，DNSサーバ及びサーバセグメントに置かれたAPサーバから構成される。

APサーバも，Webシステム（＝ECサイト）の一部だとわかります。

・ECサイトのコンテンツは，あらかじめ用意された静的コンテンツと，利用者からの要求を受けてアプリケーションプログラムで生成する動的コンテンツがある。

静的コンテンツは，常に固定のコンテンツです。例として，HTMLファイル，画像ファイル，CSSファイル，JavaScriptファイルがあります。

動的コンテンツは，問題文に記載があるとおり，ページが変化するコンテンツです。たとえば，商品検索の結果やカートの中身などは，利用者の操作によって変化します。

・WebサーバではHTTPサーバが稼働しており，静的コンテンツはWebサーバから直接配信される。一方，APサーバの動的コンテンツは，Webサーバで中継して配信される。この中継処理の仕組みを［ a ］プロキシと呼ぶ。

動的コンテンツと静的コンテンツの配信経路を図1に記載します。通信先は，インターネットの向こうにあるPCやスマホなどです。

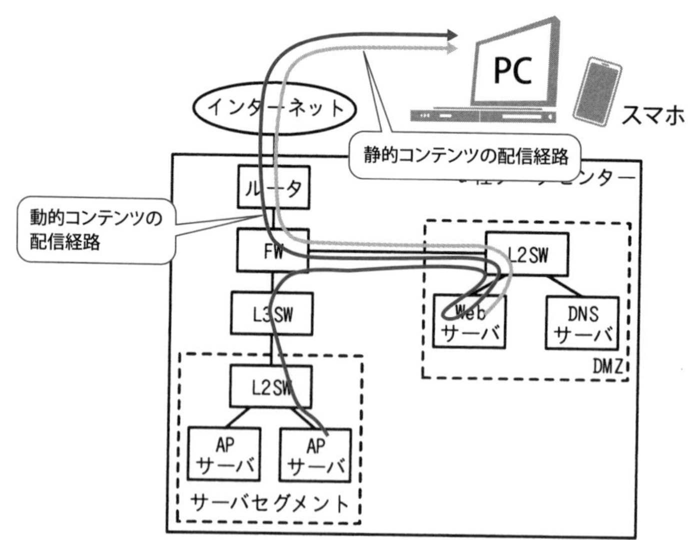

■動的コンテンツと静的コンテンツの配信経路

空欄は，設問1で解説します。

1台のサーバで，Webサーバと［ a ］プロキシを兼用しているのですか？

はい，そうです。その実現方法ですが，このあとの記述から，パス名によってWebサーバ機能か［ a ］プロキシかを使い分けているようです。たとえば，「https://www.g-sha.example.com/ap/」はAPサーバに中継する，それ以外のパスは静的コンテンツを配信する，といった感じです。

・DMZのDNSサーバは，G社のサービス公開用ドメインに対する［ b ］DNSサーバであると同時に，サーバセグメントのサーバがインターネットにアクセスするときの名前解決要求に応答する［ c ］DNSサーバである。

DNSに関する基本的な記述です。空欄は，設問1で解説します。

〔G社Webシステム構成見直しの方針と実施内容〕

G社は，Webシステムの更改に伴うシステム構成の変更について次の方針を立て，担当者として情報システム部のHさんを任命した。

・Webシステムの一部のサーバをJ社が提供するクラウドサービスに移行する。

クラウドサービスへの移行とありますが，クラウドにすべき理由は記載されていません。時代の流れでクラウドに移行が進んでいることと，設問4（1）のルーティングの出題をするために，クラウドに移行したのでしょう。

・通信の効率化のため，一部にHTTP/2プロトコルを導入する。

基礎解説でも述べましたが（p.14），HTTP/2にすると，HTTP/1.1に比べて通信を効率化できます。

「効率化のため」とありますが，新しいWebサーバを構築したら，普通はHTTP/2になるのでは？

普通はそうですよね。ただ，このあとの記述を見ると，「APサーバは現構成のまま」とあります。つまりHTTP/1.1にしか対応していません。コスト面などからAPサーバの更改は見送ったのでしょう。そこで，LBを導入し，PCとLB間の通信だけをHTTP/2にし，部分的に通信を効率化します。

Hさんは，システム構成変更の内容を次のように考えた。
- DMZのWebサーバで行っていた処理をJ社クラウドサービス上の仮想サーバで行うよう構成を変更する。また，この仮想サーバは複数台で負荷分散構成にする。
- 重要なデータが格納されているAPサーバは，現構成のままG社データセンターに残す。
- J社の負荷分散サービス（以下，仮想LBという）を導入する。

システム構成変更の内容を図4で確認しましょう。

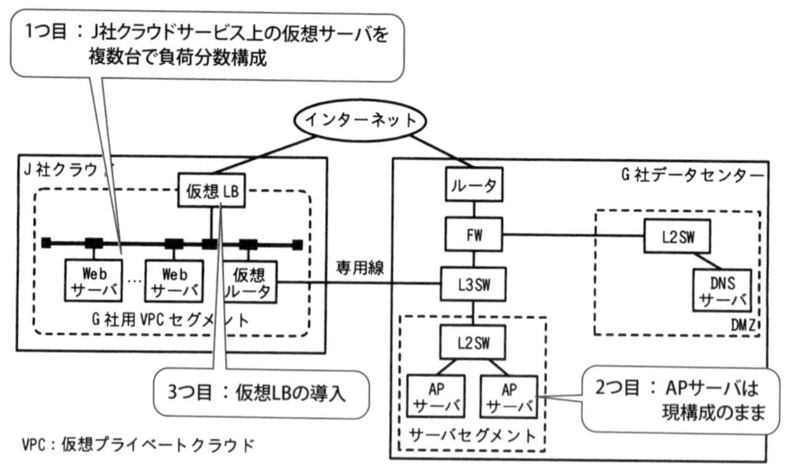

■システム構成変更の内容

仮想LBは，HTTPリクエストに対する負荷分散機能をもち，HTTP/1.1プロトコルとHTTP/2プロトコルに対応している。

LB（Load Balancer）は，負荷分散装置のことです。たとえば，AWSの仮想LBとしてELB（Elastic Load Balancer）があります。

また，後半の記述は意味ありげですが，深い意味はありません。HTTP/2に対応しているし，古いブラウザなどからの接続および古いサーバへの振り分けのためにHTTP/1.1にも対応しているという事実を伝えているだけです。

・Webブラウザからのリクエストを受信した仮想LBは，リクエストのURLに応じてAPサーバ又はWebサーバに振り分ける。

図2と照らし合わせて理解しましょう。先も述べましたが，リクエストのURLを見て，たとえば，「https://www.g-sha.example.com/ap/」はAPサーバに振り分け，それ以外のパスはWebサーバに振り分けます。

・Webブラウザと仮想LBとの間の通信をHTTP/2とし，仮想LBとAPサーバ及びWebサーバとの間の通信をHTTP/1.1とする。

Hさんが考えたWebブラウザからサーバへのリクエストを図2に示す。

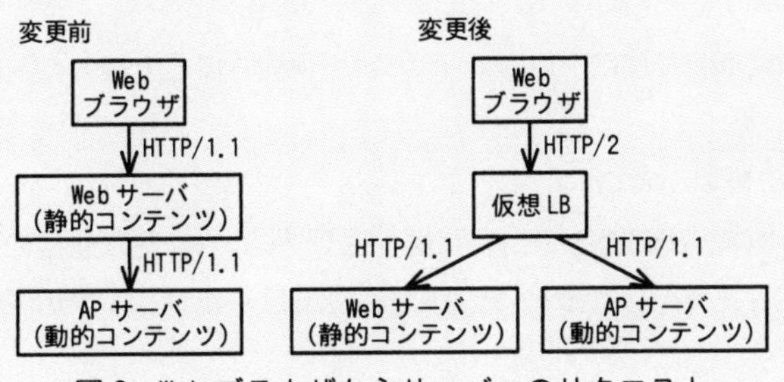

図2　Webブラウザからサーバへのリクエスト

なぜ変更前のWebブラウザの通信がHTTP/1.1で，変更後はHTTP/2なのですか？

なぜ変更前のWebブラウザの通信がHTTP/1.1かというと，単にWebサーバやAPサーバがHTTP/2に対応していないからです。WebブラウザがHTTP/2で通信しようとしても，Webサーバが「HTTP/1.1にしか対応していません」と回答します。

一方，変更後は仮想LBがHTTP/2に対応しているので，WebブラウザからはHTTP/2で通信できます。

しかし，「APサーバは，現構成のまま」とあり，HTTP/1.1対応のままです。また，なぜか新しいWebサーバもHTTP/1.1にしか対応していないようです。これは，設問4（2）のためにこうしたと考えられます。

設問のためとはいえ，この変更に意味があるのですか？

確かに。全体的にHTTP/2にするならわかりますが，LB以降はHTTP/1.1のままです。高速化できるの？ と思ったでしょう。ただ，（一般的ではありませんが）この構成でも，部分的に通信の高速化は図られます。たとえば，静的コンテンツと動的コンテンツへの同時アクセスがあった場合に，一つのHTTP/2セッションで同時に通信ができます。

Hさんは，次にHTTP/2プロトコルについて調査を行った。

〔HTTP/2の概要と特徴〕

HTTP/2は，HTTP/1.1との互換性を保ちながら主に通信の効率化を目的とした拡張が行われている。Hさんが注目したHTTP/2の主な特徴を次に示す。

・通信の多重化：HTTP/1.1には，同一のTCPコネクション内で通信を多重化する方式としてHTTPパイプラインがあるが，HTTP/2では，TCPコネクション内で複数のリクエストとレスポンスのやり取りを［ d ］と呼ばれる仮想的な通信路で多重化している。①HTTPパイプラインは，複数のリクエストが送られた場合にサーバが返すべきレスポンスの順序に制約があるが，HTTP/2ではその制約がない。

- ヘッダー圧縮:HPACKと呼ばれるアルゴリズムによって,HTTPヘッダー情報がバイナリフォーマットに圧縮されている。ヘッダーフィールドには, [e], :scheme, :pathといった必須フィールドがある。
- フロー制御 : [d] ごとのフロー制御によって,一つの [d] がリソースを占有してしまうことを防止する。

HTTP/2プロトコルおよびHTTPパイプライン,ヘッダー圧縮,フロー制御については,基礎解説で説明しました(p.10)。空欄は設問1で,下線①は,設問2(1)で解説します。

- 互換性 : HTTP/2は,HTTP/1.1と互換性が保たれるように設計されている。一般的にHTTP/2は,HTTP/1.1と同じく"https://"のURIスキームが用いられる。そのため,通信開始処理において [f] プロトコルの拡張の一つである②ALPN(Application-Layer Protocol Negotiation)を利用する。

互換性についても,基礎解説で説明しました(p.20)。下線②についてALPNを必要とする目的が設問2(2)で問われます。空欄fは,設問1で解説します。

〔HTTP/2における通信開始処理〕

HTTP/2では,通信方法として,h2という識別子で示される方式が定義されている。その方式の特徴を次に示す。

- TLSを用いた暗号化コネクション上でHTTP/2通信を行う方式である。
- TLSのバージョンとして1.2以上が必要である。
- HTTP/2の通信を開始するときに,ALPNを用いて③クライアントとサーバとの間でネゴシエーションを行う。

h2は,HTTP/2を使ったTLS暗号による通信です。

ALPNに関しても,基礎解説で説明しました(p.21)。その解説と重複しますが,何をネゴシエーションするかというと,上位のプロトコル(HTTP/1.1かHTTP/2か)です。下線③に関しては,設問3(1),(2)で解説します。

Hさんが理解したh2の通信シーケンスを図3に示す。

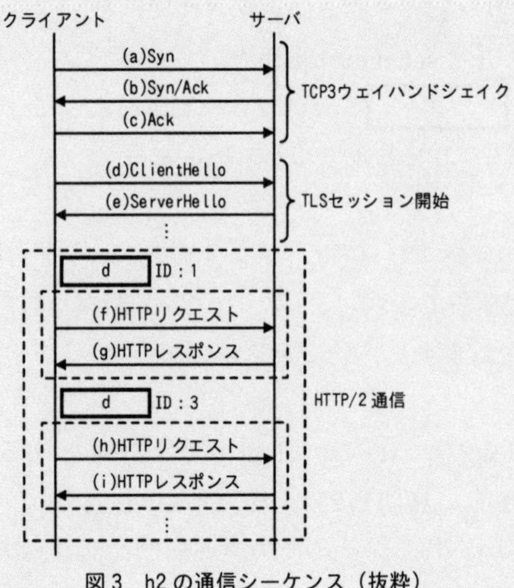

図3　h2の通信シーケンス（抜粋）

このシーケンスによって，上位プロトコルがHTTP/2であることが決定される。

空欄dは設問1で解説します。

〔新Webシステム構成〕

Hさんは新たなWebシステムの構成を考えた。Hさんが考えた新Webシステム構成を図4に示す。

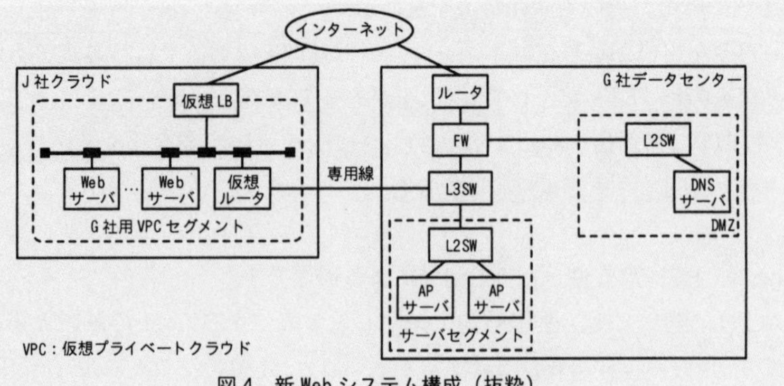

図4　新Webシステム構成（抜粋）

HTTP/2は忘れてください。ここからは，経路設定に関する基礎的な問題文です。

まず，新Webシステム構成の特徴を，次の図で確認しておきましょう。

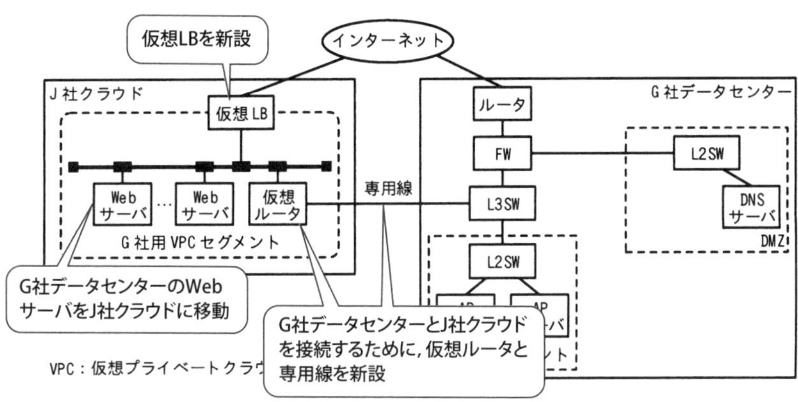

■新Webシステム構成の特徴

これらの変更を踏まえて，Webシステムへのアクセスはどうなるでしょうか。静的コンテンツと動的コンテンツのそれぞれで，通信経路は次のようになります。（※PCやスマホからの，行きのパケットのみ）

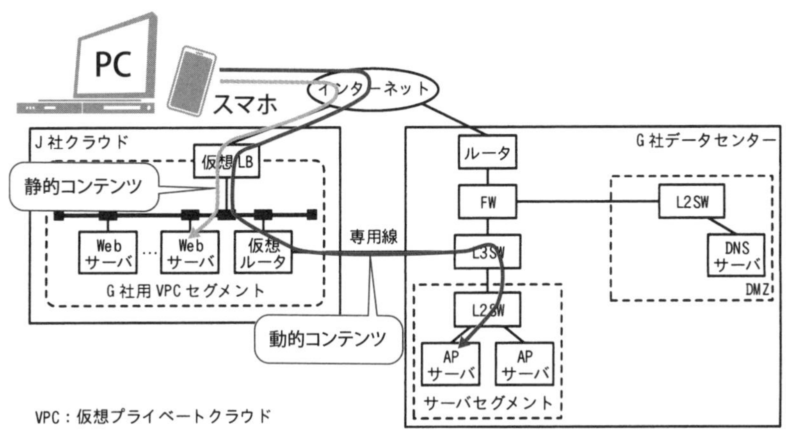

■静的コンテンツと動的コンテンツの通信経路（変更後）

図4の新Webシステム構成に関するHさんの考えを次に示す。

- J社クラウドのVPCサービスを用いて，G社用VPCを確保する。G社用VPCセグメントではIPアドレスとして，172.21.10.0/24を用いる。

VPC（Virtual Private Cloud：仮想プライベートクラウド）は，Private Cloudの言葉のとおり，クラウド上の私的なネットワークです。Gmailなどのクラウドの SaaSサービスを利用しているだけだと，クラウド上に自分たち専用のネットワークはありません。一方VPCの場合，専用のネットワークがあり，IPアドレスを自ら設定することもできます。

- G社用VPCセグメントの仮想ルータとG社データセンターのL3SWとの間を，J社が提供する専用線接続サービスを利用して接続する。専用線接続のIPアドレスとして，172.21.11.0/24を用い，L3SWのIPアドレスを172.21.11.1とし，仮想ルータのIPアドレスを172.21.11.2とする。

この情報を図4に記載したのが下図です。なお，サーバセグメントとDMZのネットワークアドレスは問題文に示されておらず，不明です。

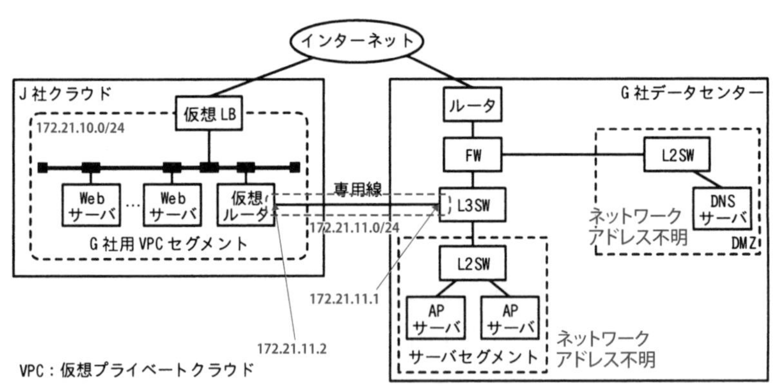

■新WebシステムのIPアドレス設計

- G社データセンターとJ社クラウドとの間で通信できるように，L3SW及び仮想ルータに表1の静的経路を設定する。

表1　静的経路設定

機器	宛先ネットワーク	ネクストホップ
L3SW	ア	イ
仮想ルータ	0.0.0.0/0	ウ

異なるセグメント間で通信ができるようにするために，L3SWや仮想ルータなどのレイヤー3で動作する機器には，ルーティングの設定が必要です。今回は，両機器に静的経路（スタティックルート）を設定します。空欄は設問4（1）で解説します。

- G社用VPCセグメント中に，仮想サーバを複数起動し，Webサーバとする。
- G社用VPCセグメントのWebサーバは静的コンテンツを配信する。
- G社データセンターのサーバセグメントのAPサーバは動的コンテンツを配信する。
- Webサーバ及びAPサーバは，これまでと同様にG社データセンターのDMZのDNSサーバを利用して名前解決を行う。

図4についての説明がありますが，目新しいことはありません。名前解決についても，設問に関連することはありません。

Hさんは，J社クラウドの仮想LBの仕様について調べたところ，表2に示す動作モードがあることが分かった。

表2　仮想LBの動作モード

動作モード	説明
アプリケーションモード	レイヤー7で動作して負荷分散処理を行う。
ネットワークモード	レイヤー4で動作して負荷分散処理を行う。

④Hさんは，今回のシステム構成の変更内容を考慮して仮想LBで設定すべき動作モードを決めた。

Hさんは，ここまでの検討内容を情報システム部長へ報告し，承認を得た。

二つの動作モードの違いは，説明にあるように，レイヤー7なのか，レイヤー4なのかの違いです。レイヤーの違いは，パケット構造で考えましょう。

以下はHTTP/1.1のパケットをキャプチャしたものです。

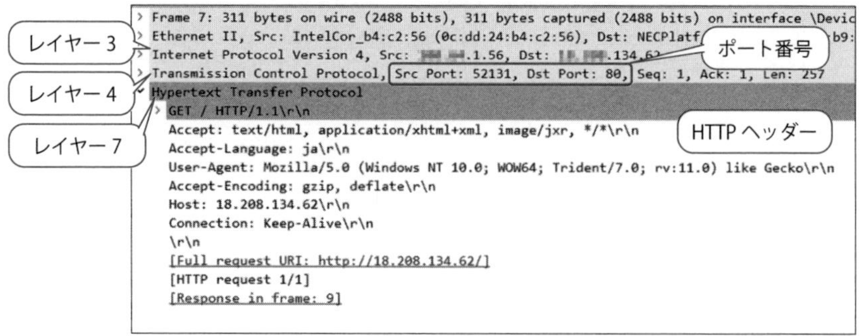

■ **HTTP/1.1のパケット**

レイヤー4（TCP）にある情報は，主にポート番号です。実際，レイヤー4のネットワークモードでは，ポート番号で振り分けをします。別の見方をすると，ポート番号以外の複雑な振り分けはできません。

一方のレイヤー7（HTTP）にある情報は，HTTPのヘッダー情報および，HTTPのデータの中身（HTTPメッセージボディ）です。データの中身を見て振り分け処理もできるので，高度な振り分けができます。

下線④に関しては，設問4（2）で解説します。

問題文の解説はここまでです。おつかれさまでした。

設問の解説

設問 1　文中及び図3中の［ a ］～［ f ］に入れる適切な字句を答えよ。

空欄a

APサーバの動的コンテンツは，Webサーバで中継して配信される。この中継処理の仕組みを［ a ］プロキシと呼ぶ。

クライアントからの要求を受け付け，APサーバの代理として応答するのはリバースプロキシです。過去問（H30年度 午後Ⅰ問1）でも，「一般に，プロキシには，［ア：フォワード］プロキシと［イ：リバース］プロキシがある」として，同じキーワードが問われました。

通常のプロキシ（＝フォワードプロキシ）は，社内からインターネットへの通信を代理（プロキシ）します。リバースプロキシは，「Reverse（逆）」という言葉のとおり，フォワードプロキシとは通信の流れが逆です。インターネットから社内への通信を代理（プロキシ）します。

解答　リバース

空欄b，c

- DMZのDNSサーバは，G社のサービス公開用ドメインに対する［ b ］DNSサーバであると同時に，サーバセグメントのサーバがインターネットにアクセスするときの名前解決要求に応答する［ c ］DNSサーバである。

DNSサーバの役割の名称が問われています。DMZに設置し，公開ドメインのゾーン情報を保有するのは権威DNSサーバ（空欄b）です。また，サーバやクライアントがインターネットにアクセスするときの名前解決要求に応答するのは，キャッシュDNSサーバ（空欄c）です。

空欄ｂですが,「権威」ではなく「コンテンツ」では不正解でしょうか？

わからないです。RFCとしては「権威DNSサーバ（Authoritative Name Servers)」が正しい名称ですし，解答例も「権威」しかありません。なので,「コンテンツ」が正解になる明確な根拠はありません。

ただ，一般には「コンテンツDNSサーバ」と呼ぶことも多いですし，過去問（R4年度 午後Ⅰ問3）でも「コンテンツDNSサーバ」という表記があります。個人的には,「権威DNSサーバ」と「コンテンツDNSサーバ」の言葉の使い分けって，そんなに重要なのか？ と思っています。IPAさんも，そこはこだわるところではないと思っているでしょうから，正解になった気がします。

解答例 空欄b：**権威**　　　空欄c：**キャッシュ**

空欄d

HTTP/2では，TCPコネクション内で複数のリクエストとレスポンスのやり取りを［　d　］と呼ばれる仮想的な通信路で多重化している。

HTTP/2における仮想的な通信路は，ストリームです。リクエストとレスポンスにはストリームを識別するIDが付与されます。ストリームは,「流れ」という意味です。通信路を「流れ」として見ているのでしょう。

解答 ストリーム

空欄e

- ヘッダー圧縮:HPACKと呼ばれるアルゴリズムによって,HTTPヘッダー情報がバイナリフォーマットに圧縮されている。ヘッダーフィールドには,［　e　］,:scheme,:pathといった必須フィールドがある。

HTTP/2の必須ヘッダーフィールドは,「:method」,「:scheme」,「:path」

の三つです。「:method」は，GETやPOSTなど，HTTPのリクエスト種別（メソッド名）を格納するヘッダーフィールドです。知らない人には難しかったと思います。

解答　:method

空欄f

一般的にHTTP/2は，HTTP/1.1と同じく“https://”のURIスキームが用いられる。そのため，通信開始処理において［ f ］プロトコルの拡張の一つである②ALPN（Application-Layer Protocol Negotiation）を利用する。

ALPNとは，TLSセッションの上位層で使うプロトコルを，クライアントとサーバとの間でネゴシエーション（交渉）する仕組みです。端的にいうと，HTTP/1.1かHTTP/2を使うかを決めます。

ヒントは図3のシーケンス図です。HTTPで利用するプロトコルは，（IP,）TCP，TLS，HTTPです。わからない場合は，ヤマ勘でもいいので，この中から答えを書きましょう。

解答　TLS

採点講評に「d，e，fの正答率が低かった」とあります。合格者であっても，不正解だった人が多かったと思います。

設問2

〔HTTP/2の概要と特徴〕について答えよ。

(1) 本文中の下線①について，複数のリクエストを受けたサーバは，それぞれのリクエストに対するレスポンスをどのような順序で返さなければならないか。35字以内で答えよ。

問題文の該当部分は次のとおりです。

- 通信の多重化：HTTP/1.1には，同一のTCPコネクション内で通信を多重化する方式としてHTTPパイプラインがある（略）。①HTTPパイプラインは，複数のリクエストが送られた場合にサーバが返すべきレスポンスの順序に制約がある（略）。

どのような順序って，リクエストされた順にレスポンスを返すだけでは？

はい，そのとおりです。「好きな順序で返していい」では制約になりませんし，それ以外の解答を考えようにも思いつきませんよね。当たり前すぎて答え方に悩んでしまったかもしれません。

基礎解説でも述べましたが（p.12），HTTPパイプラインは，一つのTCPコネクション上で複数のHTTPリクエストを処理する機能です。ですが，レスポンスを返すときに，どのHTTPリクエストに対する応答なのかを識別することができないので，順番に処理するしかありません。その結果，リクエストを受けたのと同じ順序でレスポンスを返す必要があります。

解答例　**リクエストを受けたのと同じ順序でレスポンスを返す必要がある。**（30字）

設問2

(2) 本文中の下線②について，ALPNを必要とする目的は何か。30字以内で答えよ。

問題文の該当部分は以下のとおりです。

- 互換性：HTTP/2は，HTTP/1.1と互換性が保たれるように設計されている。一般的にHTTP/2は，HTTP/1.1と同じく“https://”のURIスキームが用いられる。そのため，通信開始処理において **f：TLS** プロトコルの拡張の一つである②ALPN（Application-Layer Protocol

Negotiation）を利用する。

ALPNを知らなかった受験者が多かったと思います。ただ，この試験は，これらの言葉を知っているか知らないかで合否が決まるわけではありません。古い文献ですが，IPAの「5. 情報処理技術者試験区分の詳細」に，午後Ⅰ試験に関して以下の記載がありました。

「受験者がプロトコルなど基礎技術を体系的に整理し，実務経験があれば容易に解答できるよう工夫している」
「一見みなれないテーマのようでも，出題文をよく読めば，受験者の知識・経験から解答できる」

ALPNを知らなくても，がんばって解け，ということですね？

そのとおりです。ヒントは，「HTTP/2は，HTTP/1.1と**互換性が保たれるように**設計」の記述と，少しあとの「HTTP/2の通信を開始するときに，**ALPNを用いて**③クライアントとサーバとの間でネゴシエーションを行う」の記述です。なので，ALPNが，HTTP/1.1とHTTP/2のネゴシエーション（交渉）を行うことを解答として述べます。

解答例 **通信開始時に，TCPの上位のプロトコルを決定するため**（26字）

予想していたものと解答例が違います。「HTTP/1.1かHTTP/2のどちらを使うか決定するため」ではダメでしょうか。

少なくとも部分点はあったと思います。ただ，ALPNは汎用的な仕組みであり，HTTPに特化したものではありません。TCPを利用する他の上位層のプロトコル（たとえばFTPやIMAP）でも利用できます。解答例を見ると，HTTPに限定せず，ALPN本来の機能を答えさせたかったのでしょう。

第2章 過去問解説 令和5年度 午後Ⅰ 問1 問題 問題解説 設問解説

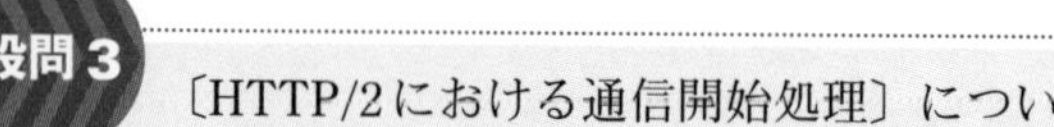

設問3

〔HTTP/2における通信開始処理〕について答えよ。

(1) 本文中の下線③について，h2のネゴシエーションが含まれるシーケンス部分を，図3中の（a）～（i）の記号で全て答えよ。

問題文の該当部分は以下のとおりです。

・HTTP/2の通信を開始するときに，ALPNを用いて③クライアントとサーバとの間でネゴシエーションを行う。

（略）

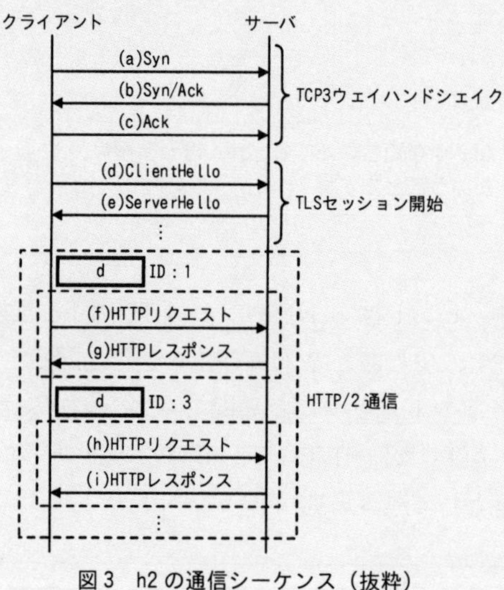

図3　h2の通信シーケンス（抜粋）

h2はHTTPS，つまりTLSの通信です。このネゴシエーションは，TLSセッション開始時に行います。つまり，図3中の（d）ClientHelloと（e）ServerHelloです。具体的には，ClientHelloメッセージ中のALPN拡張機能でh2（HTTP/2）を使うことを提示し，ServerHelloメッセージでそれを受諾します。

ALPNを知らない私は，何を手掛かりに解けばいいでしょうか。

まず，(f)～(i)は除外できます。なぜなら，図3の点線部分は「HTTP/2通信」とあります。(f) の前にはネゴシエーションが完了しているはずだからです。

残るは，(a) ～ (c) の「TCP3ウェイハンドシェイク」か，(d) と (e) の「TLSセッション開始」です。3ウェイハンドシェイクは，皆さんは何度も勉強されたと思います。SYN，SYN/ACK，ACKをやり取りするだけです。なんとなく違うと想像できたのではないでしょうか。

下線③には「ネゴシエーションを行う」とあるので**双方向**のやり取りであること，設問には「(a) ～ (i) の記号で全て答えよ」とあるので，(d) と (e) の二つを選べたと思います。

解答 (d)，(e)

設問 3

(2) 本文中の下線③について，ネゴシエーションでクライアントから送られる情報は何か。35字以内で答えよ。

問題文には，「HTTP/2の通信を開始するときに，ALPNを用いて③クライアントとサーバとの間でネゴシエーションを行う」とあります。

またネゴシエーションの話ですか？

たしかに。この観点での設問が多すぎるように感じました。それに，採点講評でも設問2 (2)，設問3 (1)，(2) の正答率が低いとあり，ALPN関連はすべて正答率が低かったようです。

さて，愚痴を言っても得することはないので，気を取り直してがんばりましょう。

設問2 (2) では，ALPNを使う理由を答えました。この設問はさらに踏み込んだ内容として，ALPNでネゴシエーションする際に，クライアント（Webブラウザ）が送信する情報が問われています。

ネゴシエーションなので，クライアントは「私が対応しているプロトコルはこれです」という情報を送ると思います。

はい，そうです。ALPN（Application-Layer Protocol Negotiation）のフルスペルのとおり，クライアントが利用可能なアプリケーション層のプロトコル（Application-Layer Protocol）の情報を送信します。基礎解説でも掲載しましたが（p.21），以下がALPNでHTTP/2（h2），とHTTP/1.1を伝えている通信のパケットキャプチャです。

```
    ˅ Extension: application_layer_protocol_negotiation (len=14)
        Type: application_layer_protocol_negotiation (16)
        Length: 14
        ALPN Extension Length: 12
      ˅ ALPN Protocol
          ALPN string length: 2
          ALPN Next Protocol: h2
          ALPN string length: 8
          ALPN Next Protocol: http/1.1
```

■ALPNで伝えている情報

解答例　クライアントが利用可能なアプリケーション層のプロトコル（27字）

設問3（2）の解答例では「上位のプロトコル」という表現でした。今回は「アプリケーション層のプロトコル」と違う表現をしています。ALPN（Application-Layer Protocol Negotiation）のフルスペルを考えて，この解答例にしたのかもしれません。

「HTTP/1.1 か HTTP/2 のどちらを利用できるか」，ではどうですか？

内容としては正解にしたいですが，表現があまりよくないです。上記のパケットキャプチャを見てもらってもわかるとおり，ALPNでは，利用可能なプロトコルのリストを送っています。「クライアントが利用可能なHTTPの

バージョン一覧」と書いたのであれば，より正解に近いと思います。

設問4

〔新Webシステム構成〕について答えよ。

(1) 表1中の［ ア ］～［ ウ ］に入れる適切なIPアドレスを答えよ。

問題文の該当部分は以下のとおりです。

・G社データセンターとJ社クラウドとの間で通信できるように，L3SW及び仮想ルータに表1の静的経路を設定する。

表1　静的経路設定

機器	宛先ネットワーク	ネクストホップ
L3SW	ア	イ
仮想ルータ	0.0.0.0/0	ウ

G社データセンターとJ社クラウドとが相互に通信できるように，仮想ルータとL3SWの経路設定を答えます。問題文中に明示されたIPアドレスから答えを選ぶのですが，候補となるIPアドレスが少ないので，簡単な設問でした。

まず，問題文の解説で掲載した図を再掲します。

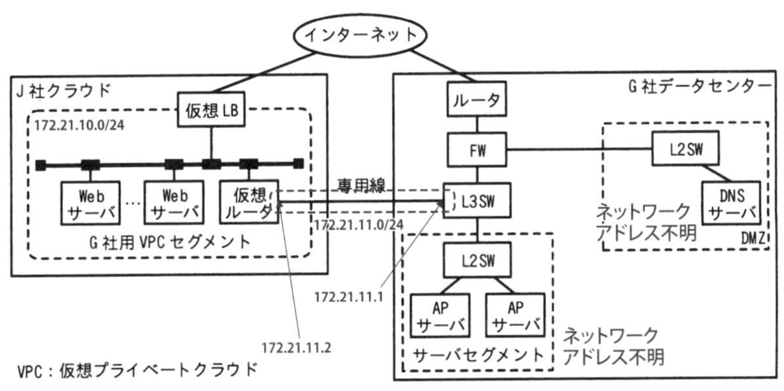

■新WebシステムのIPアドレス設計

① L3SWに設定する静的経路

「G社データセンターとJ社クラウドの間で通信できるように」という指示があるので，G社データセンターからJ社クラウド宛ての経路を追加します。G社用VPCセグメント宛てのパケットは，仮想ルータがネクストホップです。ですので，空欄アは172.21.10.0/24，空欄イは172.21.11.2です。

余談ですが，表1の他に，L3SWのデフォルトルート（0.0.0.0/0）宛てのネクストホップとして，FWのIPアドレスが登録されていることでしょう。

②仮想ルータに設定する静的経路

仮想ルータのデフォルトルート（0.0.0.0/0）のネクストホップは，L3SWです。よって，空欄ウは172.21.11.1です。

仮想ルータのデフォルトルートは，
仮想LBではないのですか？

いいえ。仮想ルータはG社データセンターとだけ接続すればよく，J社クラウド内からインターネットに出る必要はありません。また，説明すると長くなりますが，仮想LBは負荷分散装置であって，インターネットに接続するためのルータとしては動作しません。

解答　空欄ア：172.21.10.0/24　　空欄イ：172.21.11.2
空欄ウ：172.21.11.1

設問4

(2) 本文中の下線④について，Hさんが決めた動作モードを答えよ。また，その理由を“HTTP/2”という字句を用いて35字以内で答えよ。

下線④には，「<u>④Hさんは，今回のシステム構成の変更内容を考慮して仮想LBで設定すべき動作モードを決めた</u>」とあります。

まず，動作モードはアプリケーションモード（レイヤー7）か，ネットワークモード（レイヤー4）のどちらでしょうか。

「仮想 LB は，リクエストの URL に応じて AP サーバ又は Web サーバに振り分ける」とあるので，レイヤー 7 で振り分けですね。

そうです。URLはレイヤー7のHTTPプロトコルのデータ部分に記載があります。レイヤー4の情報（ポート番号）で振り分けるネットワークモードでは，URLによる振り分けはできません。

参考までに，Webブラウザから到着するパケットの主な項目を記載します。

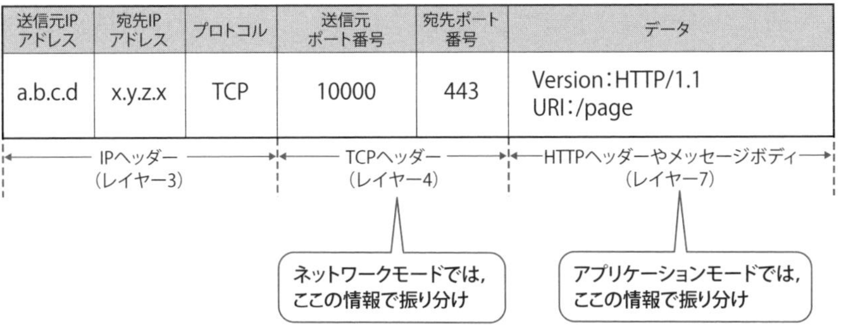

送信元IPアドレス	宛先IPアドレス	プロトコル	送信元ポート番号	宛先ポート番号	データ
a.b.c.d	x.y.z.x	TCP	10000	443	Version：HTTP/1.1 URI：/page

■Webブラウザから到着するパケットの主な項目

しかし，「URLで振り分けるから」というのは，作問者が意図した解答ではありません。下線④に「今回のシステム構成の変更内容を考慮して」とありますし，設問文に「その理由を“HTTP/2”という字句を用いて」とあるからです。

今回のシステム構成の変更内容は，図2がわかりやすいです（以下に再掲）。

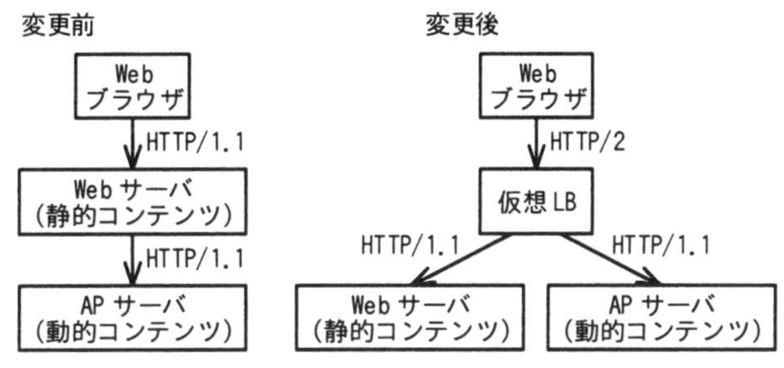

図 2　Web ブラウザからサーバへのリクエスト

先に解答例を見ましょう。

解答例 動作モード：**アプリケーションモード**
理由：**HTTP/2リクエストをHTTP/1.1に変換して負荷分散するから**（33字）

解答例にあるように，仮想LBでは，HTTP/2リクエストをHTTP/1.1に変換します。HTTP/2はTLSによる暗号化通信です。よって，仮想LBに，G社のサーバ証明書（たとえば，www.g-sha.example.comのFQDNの証明書）を配置して通信を復号します。これらの処理はもちろん，レイヤー4ではなく，レイヤー7のアプリケーションレベルの処理が必要です。

復号処理をするから，レイヤー４ではなくレイヤー７の動作モードが必要ってことですか？

はい，この解答例を見ると，そういうことでしょう。なので，「URLで振り分けすること」は関係ないのです。

整理すると，考え方の違いは以下のとおりです。

- **剣持成子さんの考え**
  URLで振り分けをするためには，レイヤー7の動作モードが必要
- **IPAの考え**
  （URLで振り分けをすることは検討外で，）TLSの復号処理をするためには，レイヤー7の動作モードが必要

なぜ，「URLで振り分けをすること」が検討外か。IPAの気持ちで考えてみると，問題文に「今回のシステム構成の変更内容を考慮して」と書いてあるからです。URLで振り分けるのは，システムを変更する前から同じです。

この解答例は，納得がいかないと思う人も多いでしょう。私も，この問題はあまりよい問題だとは思っていません。ですが，「今回のシステム構成の変更内容を考慮して」「“HTTP/2”という字句を用いて」という条件や，作

問者の意図を考えると，この解答例を受け入れるしかありません。

　あらためて解答例の説明をすると，今回のシステム構成の変更によって，HTTP/2→HTTP/1.1の変換が必要になりました。そのためにはTLSの復号などのレイヤー7の処理が必要です。だったら，仮想LBはレイヤー7で動作する必要があるよね。という比較的シンプルな理屈です。

IPAの解答例

設問			IPAの解答例・解答の要点	予想配点
設問1		a	リバース	2
		b	権威	2
		c	キャッシュ	2
		d	ストリーム	2
		e	:method	2
		f	TLS	2
設問2	(1)		リクエストを受けたのと同じ順序でレスポンスを返す必要がある。	6
	(2)		通信開始時にTCPの上位のプロトコルを決定するため	6
設問3	(1)		(d), (e)	3
	(2)		クライアントが利用可能なアプリケーション層のプロトコル	6
設問4	(1)	ア	172.21.10.0/24	3
		イ	172.21.11.2	3
		ウ	172.21.11.1	3
	(2)	動作モード	アプリケーションモード	2
		理由	HTTP/2リクエストをHTTP/1.1に変換して負荷分散するから	6
			合計	50

※予想配点は著者による

IPAの出題趣旨

企業システムにおいて，自社データセンターのオンプロミスシステムとクラウドサービスの組合せは一般的である。こうしたシステムにおいて，新たなネットワーク構成への変更や，新たな技術やプロトコルの導入といった事項は，企業ネットワークにおける重要な取組の一つである。

このような状況を基に，本問ではオンプレミスシステムの一部をクラウドサービスへ移行することと，通信の効率化のために新たなプロトコルを導入することを要件とするWebシステム更改の事例を取り上げた。

本問では，HTTP/2プロトコルとその下位プロトコルとしてのTLSプロトコル，部分的なクラウドサービス導入に伴う経路設定を題材として，受験者の習得した技術と経験が実務で活用可能な水準かどうかを問う。

IPAの採点講評

問1では，HTTP/2プロトコルとその下位プロトコルとしてのTLSプロトコル，部分的なクラウド導入に伴う経路設定を題材に，HTTP/2プロトコルの概要と特徴，通信開

合格者の復元解答

あずにゃんさんの解答	正誤	予想採点
リバース	○	2
コンテンツ	○	2
キャッシュ	○	2
セッション	×	0
:method	○	2
HTTPS	×	0
リクエストの順番と同じ順番でレスポンスを返却する。	○	6
クライアントがHTTP/2に対応しているか確認するため。	△	3
(d), (e)	○	3
クライアント証明書、利用できる暗号化方式	×	0
172.21.10.0/24	○	3
172.21.11.2	○	3
172.21.11.1	○	3
アプリケーションモード	○	2
HTTP/2は1つのTCPコネクション内で複数のリクエストがあるから。	×	0
予想点合計		31

(※実際には38点と予想)

始時のシーケンス及びネットワーク機器に対する経路設定や仮想負荷分散装置の負荷分散設定などについて出題した。全体として正答率は平均的であった。

設問1では, d, e, fの正答率が低かった。HTTP/2プロトコルは広く普及してきており, これからも多く使われる重要なプロトコルである。その基本については正しく理解してほしい。

設問2では, (2) の正答率が低く, ALPNを暗号化処理プロトコルと誤った解釈をしているような誤答が目立った。ALPNはHTTP/2プロトコルでは必須の技術であり, HTTP/2に限らず, TCP/443番ポートを複数のサービスで共用する場合によく使われる技術なので理解を深めてほしい。

設問3では, (1), (2) の正答率が低く, 暗号アルゴリズムの交換といった誤答が散見された。HTTP/2プロトコルの通信開始シーケンスについても, その意味や内容について十分に理解しておいてほしい。

■出典
「令和5年度 春期 ネットワークスペシャリスト試験 解答例」
https://www.ipa.go.jp/shiken/mondai-kaiotu/ps6vr70000010d6y-att/2023r05h_nw_pm1_ans.pdf
「令和5年度 春期 ネットワークスペシャリスト試験 採点講評」
https://www.ipa.go.jp/shiken/mondai-kaiotu/ps6vr70000010d6y-att/2023r05h_nw_pm1_cmnt.pdf

ネットワークSE Column 2 承認欲求

「グレープフルーツジュースがほしい」と泣いている小さな女の子がいる。

でも，グレープフルーツジュースはない。そこで，ある言葉を掛けたら，女の子は泣き止んだという。その言葉とは何か。

当たり前だが,「泣くな！」と脅したわけではない。

優しい言葉で,「めちゃくちゃおいしいオレンジジュースを上げよう」「ケーキを食べよう」「ゲームをしようか」などと別の誘いをしたわけでもない。

泣き止んだという言葉は，次のとおりだ。

「グレープフルーツジュースが欲しいんだね」

女の子の気持ちを理解してあげたのだ。

この話，妙に納得してしまった。

拙著『ぼく，SEやめて転職したほうがいいですか？』（日経BP社）のあとがきにも書いたが，私がほしいのは，地位でも名誉でもお金でもない。毎日，ほんのちょっとでいいので，誰かに認めてもらいたい。つまり,「承認欲求」である。

私の場合,「すごい」などと褒め称えてもらう必要はない。「本を書いたんだ。がんばったね」「売れなかったんだ，次がんばろうよ」。その程度の承認である。日常生活だと,「朝起きたね」「ご飯食べたね」「仕事したね」「今日も頑張ったね」,そんな言葉でも十分うれしい。まるで，お母さんに褒めてもらいたい幼稚園児だ(笑)。

馬鹿馬鹿しい話と思われるかもしれない。だが，人間という生き物は，承認欲求をどこかで求めていると思う。言葉で褒められる以外にも，出世することや給料アップなども，第三者からの承認につながる。そういう承認を求めて，多くの人は毎日頑張っているのではないだろうか。

周囲への承認の「Give」も大事だ。難しいお客様の理不尽な要求であったとしても，まずはお客様の話に耳を傾け,「～ということですね」と相手が言ったことを承認する。それが，よき人間関係につながる。

ただし，私も含め，不器用なSEがこれをできるだろうか。実際には簡単ではないだろう。なぜなら，SEは論理的でないことを嫌う。間違ったこと，理不尽なことは論破したくなる。しかし，反論するのは，相手が言うことを承認し受け入れてからでも遅くはない。

少し訓練と意識が必要かもしれないが，自然な表情で，相手への承認をプレゼントできるようになりたいものだ。

困った上司

どの会社にも困った上司はいるものである。

夜明け

トラブル続きだったり、終わらない仕事をしていて夜明けを迎えるというのは、悲しい。もうすぐ朝ということは、眠ることなくまた仕事をしなければいけない。

nespeR5 2.2

令和5年度

午後Ⅰ 問2

問　題

問題解説

設問解説

2.2 令和5年度 午後Ⅰ 問2

問題 ➡ 問題解説 ➡ 設問解説

問題

問2 IPマルチキャストによる映像配信の導入に関する次の記述を読んで，設問に答えよ。

K市は，人口25万人の中核市である。市内には一級河川があり，近年の異常気象による河川氾濫などの水害が問題となっている。このたびK市では，災害対策強化の一つとして，撮影した映像をH.264によって符号化してIPv4ネットワークへ送信可能なカメラ（以下，IPカメラという）を河川・沿岸の主要5地点周辺に合計20台新設し，K市庁舎の執務エリアへ高解像度リアルタイム配信を行うことになった。

本件の調査及び設計担当として，情報システム部のN主任が任命された。

〔ネットワーク構成〕

N主任は，<u>①IPカメラの導入によって増加する通信量に着目し，通信帯域を効率良く使用するため，IPマルチキャストを用いて配信を行う</u>構成を検討した。IPマルチキャストを用いることによって，映像は次のように配信される。

- 映像の送信元（以下，ソースという）であるIPカメラは，映像を符号化したデータ（以下，映像データという）をマルチキャストパケットとして送信する。
- ネットワーク機器は，マルチキャストパケットを複製して配信する。
- 配信先であるレシーバは，マルチキャストパケットの映像データを映像へ復号し，大型モニターへ表示する。

N主任が考えたK市のネットワーク構成を図1に示す。

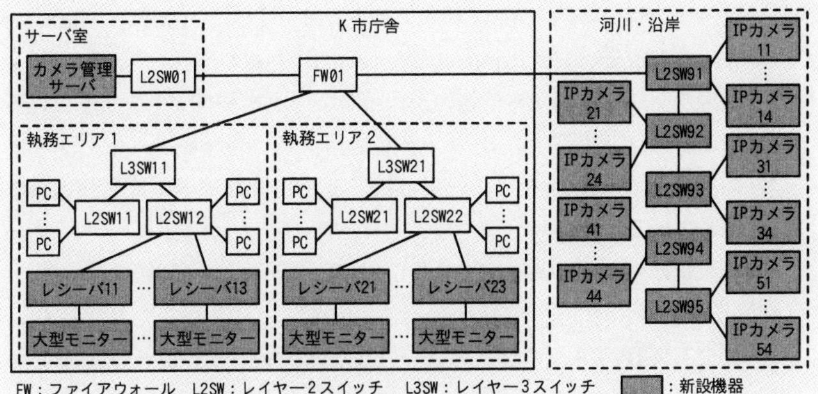

図1　N主任が考えたK市のネットワーク構成（抜粋）

図1の概要を次に示す。

(1) 既設機器

- FW及び各スイッチ間は，1000BASE-T又は1000BASE-SXで接続している。
- FWと各L3SW間は，OSPFによる動的ルーティングを行っている。

(2) 新設機器

- IPカメラは，河川・沿岸に新設するL2SWに接続する。
- 新設するL2SWは，光ファイバを使用し，1000BASE-LXで接続する。
- IPカメラは，1台当たり8Mビット／秒で映像データを含むパケットを送信する。
- カメラ管理サーバは，IPカメラの死活監視，遠隔制御を行い，Webサーバ機能をもつ。PCとはHTTPSで，IPカメラとは独自プロトコルでそれぞれ通信を行う。
- ②レシーバ及び大型モニターは，各6台新設する。レシーバは，最大四つの映像データを同時に受信し，大型モニターへ4分割で表示する。
- IPカメラ，レシーバ及び大型モニターの設置に当たっては，将来的な追加や更新を考慮する。

(3) IPマルチキャスト

- マルチキャストルーティング用のプロトコルとして，PIM-SM（Protocol Independent Multicast - Sparse Mode）及びPIM-SMの派生型であるSSM（Source-Specific Multicast）を用いる。

・IPマルチキャストの配信要求プロトコルとして，IGMPv3（Internet Group Management Protocol，Version 3）を用いる。
・映像データを識別する情報の一つとして，グループアドレスを用いる。グループアドレスは，IPカメラが送信するマルチキャストパケットの宛先IPアドレスなどに使用され，使用可能なアドレス範囲は決められている。
・既設機器は，PIM-SM，SSM及びIGMPv3に対応している。

(4) IPカメラのアドレス設計
・③全てのIPカメラに個別のIPアドレス及び同一のグループアドレスを使用する。

〔IPマルチキャストに関する調査及び設計〕

K市のネットワークをIPマルチキャストに対応させるため，N主任が調査した内容を次に示す。

・IGMPv2（Internet Group Management Protocol，Version 2）を使用する場合，レシーバはグループアドレスを指定してIPマルチキャストの配信要求を行う。
・IGMPv3を使用する場合，レシーバは④ソースのIPアドレス及びグループアドレスを指定してIPマルチキャストの配信要求を行う。
・L2SWでは，マルチキャストフレームを受信した際，同一セグメント上の受信インタフェース以外の全てのインタフェースへ［ア］するので，通信帯域を無駄に使用し，接続先のインタフェースへ不必要な負荷を掛けてしまう。この対策機能として，［イ］スヌーピングがある。L2SWのこの機能は，⑤レシーバから送信されるJoinやLeaveのパケットを監視し，マルチキャストフレームの配信先の決定に必要な情報を収集する。

IPカメラ11からレシーバ11への配信イメージを図2に示す。なお，図2中の（S，G）のS及びGは，それぞれソースのIPアドレス及びグループアドレスを示す。

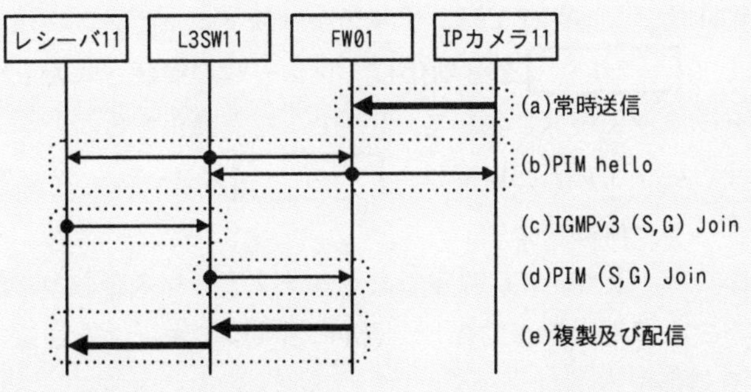

図2　IPカメラ11からレシーバ11への配信イメージ（抜粋）

図2中の（a）～（e）の説明を次に示す。

(a) IPカメラ11は，映像データを自身のグループアドレス宛てに常時送信する。

(b) PIM-SMが有効化されたインタフェースでは，定期的にPIM helloが送信される。FW01及びL3SW11は，PIM helloを受信することでPIMネイバーの存在を発見する。

(c) レシーバ11は，IGMPv3メンバーシップレポートの（S, G）Joinを作成し，IGMP用に割り当てられたIP［ウ］アドレス宛てに送信する。

(d) L3SW11は，（S, G）Joinを基に（S, G）エントリを作成し，ユニキャストルーティングテーブルに基づき，ソースの方向であるFW01へPIMの（S, G）Joinを送信する。これによってディストリビューション［エ］が作成される。

(e) FW01は，IPカメラ11から受信したマルチキャストパケットを複製し，（S, G）エントリに登録された出力インタフェースへ配信を行う。L3SW11においても同様に，パケットの複製が行われ，レシーバ11へ配信される。

N主任は，調査結果を踏まえ，各機器に次の設定を行うことにした。

- FW01，L3SW11及びL3SW21では，マルチキャストルーティングを有効化し，全てのインタフェースにおいて［オ］を有効化する。

・L3SW11及びL3SW21では，マルチキャストルーティング用のプロトコルとして［　カ　］を有効化し，レシーバが接続されたL2SWと接続するインタフェースにおいて，IGMPv3を有効化する。
・K市庁舎の全てのL2SWでは，［　イ　］スヌーピングが有効になっていることを確認する。
・FW01では，IPカメラに設定したグループアドレスをもつマルチキャストパケットの通過を有効化し，表1に示すユニキャスト通信の許可ルールを有効化する。

表1　ユニキャスト通信の許可ルール

項番	通信経路	送信元	宛先	プロトコル/宛先ポート番号
1	サーバ室→河川・沿岸	［Ⅰ］	IPカメラ	（省略）
2	執務エリア1，2→サーバ室	PC	［Ⅰ］	TCP / ［Ⅱ］

注記　FW01は，ステートフルパケットインスペクション機能をもつ。

〔追加指示への対応〕

調査及び設計の結果について情報システム部長へ説明を行ったところ，PCでも映像を表示するよう指示があった。N主任は次の対応を行うことにした。

・⑥既設機器には，IPマルチキャストの設定を追加する。
・PCには，IGMPv3に対応し，映像データから映像へ［　キ　］する機能をもつソフトウェア製品を新たに導入する。

PCに導入するソフトウェア製品は，映像を選択する方式として，デスクトップアプリケーション方式とWebブラウザ方式に対応している。デスクトップアプリケーション方式では，PC上でソフトウェア製品を起動し，ソフトウェア製品にIPカメラを登録すること及び登録済みのIPカメラを選択して映像を表示することができる。Webブラウザ方式では，PCのWebブラウザからカメラ管理サーバのWebページを開き，カメラ管理サーバに登録されたIPカメラを選択することによってソフトウェア製品が起動され，映像を表示することができる。

N主任は，⑦デスクトップアプリケーション方式とWebブラウザ方式とを比較して，IPカメラの追加や更新における利点からWebブラウザ方式を採用することにした。

N主任の設計は承認され，IPマルチキャストによる映像配信の導入が決定した。

設問1　本文中の［ア］～［キ］に入れる適切な字句を答えよ。

設問2　〔ネットワーク構成〕について答えよ。

(1) 本文中の下線①について，IPマルチキャストを用いずユニキャストで配信を行う場合の欠点を“ソース”と“レシーバ”という字句を用いて35字以内で答えよ。

(2) 本文中の下線②について，L2SW91からFW01へ流入するマルチキャストパケットの伝送レートの理論的な最大値を，Mビット／秒で答えよ。

(3) 本文中の下線③について，IGMPv3ではなくIGMPv2を使用するとした場合，考えられるIPカメラのアドレス設計を45字以内で答えよ。

設問3　〔IPマルチキャストに関する調査及び設計〕について答えよ。

(1) 本文中の下線④について，IGMPv2と比較して，IGMPv3がソースのIPアドレスとグループアドレスの二つを用いることによる利点を，“グループアドレス”という字句を用いて25字以内で答えよ。

(2) 本文中の下線⑤について，配信先の決定に必要な情報を二つ挙げ，本文中の字句で答えよ。

(3) 表1中の［Ⅰ］，［Ⅱ］に入れる適切な字句を答えよ。ここで，［Ⅰ］は図中の機器名で，［Ⅱ］はウェルノウンポート番号で答えよ。

設問4　〔追加指示への対応〕について答えよ。

(1) 本文中の下線⑥について，(a) 設定を追加する機器名，(b) 設定を追加するインタフェースの接続先機器名，(c) プロトコル名をそれぞれ答えよ。ここで，機器名は図1中の字句で，プロトコル名は本文中の字句で答え，複数該当する場合は全て答えよ。

(2) 本文中の下線⑦について，Webブラウザ方式の利点を25字以内で答えよ。

問題文の解説

この問題は，IPマルチキャストをテーマにした問題で，PIM-SM，SSM，IGMPv3に関しても詳しく問われました。マルチキャストの基本知識がないと，苦戦したことでしょう。また，30字程度で答える記述式の問題も，問われている内容がよくわからず，答えにくい問題が多かったと思います。

問2 IPマルチキャストによる映像配信の導入に関する次の記述を読んで，設問に答えよ。

K市は，人口25万人の中核市である。市内には一級河川があり，近年の異常気象による河川氾濫などの水害が問題となっている。このたびK市では，災害対策強化の一つとして，撮影した映像をH.264によって符号化してIPv4ネットワークへ送信可能なカメラ（以下，IPカメラという）を河川・沿岸の主要5地点周辺に合計20台新設し，K市庁舎の執務エリアへ高解像度リアルタイム配信を行うことになった。

本件の調査及び設計担当として，情報システム部のN主任が任命された。

IPカメラの映像や, Youtubeなどの「動画」は,「動画データ」と「音声データ」で構成されます。「H.264」は, 動画データの一般的な圧縮技術です。ちなみに, 音声データの圧縮技術にはMP3やAACがあります。これらの両方の圧縮技術を使い,「.mp4」などの拡張子で動画を保存します。

余談ですが，問題文に「高解像度」とあります。本問で利用するIPカメラの伝送レートは1台当たり8Mビット／秒ですから，フルハイビジョン相当です。

〔ネットワーク構成〕

N主任は，①IPカメラの導入によって増加する通信量に着目し，通信帯域を効率良く使用するため，IPマルチキャストを用いて配信を行う構成を検討した。IPマルチキャストを用いることによって，映像は次のように配信される。

次の図を見てください。一つのIPカメラは，最大6台のモニターに映像を配信します。左のユニキャストに比べ，右のマルチキャストの場合，使用する回線帯域を大幅に削減することができます。

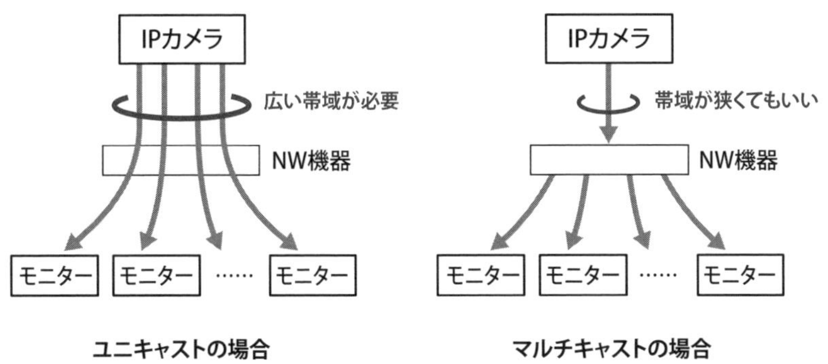

■ユニキャストの帯域とマルチキャストの帯域

問題文では「IPマルチキャスト」と表現されていますが,「マルチキャスト」と同じ意味です。

- 映像の送信元（以下，ソースという）であるIPカメラは，映像を符号化したデータ（以下，映像データという）をマルチキャストパケットとして送信する。

「映像」とは, カメラで撮影した河川や沿岸の映像のことです。「映像データ」は, それをH.264で圧縮し, 符号化（0と1のデジタルデータに変換）したデータです。

- ネットワーク機器は，マルチキャストパケットを複製して配信する。
- 配信先であるレシーバは，マルチキャストパケットの映像データを映像へ復号し，大型モニターへ表示する。

レシーバは，TCP/IPのネットワーク経由で受信した映像データを，HDMIなどの映像信号に変換する装置です。また，LANのインタフェースをHDMIのインタフェースに変換する機能も持ちます（今回は，4箇所の映像を1画面分に合成する機能も持ちます）。レシーバの例として，Wi-Fiや有線LAN

の通信をHDMIに変換するAppleTVや，Amazon FireTVのような機器をイメージするとよいでしょう。

さて，IPカメラからの映像データが大型モニターに届く様子を，図1に書き込みました。

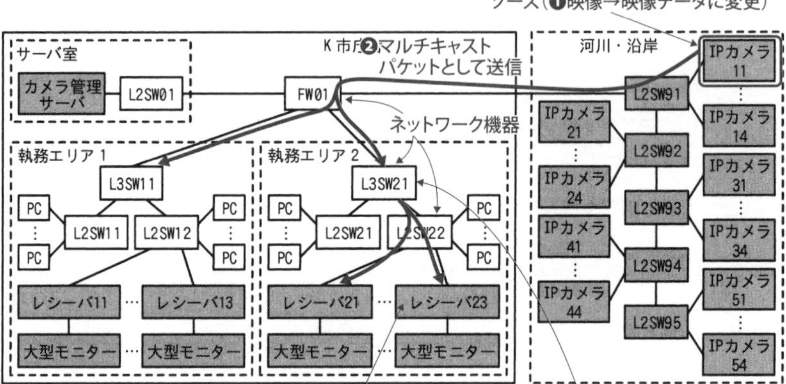

図1　N主任が考えたK市のネットワーク構成（抜粋）

レシーバ（❹映像データを映像に復号）　❸マルチキャストパケットを複製して配信

■IPカメラから大型モニターへの通信経路と内容

N主任が考えたK市のネットワーク構成を図1に示す。

FW：ファイアウォール　L2SW：レイヤー2スイッチ　L3SW：レイヤー3スイッチ　：新設機器

図1　N主任が考えたK市のネットワーク構成（抜粋）

図1は，この試験でもっとも大事なネットワーク構成です。これ以降の問題文に詳しい説明があるので，図1と対比させて読み進めましょう。

> 図1の概要を次に示す。
> (1) 既設機器
> • FW（❶）及び各スイッチ（❷）間は，1000BASE-T又は1000BASE-SXで接続（❸）している。
> • FWと各L3SW間は，OSPFによる動的ルーティングを行っている。

以下では，図1の該当部分に番号を振りました。

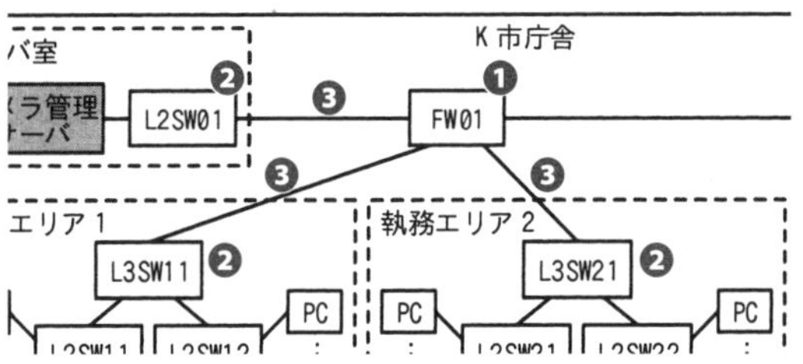

■既設機器

ネットワーク構成図は，FWを軸に確認しましょう。本問では，FWが四つのネットワークと接続しています。サーバ室，執務エリア1，執務エリア2，河川・沿岸の四つです。インターネット接続はないので，NATやNAPTの機能は使いません。

インターネットに接続しないなら，
FWでなくルータでもいいのでは？

河川・沿岸のネットワークから，庁舎内に不正にアクセスされないようにしたのでしょう。たとえば，屋外にあるL2SWに，第三者がPCを接続したとします。そのPCから庁舎内に不正侵入できる可能性があります。

また，1000BASE-TはUTPケーブル用インタフェースで，1000BASE-SXはマルチモード光ファイバ用インタフェースです。なお，利用するインタフェースの種類（-Tや-SX）は設問に関係しません。

OSPFによる動的ルーティングも，設問には直接関係しません。

(2) 新設機器

- IPカメラ（❹）は，河川・沿岸に新設するL2SW（❺）に接続する。
- 新設するL2SW（❺）は，光ファイバを使用し，1000BASE-LX（❻）で接続する。
- IPカメラは，1台当たり8Mビット／秒で映像データを含むパケットを送信する。

ここでも，図1の該当部分に番号を振りました。

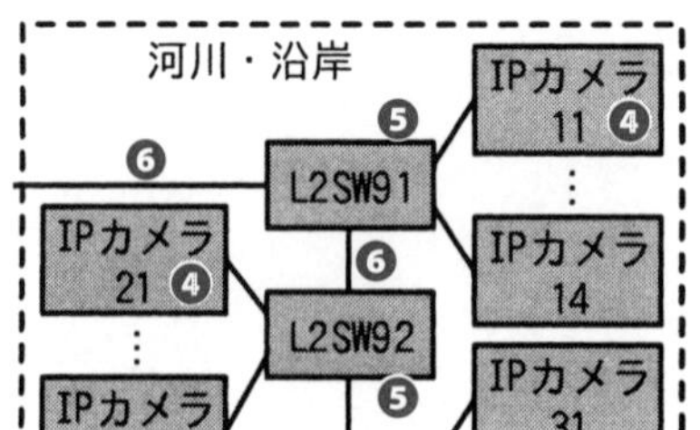

■新設機器

少し補足します。

まず，河川・沿岸のネットワークですが，L2SWだけで接続されていることから単一のサブネットです。

1000BASE-LXはシングルモード光ファイバ用インタフェースで，伝送距離は最大5kmです。ちなみに，1000BASE-SXは最大550mです。河川にIPカメラを設置するために，長距離用のインタフェースを採用したのでしょう。

IPカメラ1台当たりの伝送レート（8Mビット／秒）は，設問1（2）の伝送レートの計算に用います。

- カメラ管理サーバ（❼）は，IPカメラの死活監視，遠隔制御を行い，Webサーバ機能をもつ。PC（❽）とはHTTPSで，IPカメラ（❾）とは独自プロトコルでそれぞれ通信を行う。

ここでも，図1の該当部分に番号を振りました。

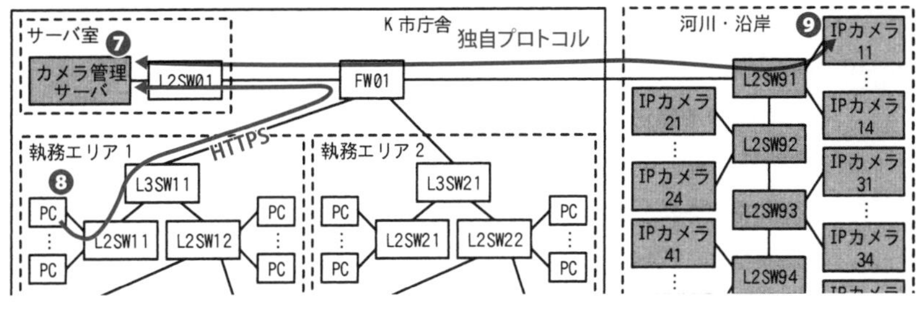

■カメラ管理サーバとの通信

PC（❽）からカメラ管理サーバ（❼）の管理画面にHTTPSで接続し，IPカメラを登録したり，IPカメラの遠隔制御（カメラの向きの変更，設定変更，再起動，ファームウェアのアップデートなど）を行います。これらの遠隔制御や，IPカメラの死活確認のために，カメラ管理サーバ（❼）とIPカメラ（❾）は独自プロトコルで通信します。

これらの通信を制御するために，FW01で許可ルールを設定します。設問3（3）では，FW01に設定する許可ルールが問われます。

- ②レシーバ及び大型モニターは，各6台新設する。レシーバは，最大四つの映像データを同時に受信し，大型モニターへ4分割で表示する。
- IPカメラ，レシーバ及び大型モニターの設置に当たっては，将来的な追加や更新を考慮する。

以下が図1の該当部分です。レシーバは11～13，21～23の合計6台です。同様に，大型モニターも6台です。

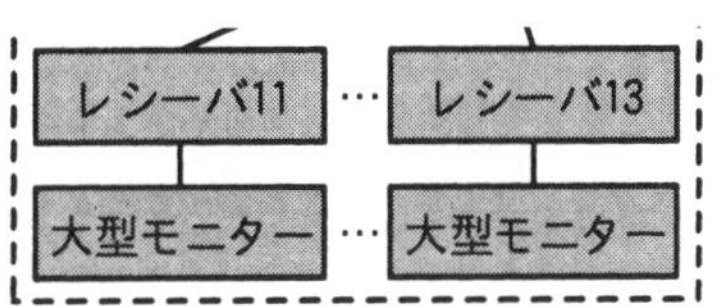

レシーバは，マルチキャストで受信した最大4箇所の映像データを，1画面分の映像に合成します。そして，HDMI等の映像インタフェースを通じて，大型モニターに出力します。

Q. 図1のネットワークのサブネット設計をせよ。ただし，172.16.0.0/16のプライベートアドレスを使用すること。

A. 一例を示します。以降の問題文では，このサブネット設計に基づいて解説します。

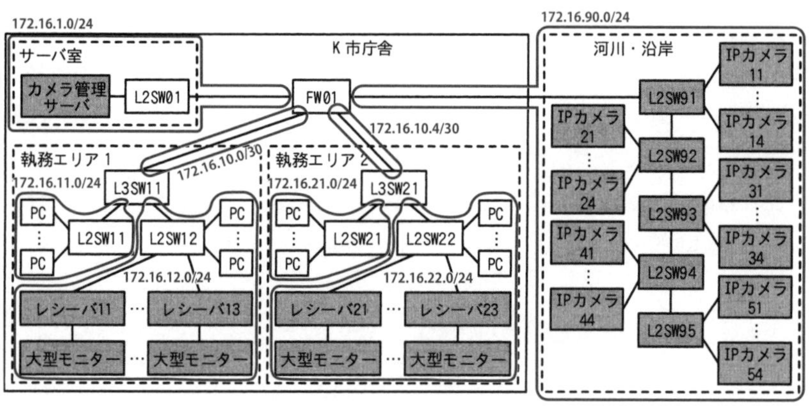

■図1のネットワークのサブネット設計の例

(3) IPマルチキャスト

- マルチキャストルーティング用のプロトコルとして，PIM-SM（Protocol Independent Multicast - Sparse Mode）及びPIM-SMの派生型であるSSM（Source-Specific Multicast）を用いる。
- IPマルチキャストの配信要求プロトコルとして，IGMPv3（Internet Group Management Protocol, Version 3）を用いる。

PIM-SM，SSM，IGMPなどは，マルチキャストの基礎解説（p.25）で解説しました。そちらを先に読んでいただいた前提で解説を続けます。

- 映像データを識別する情報の一つとして，グループアドレスを用いる。

グループアドレスは，IPカメラが送信するマルチキャストパケットの宛先IPアドレスなどに使用され，使用可能なアドレス範囲は決められている。

グループアドレスは，一般的にはマルチキャストIPアドレスといいます。マルチキャスト通信のグループを識別するために使います。

• 既設機器は，PIM-SM，SSM及びIGMPv3に対応している。

既設機器とは，K市庁舎内のFW，L2SWとL3SWのことです。問題文の後半では，これらの機器に対しPIM-SM，SSM，IGMPv3を有効化します。

(4) IPカメラのアドレス設計

• ③全てのIPカメラに個別のIPアドレス及び同一のグループアドレスを使用する。

「同一のグループアドレス」ですから，全てのIPカメラやレシーバは，一つのマルチキャストグループに所属します。

以降の解説では，グループアドレスは232.1.1.1，IPカメラ11のユニキャストIPアドレスは172.16.90.11とします。

下線③について，IGMPv2を使用した場合のIPアドレス設計が設問2（3）で問われます。

〔IPマルチキャストに関する調査及び設計〕

K市のネットワークをIPマルチキャストに対応させるため，N主任が調査した内容を次に示す。

• IGMPv2（Internet Group Management Protocol，Version 2）を使用する場合，レシーバはグループアドレスを指定してIPマルチキャストの配信要求を行う。
• IGMPv3を使用する場合，レシーバは④ソースのIPアドレス及びグループアドレスを指定してIPマルチキャストの配信要求を行う。

ここでは，N主任が調査した内容として，IGMPv2とIGMPv3の違いが説明されています。基礎解説でも説明しましたが（p.36），IGMPv3の特徴は，IPマルチキャストの配信要求を行う際に，ソース（送信元）のIPアドレスも指定できることです。

- L2SWでは，マルチキャストフレームを受信した際，同一セグメント上の受信インタフェース以外の全てのインタフェースへ［ ア ］するので，通信帯域を無駄に使用し，接続先のインタフェースへ不必要な負荷を掛けてしまう。この対策機能として，［ イ ］スヌーピングがある。L2SWのこの機能は，⑤レシーバから送信されるJoinやLeaveのパケットを監視し，マルチキャストフレームの配信先の決定に必要な情報を収集する。

レシーバが存在しないインタフェースに対しても，マルチキャストパケットを送信してしまうのは非効率的です。そこで，レシーバが存在するインタフェースからのみマルチキャストパケットを送信します。それを実現する機能が空欄イです。詳しくは，設問1で解説します。

下線⑤について，配信先の決定に必要な情報が設問3（2）で問われます。

IPカメラ11からレシーバ11への配信イメージを図2に示す。なお，図2中の(S, G)のS及びGは，それぞれソースのIPアドレス及びグループアドレスを示す。

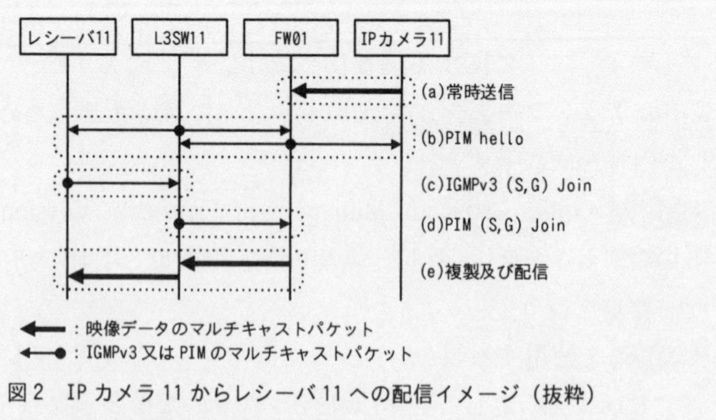

図2　IPカメラ11からレシーバ11への配信イメージ（抜粋）

図2中の（a）～（e）の説明を次に示す。

（a）～（e）のパケットの流れを，問題文と照らし合わせて説明します。すでに述べましたが，IPカメラ11のIPアドレスは172.16.90.11，グループアドレスは232.1.1.1とします。

（a）IPカメラ11は，映像データを自身のグループアドレス宛てに常時送信する。

マルチキャストのソースであるIPカメラ11は，グループアドレス（232.1.1.1）を宛先IPアドレスとしてデータを送信します。「常時送信」とありますが，深い意味はありません。カメラ映像を流しっぱなしということでしょう。

余談ですが，IPカメラ11が送信するマルチキャストパケットは，他のIPカメラにも送信されます。無駄なパケットが流れますが，IPカメラがL2SWで接続されているので，やむを得ません。なお，他のIPカメラはこれらのパケットを無視するので，特に問題は起きません。

（b）PIM-SMが有効化されたインタフェースでは，定期的にPIM helloが送信される。FW01及びL3SW11は，PIM helloを受信することでPIMネイバーの存在を発見する。

PIM helloによって，L3SW11とFW01がお互いをPIMネイバーと認識します。このあたりの動きはOSPFと同様です。

（c）レシーバ11は，IGMPv3メンバーシップレポートの（S, G）Joinを作成し，IGMP用に割り当てられたIP［　ウ　］アドレス宛てに送信する。

レシーバ11は，マルチキャストパケットを受信するために，IGMPv3のメンバーシップレポート（＝IGMP join）メッセージを送信します。

SとGはそれぞれ，送信元IPアドレス（Sourceの頭文字）とグループアドレス（Groupの頭文字）です。ですので，SにはIPカメラ11のIPアドレスである172.16.90.11，Gには232.1.1.1を設定して，IGMP用の224.0.0.22宛てにJoinメッセージを送信します。

(d) L3SW11は，(S, G) Joinを基に(S, G) エントリを作成し，ユニキャストルーティングテーブルに基づき，ソースの方向であるFW01へPIMの(S, G) Joinを送信する。これによってディストリビューション[エ]が作成される。

(S, G) エントリとは各ルータのマルチキャストルーティングテーブルを構成する要素です。たとえば，以下のように，ソースが172.16.90.11，マルチキャストグループが232.1.1.1のマルチキャストパケットに関して，入力インタフェースと出力インタフェースを指定します。

■L3SW11の(S, G) エントリ

(S, G)	入力インタフェース	出力インタフェース
(172.16.90.11, 232.1.1.1)	p1 ※FW01と接続したインタフェース	p3 ※L2SW12と接続したインタフェース

※「入力」「出力」はマルチキャストパケットに対してであり，IGMP joinの「入力」「出力」ではありません。

L3SW11は，この(S, G) エントリの情報を，Sで指定されたソースの方向にあるFW01に送信します。こうして，FW01にも(S, G) エントリが作成されます。

L3SW11, L3SW12, FW01が持つ(S, G) エントリが組み合わさって，ディストリビューション[エ]ができあがります。

空欄エは設問1で解説します。

(e) FW01は，IPカメラ11から受信したマルチキャストパケットを複製し，(S, G) エントリに登録された出力インタフェースへ配信を行う。L3SW11においても同様に，パケットの複製が行われ，レシーバ11へ配信される。

FW01は，IPカメラ11から送信されたマルチキャストパケットを受信し，マルチキャストルーティングテーブルにしたがってL3SW11やL3SW21にマルチキャストパケットを転送します。マルチキャストルーティングテーブルには複数の出力インタフェースが記載されているので，パケットが複製されることになります。

N主任は，調査結果を踏まえ，各機器に次の設定を行うことにした。

- FW01，L3SW11及びL3SW21では，マルチキャストルーティングを有効化し，全てのインタフェースにおいて［　オ　］を有効化する。
- L3SW11及びL3SW21では，マルチキャストルーティング用のプロトコルとして［　カ　］を有効化し，レシーバが接続されたL2SWと接続するインタフェースにおいて，IGMPv3を有効化する。
- K市庁舎の全てのL2SWでは，［　イ　］スヌーピングが有効になっていることを確認する。

マルチキャスト配信するための設定についてです。このあたりも基礎解説で解説しました（p.33）。

空欄は設問1で解説します。

- FW01では，IPカメラに設定したグループアドレスをもつマルチキャストパケットの通過を有効化し，表1に示すユニキャスト通信の許可ルールを有効化する。

表1　ユニキャスト通信の許可ルール

項番	通信経路	送信元	宛先	プロトコル/宛先ポート番号
1	サーバ室→河川・沿岸	［　I　］	IPカメラ	（省略）
2	執務エリア1，2→サーバ室	PC	［　I　］	TCP / ［　II　］

注記　FW01は，ステートフルパケットインスペクション機能をもつ。

表1は，マルチキャスト以外の通信，つまりユニキャスト通信の許可ルールです。

「マルチキャストパケットの通過を有効化」とありますが，その設定はどうなっているのですか？

許可ルールの考え方はユニキャストと同じです。送信元IPアドレスを「IP

カメラのIPアドレス」，宛先IPアドレスを「グループアドレス（232.1.1.1)」として，許可ポリシーを設定します。余談ですが，FortiGateの場合，デフォルトのままでは，マルチキャストポリシーを設定する画面が表示されません。設定も何もされていません。表示機能設定で設定変更を行うことで，設定画面が表示されるようになります。

空欄Ⅰと空欄Ⅱは設問3（2）で解説します。

〔追加指示への対応〕

調査及び設計の結果について情報システム部長へ説明を行ったところ，PCでも映像を表示するよう指示があった。N主任は次の対応を行うことにした。

- ⑥既設機器には，IPマルチキャストの設定を追加する。

PCに映像を表示，つまりマルチキャスト配信をするために，既設機器に追加設定が必要です。追加設定の内容が，設問4（1）で問われます。

- PCには，IGMPv3に対応し，映像データから映像へ［　キ　］する機能をもつソフトウェア製品を新たに導入する。

PCにはレシーバと同じように，マルチキャストパケットを受信したり，映像データを処理する機能が必要です。そのためのソフトウェアをPCにインストールします。空欄キは設問1で解説します。

PCに導入するソフトウェア製品は，映像を選択する方式として，デスクトップアプリケーション方式とWebブラウザ方式に対応している。デスクトップアプリケーション方式では，PC上でソフトウェア製品を起動し，ソフトウェア製品にIPカメラを登録すること及び登録済みのIPカメラを選択して映像を表示することができる。Webブラウザ方式では，PCのWebブラウザからカメラ管理サーバのWebページを開き，カメラ管理サーバに登録されたIPカメラを選択することによってソフトウェア製品が起動され，映像を表示することができる。

デスクトップアプリケーション方式とWebブラウザ方式の違いを理解しましょう。前者は，PCにインストールするタイプで，後者はブラウザを利用するのでPCには何もインストールしません。

※設問には関係ないのですが，Webブラウザ方式でも，マルチキャストパケットを受信したりIPカメラの映像を表示するために，ブラウザにプラグインがインストールされると思います。

N主任は，⑦デスクトップアプリケーション方式とWebブラウザ方式とを比較して，IPカメラの追加や更新における利点からWebブラウザ方式を採用することにした。

N主任の設計は承認され，IPマルチキャストによる映像配信の導入が決定した。

下線⑦について，Webブラウザ方式を採用した理由が設問4（2）で問われます。

設問の解説

設問1

本文中の［ア］～［キ］に入れる適切な字句を答えよ。

空欄ア，イ

- L2SWでは，マルチキャストフレームを受信した際，同一セグメント上の受信インタフェース以外の全てのインタフェースへ［ア］するので，通信帯域を無駄に使用し，接続先のインタフェースへ不必要な負荷を掛けてしまう。この対策機能として，［イ］スヌーピングがある。L2SWのこの機能は，⑤レシーバから送信されるJoinやLeaveのパケットを監視し，マルチキャストフレームの配信先の決定に必要な情報を収集する。

マルチキャストフレームを受信したL2SWは，同一セグメントに所属する全インタフェースに同じフレームを送信します。この動作を「フラッディング」（空欄ア）と呼びます。

このキーワードは，R4年度 午後Ⅰ問1やR3年度 午後Ⅰ問1で問われました。必須キーワードとして覚えておきましょう。

ブロードキャストとフラッディングの違いは何ですか？

スイッチの処理としてはどちらも同じです。ただ，ブロードキャスト（正確にはブロードキャスティング）は，ブロードキャストパケットが送られてきたときの処理です。一方，フラッディングは，MACアドレステーブルに学習していないユニキャストパケットが届いたときなどに，宛先がわからずやむなく全ポートに転送する処理のことです。なので，両者は別物と考えてください。

空欄イですが，全インタフェースからフレームを送信するのは適切ではありません。そこで，IGMPスヌーピング機能を有効にすることで，レシーバが送信するIGMPのフレームを盗み見（Snoop）します。そして，レシーバが存在するインタフェースからのみフレームを送信します。

解答 空欄ア：**フラッディング**　　空欄イ：**IGMP**

空欄ウ

(c) レシーバ11は，IGMPv3メンバーシップレポートの（S, G）Joinを作成し，IGMP用に割り当てられたIP［ ウ ］アドレス宛てに送信する。

レシーバ11は，マルチキャストのパケットを受け取りたいので，（S, G）Joinを作成してパケットを送ります。この宛先IPアドレスが問われています。

基礎解説で述べましたが（p.37），IGMPv2の場合の宛先IPアドレスは，参加するグループアドレスです（たとえば232.1.1.1）。IGMPv3の場合は，IGMP用に割り当てられたマルチキャストアドレス224.0.0.22です。ですが，キーワードで答えるので，どちらのバージョンでも正解は同じです。両者のIPアドレスは，224.0.0.0～239.255.255.255の範囲の中にあり，このアドレスはマルチキャストアドレスと呼ばれます。

解答 **マルチキャスト**

空欄ウの前に「IGMP用に割り当てられた」とあります。IGMPはマルチキャストで使うプロトコルですから，難しくなかったことでしょう。

空欄エ

(d) L3SW11は，（S, G）Joinを基に（S, G）エントリを作成し，ユニキャストルーティングテーブルに基づき，ソースの方向であるFW01へPIMの（S, G）Joinを送信する。これによってディストリビューション［ エ ］が作成される。

IGMPv3メンバーシップレポートをきっかけとして，レシーバからソースまでの経路が作成されます。この経路情報を，ディストリビューションツリーといいます。

解答 ツリー

空欄オ

- FW01，L3SW11及びL3SW21では，マルチキャストルーティングを有効化し，全てのインタフェースにおいて［　オ　］を有効化する。

マルチキャストを扱うルータの設定内容が問われています。この設問は，答えが問題文に書いてあるサービス問題でした。正解はPIM-SMです。

ヒントは，図2の説明（b）の「(b) PIM-SMが有効化されたインタフェースでは，定期的にPIM helloが送信される」です。

何がどうヒントなんですか？

「(b) PIM-SMが有効化された**インタフェース**」とあるので，マルチキャストルーティングの設定であるPIM-SMは，**インタフェースごとに設定**するとわかるからです。

解答 PIM-SM

少し補足します。この問題文にある「マルチキャストルーティングを有効化」(①) と「全てのインタフェースにおいて［オ：PIM-SM］を有効化」(②) は別の設定です。

参考までに，Ciscoルータの場合の設定例を次に示します。

```
①マルチキャストルーティングの有効化
  (config)# ip multicast-routing

②インタフェースにおいて，PIM-SMの有効化
  (config)# interface GigabitEthernet0/2
  (config-if)# ip pim sparse-mode
```

■Ciscoルータの場合の設定例

①のip multicast-routingによって，このルータのマルチキャストルーティングが有効になります。Ciscoを触ったことがある人向けの説明になりますが，ip routingでルーティングを有効にするようなものです。ip multicast-routingを有効にしないと，インタフェースでPIMを有効化できません。

空欄カ

- L3SW11及びL3SW21では，マルチキャストルーティング用のプロトコルとして［　カ　］を有効化し，レシーバが接続されたL2SWと接続するインタフェースにおいて，IGMPv3を有効化する。

問題文における「マルチキャストルーティング用のプロトコル」の記述は以下のとおりです。

- マルチキャストルーティング用のプロトコルとして，PIM-SM（Protocol Independent Multicast - Sparse Mode）及びPIM-SMの派生型であるSSM（Source-Specific Multicast）を用いる。

よって，空欄カは，PIM-SMかSSMの2択です。空欄オでPIM-SMを正解した人にとっては，残るはSSMだけです。簡単だったでしょう。

さて，正攻法での導き方を解説します。正解を導くキーワードは，空欄カの後ろにある「IGMPv3を有効化する」の部分です。IGMPv3は，SSMを実装するのに必要な仕組みです。IGMPv3のIGMP joinメッセージでは，ソースのIPアドレスを指定できるようになりました。この情報をもとに，SSMではソース（Source）を特定してのルーティングができるようになったの

です。

解答 SSM

空欄キ

- PCには，IGMPv3に対応し，映像データから映像へ［　キ　］する機能をもつソフトウェア製品を新たに導入する。

「変換」「デコード」など，いろいろと当てはまりそうです。

文章として成立すれば，なんでも正解というわけではありません。この試験では，解答が一つになるように工夫されています。ですから，問題文中のヒントおよび，問題文にある字句を使って答えましょう。

ヒントは，問題文の「配信先であるレシーバは，マルチキャストパケットの映像データを映像へ**復号**し，大型モニターへ表示」の部分です。PCは，レシーバと同じくマルチキャストのパケットを受信します。であれば，PCもレシーバと同様に，マルチキャストパケットの映像データを映像に「復号」する必要があります。

解答 復号

設問2

〔ネットワーク構成〕について答えよ。

(1) 本文中の下線①について，IPマルチキャストを用いずユニキャストで配信を行う場合の欠点を“ソース”と“レシーバ”という字句を用いて35字以内で答えよ。

問題文の該当部分は次のとおりです。

N主任は，①IPカメラの導入によって増加する通信量に着目し，通信帯域を効率良く使用するため，IPマルチキャストを用いて配信を行う構成を検討した。

マルチキャストに比べたユニキャストの欠点は，「トラフィックが増える」ことですよね？

はい，一般論としてはそうです。今回は，そのことを理解した上で，設問の条件に沿って答えます。具体的には，下線①の「増加する通信量に着目し」，「“ソース”と“レシーバ”という字句を用いて」答えます。

基礎解説で示した図を再掲しますが，マルチキャストと比べ，ユニキャストの場合は，配信先レシーバ台数分だけ通信量が増えます。

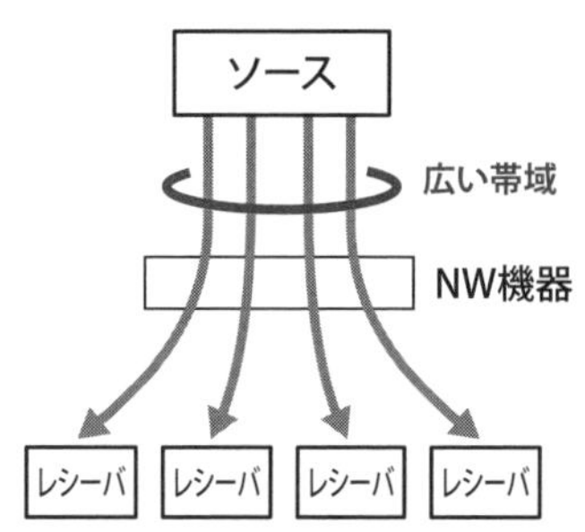

ユニキャストの場合

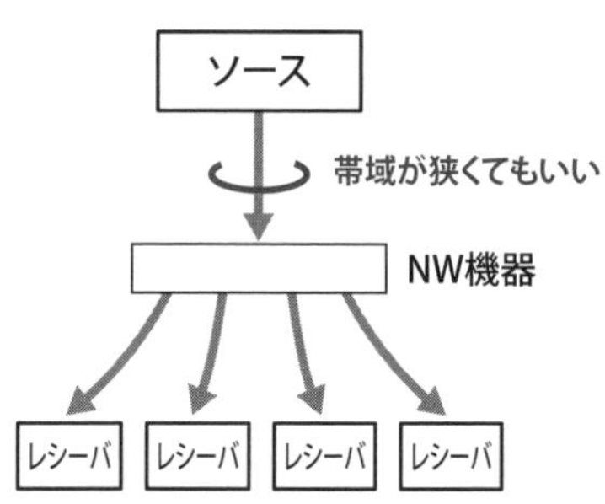

マルチキャストの場合

■ユニキャストの場合は通信量が増える

どこの通信量が増えるかというと，ソースからマルチキャストを設定しているネットワーク機器までの通信量です。解答例では，これらの内容を端的に答えています。

解答例	配信先のレシーバの数に応じてソースの通信量が増加する。（27字）

第2章 過去問解説 令和5年度 午後I 問2 問題 問題解説 設問解説

ソースの通信量だけじゃなく，
途中のネットワークの通信量も大事では？

はい，そう思います。ただ，途中のネットワークに関しては，ソースの近くと遠くでは，増加する通信量が異なります。35字以内でまとめるとなると，書き方に頭を悩ませます。

実際，解答例のように書けた人はいなかったでしょう。個人的には，解答例がベストの解だとも思っていません。ですから，この解答例をズバリ書くようにすることを目指すより，設問でのキーワードである「増加する通信量」，「ソース」「レシーバ」という字句をうまくつなげ，部分点を目指しましょう。

設問 2

(2) 本文中の下線②について，L2SW91からFW01へ流入するマルチキャストパケットの伝送レートの理論的な最大値を，Mビット／秒で答えよ。

問題文の該当部分は以下のとおりです。

- ②レシーバ及び大型モニターは，各6台新設する。レシーバは，最大四つの映像データを同時に受信し，大型モニターへ4分割で表示する。

図1で「L2SW91からFW01へ流入する」箇所を確認すると，以下の位置です。

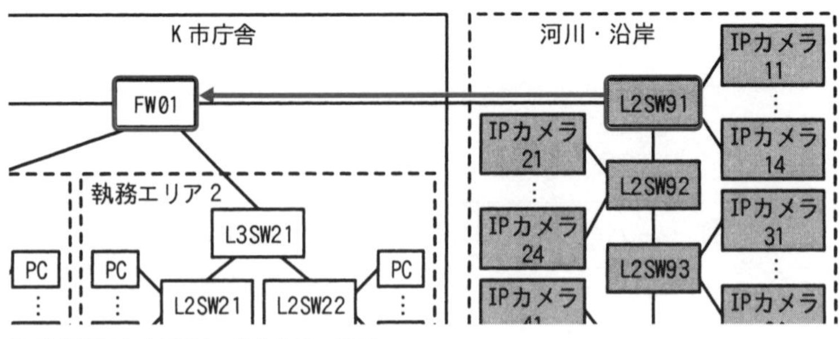

■「L2SW91からFW01へ流入する」箇所

問題文より，IPカメラの台数は合計20台です。つまり，L2SW91からFW01へ，最大20台分のマルチキャストパケットが流れます。また，IPカメラ1台当たりの伝送レートは，問題文に8Mビット／秒とありました。したがって，8Mビット／秒×20台＝160Mビット／秒が，マルチキャストパケットの伝送レートの理論的な最大値です。

解答 160Mビット／秒

「大型モニター6台」「4分割で表示」という数字は使わないのですか？

今回は使いません。大型モニターでは合計24画面（6台×4画面）なので，全20台の映像を表示できます，くらいのことでしょう。また，仮に24画面すべてに表示したとしても，ユニキャストではなくマルチキャスト通信です。24台分ではなく，20台分の通信量になります。

設問2

(3) 本文中の下線③について，IGMPv3ではなくIGMPv2を使用するとした場合，考えられるIPカメラのアドレス設計を45字以内で答えよ。

問題文の該当部分は以下のとおりです。

- ③全てのIPカメラに個別のIPアドレス及び同一のグループアドレスを使用する。

採点講評によると，正答率は低く，「IPカメラのアドレス設計を本文中のものからどのように変えるべきか，下線部だけを読んで解答するのではなく，IGMPv2とIGMPv3との違いを本文全体からしっかりと読取り，正答を導き出してほしい（一部改変）」とありました。

IPカメラのアドレス設計といわれても，
何を答えればいいのかよくわかりません。

よくわからないですよね。「アドレス設計」とは，下線③に書いてあるとおりです。IPカメラに設定する「IPアドレス」と「グループアドレス」をどうするかを考えます。

説明が長くなるので，先に解答例を紹介します。

解答例 **全てのIPカメラに個別のIPアドレス及び個別のグループアドレスを使用する。**（37字）

では，なぜIGMPv2を使用する場合，上記のような設定にするのでしょうか。

順に説明します。まず構成ですが，ソースとしてS1とS2があり，レシーバとしてR1とR2があります。R1はS1からのパケットのみを受け取り，R2はS2からのパケットのみを受け取りたいと考えています。

①PIM-SMとIGMPv2の場合（次ページ図①）

IGMPv2とIGMPv3の違いは，配信要求時（メンバーシップレポート）にソースのIPアドレスを指定できるか否かです。PIM-SMとIGMPv2では，ソースを特定できません。全てが同一のマルチキャストグループであれば，R1とR2に無駄なパケットが届きます。

②SSMとIGMPv3の場合（次ページ図②）

ソースを特定できるので，必要なソースからのパケットのみを届けることができます。

③PIM-SMとIGMPv2での対処策

次ページ図②の内容を，IGMPv2で実現するにはどうしたらいいでしょうか。それは，ソースごとにマルチキャストのグループを分けることです。S1とR1でG1というグループにし，S2とR2でG2というグループに分けます。そうすれば，互いに無駄なトラフィックが流れなくなります。

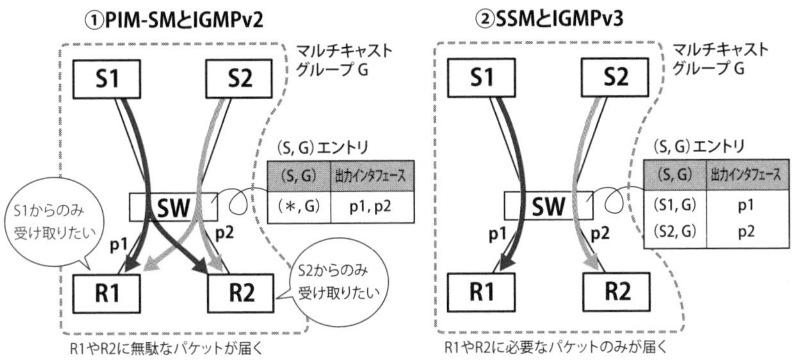

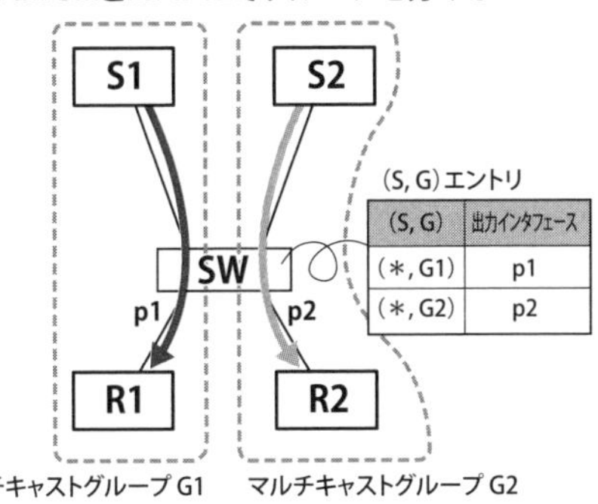

■IGMPv2とIGMPv3の違いとIGMPv2での対処策

解答の書き方ですが，下線③の記述を流用します。「③全てのIPカメラに個別のIPアドレス及び同一のグループアドレスを使用する」という記述の，色網部分を「個別」に変更します。

設問3

〔IPマルチキャストに関する調査及び設計〕について答えよ。

(1) 本文中の下線④について，IGMPv2と比較して，IGMPv3がソースのIPアドレスとグループアドレスの二つを用いることによる利点を，“グループアドレス”という字句を用いて25字以内で答えよ。

問題文の該当部分は次のとおりです。

- IGMPv3を使用する場合，レシーバは④ソースのIPアドレス及びグループアドレスを指定してIPマルチキャストの配信要求を行う。

先の問題の続きと考えてください。IGMPv2を使うと，先の設問の解答のように，「全てのIPカメラに個別のIPアドレス及び個別のグループアドレスを使用する」必要があります。IGMPv3によって，ソースのIPアドレスとグループアドレスの二つを使えば，そんなことをする必要がありません。マルチキャストの設計としては，「全てのIPカメラに同一のグループアドレスを使用」すればいいのです。これが利点です。

解答例 **グループアドレスの設計が容易になる。**（18字）

解答例の「設計」のキーワードがどこから出てきたかというと，このセクションのタイトルは〔IPマルチキャストに関する調査及び**設計**〕です。IGMPv3によってグループアドレスを一つにできることで，グループアドレスの設計が簡単になると判断したのでしょう。

ただ，個人的には，設計が容易になるかは，価値観によると思います。仮にIGMPv2を使った場合も，グループアドレスの設計として，「239.1.1.Xとする。XはIPカメラのホスト名の末尾を使う」くらいです。これが複雑なのかは人によってとらえ方が変わってくるでしょう。

採点講評ではこの設問について言及されていませんでした。ですが，正答率は低かったと思われます。

設問3

（2）本文中の下線⑤について，配信先の決定に必要な情報を二つ挙げ，本文中の字句で答えよ。

問題文の該当部分は以下のとおりです。

L2SWのこの機能は，⑤レシーバから送信されるJoinやLeaveのパケットを監視し，マルチキャストフレームの配信先の決定に必要な情報を収集する。

L2SWが受信するIGMPv3（S, G）Joinのフレームには，グループアドレスの情報が含まれています。以下はIGMPv3（S, G）Joinのフレームをキャプチャした画面です。

```
> Frame 10: 58 bytes on wire (464 bits), 58 bytes captured (464 bits) on interface ens18, id 0
> Ethernet II, Src: 12:91:28:e7:09:04 (12:91:28:e7:09:04), Dst: IPv4mcast_16 (01:00:5e:00:00:16)
> Internet Protocol Version 4, Src: 172.16.12.21, Dst: 224.0.0.22
v Internet Group Management Protocol
    [IGMP Version: 3]
    Type: Membership Report (0x22)
    Reserved: 00
    Checksum: 0xe9d4 [correct]
    [Checksum Status: Good]
    Reserved: 0000
    Num Group Records: 1
  v Group Record : 232.1.1.1  Allow New Sources
      Record Type: Allow New Sources (5)
      Aux Data Len: 0
      Num Src: 1
      Multicast Address: 232.1.1.1
      Source Address: 172.16.90.21
```

IGMPv3（S, G）Joinのフレームをキャプチャした画面

また，L2SWでは，どのインタフェースからIGMPv3（S, G）Joinを受信したかを学習します。L2SWが，MACアドレステーブル（MACアドレスとSWのポートの対応）を学習するのと同様です。

これらの情報を組み合わせると,「どのグループアドレス宛てのマルチキャストフレームを，どのインタフェースから配信するか」を決定できます。たとえば，IPカメラ11（172.16.90.11）が232.1.1.1宛てに送信するマルチキャストパケットを，レシーバ11とレシーバ13が受信するとします。L2SW12では，IGMPスヌーピングの情報として，以下のようなテーブルに基づきマルチキャストフレームを配信します。

IGMPスヌーピングテーブル

グループアドレス	送信先インタフェース
232.1.1.1	レシーバ11が接続されたインタフェース レシーバ13が接続されたインタフェース

つまり,「グループアドレス」と，送信先の「インタフェース」が必要な情報です。

解答	①グループアドレス	②インタフェース

L2SWなのに，レイヤー3のグループアドレスによって
フレームの配信先を決めるのですか？

はい，そうです。L2SWは本来，レイヤー2の情報までしか処理の対象にはしませんでした。レイヤー3以上の情報はノータッチというスタンスです。ですが，IGMPスヌーピングに関しては，レイヤー3の情報も処理対象とします。不思議かもしれませんが，そういうものだと割り切ってください。

設問3

(3) 表1中の［ I ］，［ II ］に入れる適切な字句を答えよ。ここで，［ I ］は図中の機器名で，［ II ］はウェルノウンポート番号で答えよ。

問題文の該当部分は以下のとおりです。

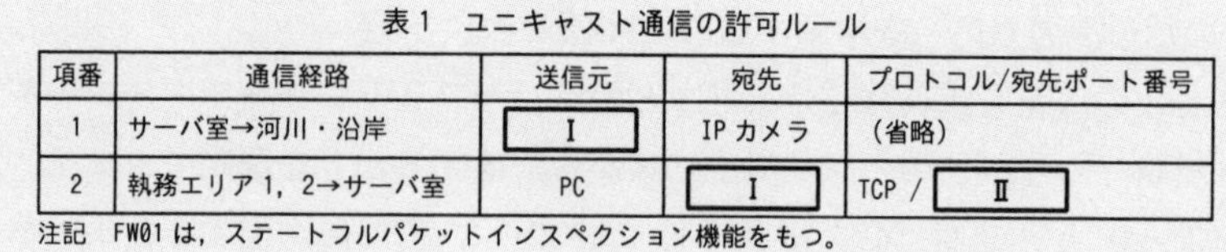

表1　ユニキャスト通信の許可ルール

項番	通信経路	送信元	宛先	プロトコル/宛先ポート番号
1	サーバ室→河川・沿岸	［ I ］	IPカメラ	（省略）
2	執務エリア1，2→サーバ室	PC	［ I ］	TCP / ［ II ］

注記　FW01は，ステートフルパケットインスペクション機能をもつ。

FW01におけるユニキャストの許可ルールを答える設問です。

?
IPカメラからレシーバへのマルチキャスト配信の
ポリシーは不要なんですね？

いいえ，問題文の解説でも書きましたが（p.123），マルチキャストパケットを通過させる許可ポリシーが必要です。ただ，表1に「**ユニキャスト通信の**許可ルール」とあるので，ここではマルチキャストのことを考える必要はありません。

では，解答を考えます。ヒントは，問題文の以下の部分です。

- カメラ管理サーバは，IPカメラの死活監視，遠隔制御を行い，Webサーバ機能をもつ。PCとはHTTPSで，IPカメラとは独自プロトコルでそれぞれ通信を行う。

つまり，通信は二つあり，一つめは「カメラ管理サーバとPCのHTTPS通信」，二つめは「カメラ管理サーバからIPカメラへの独自プロトコルでの通信」です。これを表1の許可ルールと照らし合わせると，答えはとっても簡単です。

項番1は，サーバ室から「IPカメラ」宛てです。カメラ管理サーバから独自プロトコルによる死活監視と遠隔制御の通信とわかります。よって，空欄Ⅰは「カメラ管理サーバ」です。

項番2は，PCから空欄Ⅰ（カメラ管理サーバ）への通信です。先の問題文から，カメラ管理サーバとPCのHTTPS通信であることがわかります。宛先ポート番号は，HTTPSですから443です。よって，空欄Ⅱは「443」です。以下，図1に二つの通信を書き込みました。

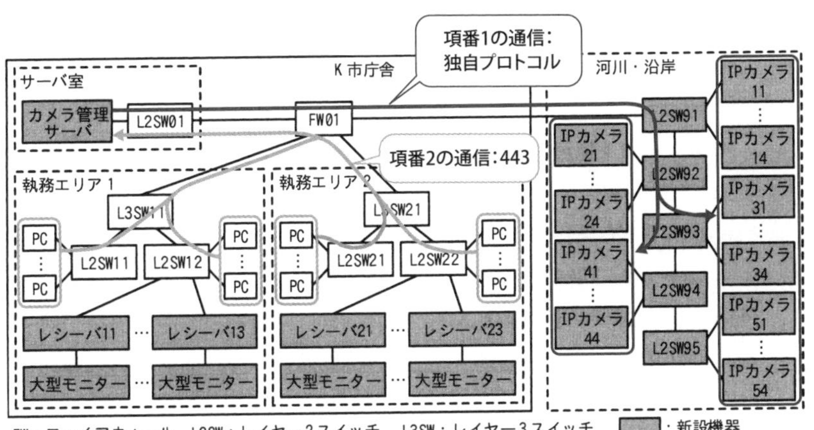

図1　N主任が考えたK市のネットワーク構成（抜粋）

▮表1の項番1，項番2の通信

解答例 空欄Ⅰ：カメラ管理サーバ　　空欄Ⅱ：443

設問4

〔追加指示への対応〕について答えよ。

(1) 本文中の下線⑥について，(a) 設定を追加する機器名，(b) 設定を追加するインタフェースの接続先機器名，(c) プロトコル名をそれぞれ答えよ。ここで，機器名は図1中の字句で，プロトコル名は本文中の字句で答え，複数該当する場合は全て答えよ。

採点講評では，正答率が低く，「ネットワーク構成と通信プロトコルとの関係を正しく理解し，必要となる変更作業を導き出してほしい」とありました。多くの受験生はマルチキャストの設定経験がないでしょうから，難しかったと思います。

問題文の該当部分は以下のとおりです。

> 調査及び設計の結果について情報システム部長へ説明を行ったところ，PCでも映像を表示するよう指示があった。N主任は次の対応を行うことにした。
>
> • ⑥既設機器には，IPマルチキャストの設定を追加する。

既設機器とは，図1のK市庁舎内にある，FW01，L3SW（2台）とL2SW（4台）です。このなかから，「PCでも映像を表示」できるために必要な，IPマルチキャストの設定を答えます。

レシーバを対象としたIPマルチキャストの設定は，問題文で示されていた以下の箇所です。設定する内容に関して，❶～❺の番号を割り当てました。

> N主任は，調査結果を踏まえ，各機器に次の設定を行うことにした。
>
> • FW01，L3SW11及びL3SW21では，マルチキャストルーティングを有効化し（❶），全てのインタフェースにおいて オ：PIM-SM を有効化

する（❷）。
- L3SW11及びL3SW21では，マルチキャストルーティング用のプロトコルとして **カ：SSM** を有効化し（❸），レシーバが接続されたL2SWと接続するインタフェースにおいて，IGMPv3を有効化する（❹）。
- K市庁舎の全てのL2SWでは， **イ：IGMP** スヌーピングが有効になっていることを確認する（❺）。

設問には「(b) 設定を追加するインタフェースの接続先機器名」とあるので，インタフェースに着目します。

❶～❺の設定のなかで，インタフェース単位で設定するものを探すということですか？

はい，それが得策です。インタフェース単位で設定するのは，問題文に記載があるとおり，❷のPIM-SMと，❹のIGMPv3の二つです。

以下に，❷と❹のインタフェースごとの設定と，マルチキャストパケットの流れを矢印で記載しました。

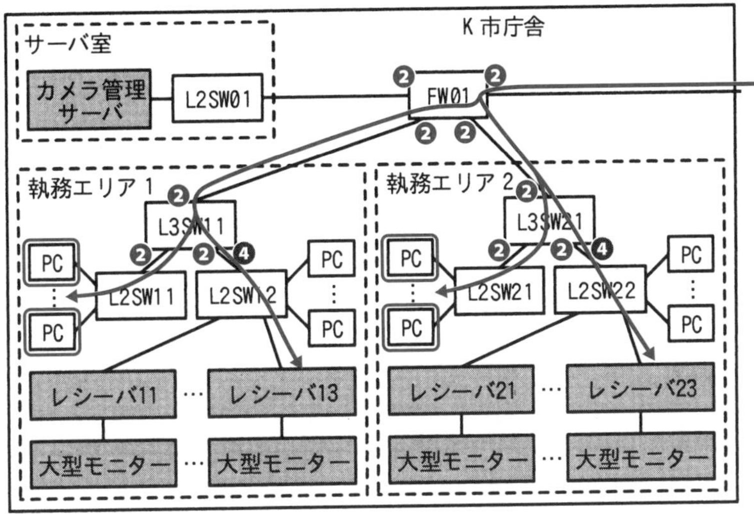

▌インタフェースごとの設定とマルチキャストパケットの流れ

こうなると一目瞭然ですね。L2SW11とL2SW21には，レシーバがつながっていないのでIGMPv3の設定（❹）が有効化されていませんでした。

そこで，L3SW11に関して，「接続先がL2SW11である」インタフェースにIGMPv3の有効化の設定をします。同様に，L3SW21に関して，「接続先がL2SW21である」インタフェースに同じくIGMPv3の設定をします。

解答　（a）L3SW11，L3SW21　（b）L2SW11，L2SW21
（c）IGMPv3

設問4

（2）本文中の下線⑦について，Webブラウザ方式の利点を25字以内で答えよ。

問題文の該当部分は以下のとおりです。

> N主任は，⑦デスクトップアプリケーション方式とWebブラウザ方式とを比較して，IPカメラの追加や更新における利点からWebブラウザ方式を採用することにした。

ポイントは「IPカメラの追加や更新における利点」です。IPカメラの追加や更新の際に，どのような作業が発生するのか，問題文をもとに整理します。

方式	問題文の記述	IPカメラの追加・更新方法
①デスクトップアプリケーション方式	PC上でソフトウェア製品を起動し，ソフトウェア製品にIPカメラを登録	全てのPCで，IPカメラを登録する
②Webブラウザ方式	カメラ管理サーバのWebページを開き，カメラ管理サーバに登録されたIPカメラを選択	カメラ管理サーバにだけ，IPカメラを登録する

次の図を見てください。たとえば100台PCがあったとすると，デスクトップアプリケーション方式ではPC100台分の設定が必要です。一方，Webブラウザ方式の場合にはカメラ管理サーバ1台の設定だけです。

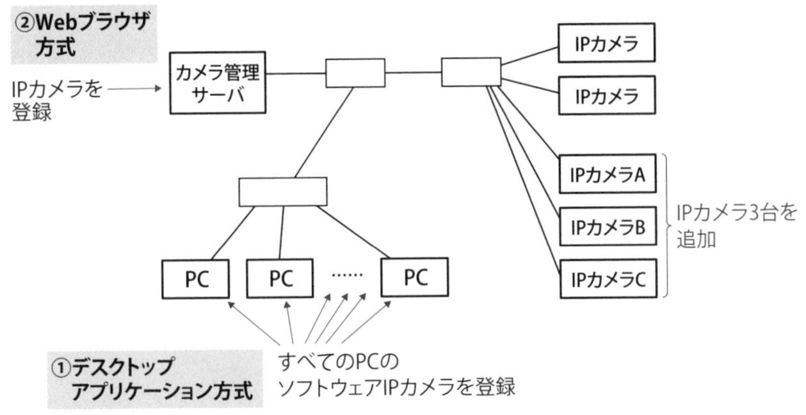

■デスクトップアプリケーション方式とWebブラウザ方式

> 問題文を見ると，Web ブラウザ方式でも，PC ごとに「IP カメラを選択する」という作業が必要です。作業量は違えど，100 台の PC で作業する必要があるのでは？

実際の運用を考えると，「IPカメラを選択する」作業は，IPカメラ追加時の作業ではなく，日常業務だと思われます。IPカメラが20台ありますが，水害などの何かがあった際に，PCにて該当のIPカメラを選択し，状況を確認していることでしょう。なので，IPカメラの一覧が表示されていて，いつでも選択できる状態にしておけば十分です。

さて，答案ですが，「IPカメラの追加や更新時に，すべてのPCで設定を変更する必要がなく，カメラサーバ側の設定だけで対応できる」という内容を25字以内にまとめます。

解答例 Webページを改修するだけで対応完了できる。（22字）

解答例の「Webページを改修」というのは，よくわかりません。カメラ管理サーバはおそらく作り込みではなく既製品だと思います。であれば，改修することは考えにくいです。カメラ一覧のリンク先を登録したHTMLファイルをメンテナンスし，カメラ管理サーバが持つWebサーバで公開するということを意味しているのかもしれません。しっくりこない解答例です。

　解答の骨子として，「カメラサーバ側の設定だけで対応できる」ことを答えていれば，少なくとも部分点はあったと思います。

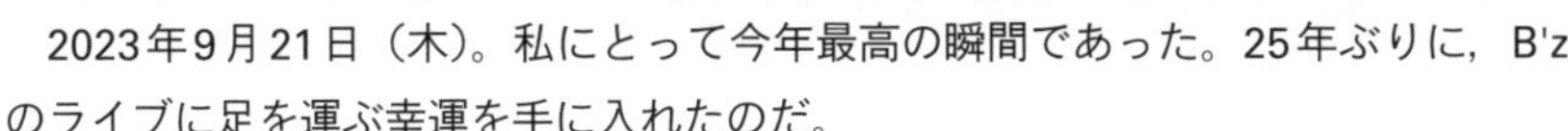

ネットワークSE Column 3　B'z LIVE-GYM Pleasure 2023

2023年9月21日（木）。私にとって今年最高の瞬間であった。25年ぶりに，B'zのライブに足を運ぶ幸運を手に入れたのだ。

今年は5年に1度のPleasureシリーズという特別なライブ。アルバムの新曲ではなく，1990年代の名曲がずらりと並ぶ。私にとっては心躍るライブだ。

そして，チケット。私はB'zのファンクラブ会員でありながらも，抽選で何度も外れた。最終的になんとか1枚のチケットを手に入れることができた。私は思わず，拳を強く握りしめた。

ライブ当日。場所は，大阪・ヤンマースタジアム長居。天気はあいにくの雨模様。実は，この日，雷雨で中断するほどの大雨になった。だが，雨が降ろうが，雷だろうが，私には関係ない。この場に足を踏み入れられたことが最高なのであった。

そして，なんともいえない独特の雰囲気の中，稲葉さんが登場。

稲葉さんの頭にも白い髪の毛がちりばめられているように見えた。しかし，そのかっこよさ，歌声は一切変わっていない。むしろ，ますます魅力的になっているように感じた。私の胸もまた，熱く躍動した。

最初の曲は「LOVE PHANTOM」。1分20秒に及ぶ長い長いイントロから，私のボルテージは最高潮に達した。稲葉さんの歌声とともに，私は無意識に自分の両手を稲葉さんに向かって高く突き出していた。もう，ノリノリである。

そして，25年前に抱いた思いが，再び蘇った。

それは，「こんなかっこいい人になれたらいいな」という強い憧れだった。そして，ライブの帰り道では，「絶対に稲葉さんみたいなかっこいい男になる」，そう誓ったものだ。

もちろんそんな思いは日常の忙しさに埋もれていったが，それから25年間，IT業界で尋常じゃなく働き，勉強し，努力を積み重ねてきた。

さて，私は，25年前に誓った「かっこいい男」には，果たしてなれただろうか。

いうまでもなく，まったくなれていない。カッコイイ男どころか，年齢に伴って衰える一方だ。

しかし私は思った。

今の自分を見て，25年前の私は失望するだろうか。

そんなことはない。

きっと，ほほ笑みながら，こう言ってくれるだろう。

「よくがんばったね」

IPAの解答例

設問		IPAの解答例・解答の要点		予想配点
設問1		ア	フラッディング	2
		イ	IGMP	2
		ウ	マルチキャスト	2
		エ	ツリー	2
		オ	PIM-SM	2
		カ	SSM	2
		キ	復号	2
設問2	(1)	配信先のレシーバの数に応じてソースの通信量が増加する。		5
	(2)	160		3
	(3)	全てのIPカメラに個別のIPアドレス及び個別のグループアドレスを使用する。		6
設問3	(1)	グループアドレスの設計が容易になる。		4
	(2)	①	・グループアドレス	2
		②	・インタフェース	2
	(3)	Ⅰ	カメラ管理サーバ	2
		Ⅱ	443	2
設問4	(1)	(a)	L3SW11，L3SW21	2
		(b)	L2SW11，L2SW21	2
		(c)	IGMPv3	2
	(2)	Webページを改修するだけで対応完了できる。		4
			合計	50

※予想配点は著者による

IPAの出題趣旨

高解像度映像のリアルタイム配信では，大量のデータを常時伝送する必要がある。IPカメラとレシーバ（デコーダ）の数がそれぞれ少なければ，ユニキャストで配信したとしても必要な通信帯域を確保できることも多い。しかし，それぞれを数多く運用する組織においては，通信帯域がボトルネックとなることがあるので，IPマルチキャストの導入によって通信帯域を効率良く使用し，設計や運用の柔軟性を確保する必要がある。

このような状況を基に，本問では，自営ネットワークにIPマルチキャストを導入する事例を取り上げた。

本問では，IPマルチキャストに関連するプロトコルであるPIM-SM，SSM，IGMPv3を題材として，ネットワークの設計，構築に携わる受験者の知識，経験を問う。

IPAの採点講評

問2では，IPマルチキャストによる映像配信の導入を題材に，マルチキャストルーティング及び関連するプロトコルの特徴や仕組みついて出題した。全体として正答率は平

合格者の復元解答

n さんの解答	正誤	予想採点	Kamo さんの解答	正誤	予想採点
フラッディング	○	2	フラッディング	○	2
IGMP	○	2	IGMP	○	2
マルチキャスト	○	2	マルチキャスト	○	2
エンドポイント	×	0	コネクション	×	0
PIM-SM	○	2	PIM-SM	○	2
SSM	○	2	SSM	○	2
エンコード	×	0	復号	○	2
ソースとレシーバ間で個別にトラフィックが発生し通信帯域の効率が悪い	△	2	ソースからレシーバへの映像配信が通信帯域を圧迫する。	○	5
160	○	3	32	×	0
全てのIPカメラに個別のIPアドレス及び個別のグループアドレスを使用する	○	6	全てのIPカメラに異なるグループアドレスを使用する。	○	6
同一グループアドレスの配信トラフィックを減らせる利点	×	0	同一グループアドレスの中でも宛先を選択できる点	△	3
・グループアドレス	○	2	・グループアドレス	○	2
・ソースの IP アドレス	×	0	・IP アドレス	×	0
カメラ管理サーバ	○	2	カメラ管理サーバ	○	2
443	○	2	443	○	2
L3SW11、L3SW21	○	2	L3SW11、L3SW21	○	2
L2SW11、L2SW21	○	2	L2SW12、L2SW22	○	2
IGMPv3	○	2	PIM-SM、SSM	×	0
IP カメラの追加や更新時に設定変更が不要な利点	○	4	IP カメラ追加・更新時に PC の設定変更が不要な点	○	4
	予想点合計	37		予想点合計	40

（※実際には42点と予想）

均的であった。

設問1では，エの正答率が低かった。ディストリビューションツリーは，IPマルチキャストの中で重要な用語である。IPマルチキャストは，映像配信に限らず株価情報の配信など，最新データを多数の宛先へ配信する用途において有用なプロトコルなので，ネットワークの基礎知識の一つとして学習しておいてほしい。

設問2では，（3）の正答率が低かった。IPカメラのアドレス設計を本文中のものからどのように変えるべきか，下線部だけを読んで解答するのではなく，IGMPv2とIGMPv3との違いを本文全体からしっかり読み取り，正答を導き出してほしい。

設問4では，（1）の正答率が低かった。ネットワーク構造と通信プロトコルとの関係を正しく理解し，必要となる変更作業を導き出してほしい。

■出典

「令和5年度 春期 ネットワークスペシャリスト試験 解答例」
https://www.ipa.go.jp/shiken/mondai-kaiotu/ps6vr70000010d6y-att/2023r05h_nw_pm1_ans.pdf
「令和5年度 春期 ネットワークスペシャリスト試験 採点講評」
https://www.ipa.go.jp/shiken/mondai-kaiotu/ps6vr70000010d6y-att/2023r05h_nw_pm1_cmnt.pdf

SE事件簿③ SEのうれしいとき

仲間が助けてくれるとき

SE（システムエンジニア）の仲間は優しい人が多い。自分には関係のない仕事であっても、夜遅くまで、ときには徹夜で助けてくれる。本当に涙がでる。

お客様にほめていただくとき

特に厳しいお客様にほめられると嬉しい。

nespeR5 2.3

令和５年度

午後Ⅰ 問３

問　題

問題解説

設問解説

nespeR5

2.3 令和5年度 午後Ⅰ 問3

問題 → 問題解説 → 設問解説

問題

問1 高速無線LANの導入に関する次の記述を読んで，設問に答えよ。

A専門学校では新校舎ビルを建設中で，その新校舎ビルのLANシステムのRFPが公示された。主な要件は次のとおりである。

- 新校舎ビルは5階建てで，3階にマシン室，各階に3教室ずつ計15の教室がある。このLANシステムとして（ア）～（ケ）を提案すること
  - （ア）基幹レイヤー3スイッチ（以下，基幹L3SWという）のマシン室への導入
  - （イ）サーバ用レイヤー2スイッチ（以下，サーバL2SWという）のマシン室への導入
  - （ウ）フロア用レイヤー2スイッチ（以下，フロアL2SWという）の各階への導入
  - （エ）無線LANアクセスポイント（以下，APという）の各教室への導入
  - （オ）無線LANに接続する全ての端末（以下，WLAN端末という）について，利用者認証を行うシステム（以下，認証システムという）のマシン室への導入
  - （カ）WLAN端末用DHCPサーバのマシン室への導入
  - （キ）インターネット接続用ファイアウォール（以下，FWという）のマシン室への導入
  - （ク）新校舎ビル内LANケーブルの提供と敷設
  - （ケ）基幹L3SW，サーバL2SW，認証システム，DHCPサーバ及びFWに対する，故障交換作業及び設定復旧作業（以下，保守という）
- 基幹L3SWとサーバL2SWはそれぞれ2台の冗長構成とすること
- フロアL2SWとAPはシングル構成とし，A専門学校の職員が保守を行

う前提で，予備機を配備し保守手順書を準備すること

- APは各教室に1台設置し，同じ階のフロアL2SWからPoEで電力供給すること
- 無線LANはWi-Fi 4，Wi-Fi 5，Wi-Fi 6のWLAN端末を混在して接続可能とし，セキュリティ規格はWPA2又はWPA3を混在して利用できること
- 生徒及び教職員がノートPCを1人1台持ち込み，無線LAN接続することを前提に，事前に認証システムに利用者を登録し，接続時に認証することで無線LANに接続可能とすること。また，Webカメラなどの IoT機器を無線LANに接続できること
- 1教室当たり50人分のノートPCを無線LANに接続し，4K UHDTV画質（1時間当たり7.2Gバイト）の動画を同時に再生できること。なお，動画コンテンツはA専門学校が保有する計4台のサーバ（学年ごとに2台ずつ）で提供し，A専門学校がサーバの保守を行っている。
- APの状態及びWLAN端末の接続状況（台数及び利用者）について，定常的に監視とログ収集を行い，職員が確認できること

A専門学校のRFP公示を受けて，システムインテグレータX社のC課長はB主任に提案書の作成を指示した。

〔Wi-Fi 6の特長〕

B主任は始めにWi-Fi 6について調査した。Wi-Fiの世代の仕様比較を表1に示す。

表1 Wi-Fiの世代の仕様比較

	Wi-Fi 4	Wi-Fi 5	Wi-Fi 6
無線LAN規格	IEEE802.11n	IEEE802.11ac	IEEE802.11ax
最大通信速度（理論値）	600 Mbps	6.9 Gbps	9.6 Gbps
周波数帯	2.4 GHz 5 GHz（W52/W53/W56）	5 GHz（W52/W53/W56）	2.4 GHz 5 GHz（W52/W53/W56）
変調方式	64-QAM	256-QAM	1024-QAM
空間分割多重	MIMO	MU-MIMO 4台（下り）	MU-MIMO 8台（上り／下り）
多重方式	OFDM	OFDM	OFDMA

bps：ビット／秒　QAM：Quadrature Amplitude Modulation
MIMO：Multiple Input and Multiple Output　OFDM：Orthogonal Frequency Division Multiplexing
MU-MIMO：Multi-User Multiple Input and Multiple Output　OFDMA：Orthogonal Frequency Division Multiple Access

(1) 通信の高速化

Wi-Fi 6では，最大通信速度の理論値が9.6Gbpsに引き上げられている。また，Wi-Fi 6では2.4GHz帯と5GHz帯の二つの周波数帯によるデュアルバンドに加え，①5GHz帯を二つに区別し，2.4GHz帯と合わせて計三つの周波数帯を同時に利用できる［　a　］に対応したAPが多く登場している。なお，②5GHz帯の一部は気象観測レーダーや船舶用レーダーと干渉する可能性があるので，APはこの干渉を回避するためのDFS（Dynamic Frequency Selection）機能を実装している。

(2) 多数のWLAN端末接続時の通信速度低下を軽減

Wi-Fi 6では，送受信側それぞれ複数の［　b　］を用いて複数のストリームを生成し，複数のWLAN端末で同時に通信するMU-MIMOが拡張されている。また，OFDMAによってサブキャリアを複数のWLAN端末で共有することができる。これらの技術によって，APにWLAN端末が密集した場合の通信効率を向上させている。

(3) セキュリティの強化

Wi-Fi 6では，セキュリティ規格であるWPA3が必須となっている。個人向けのWPA3-Personalでは，PSKに代わってSAE（Simultaneous Authentication of Equals）を採用することでWPA2の脆（ぜい）弱性を改善し，更に利用者が指定した［　c　］の解読を試みる辞書攻撃に対する耐性を強化している。また，企業向けのWPA3-Enterpriseでは，192ビットセキュリティモードがオプションで追加され，WPA2-Enterpriseよりも高いセキュリティを実現している。

〔LANシステムの構成〕

次にB主任は，新校舎ビルのLANシステムの提案構成を作成した。新校舎ビルのLANシステム提案構成を図1に示す。

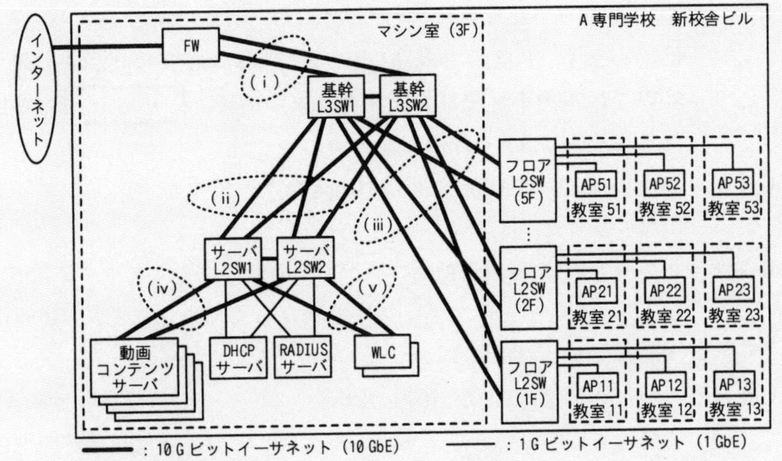

━━ ：10Gビットイーサネット（10GbE）　　── ：1Gビットイーサネット（1GbE）

WLC：無線LANコントローラ

注記1　（i）～（v）は，接続の区間を表す。設問3で使用する。

注記2　動画コンテンツサーバ及びWLCは，それぞれ10Gビットイーサネットが2本ずつ接続されている。

図1　新校舎ビルのLANシステム提案構成（抜粋）

次は，C課長とB主任がレビューを行った際の会話である。

C課長：始めに，無線LANでは三つの周波数帯をどのように利用しますか。

B主任：二つの5GHz帯にはそれぞれ異なるESSIDを付与し，生徒及び教職員のノートPCを半数ずつ接続します。2.4GHz帯は5GHz帯が全断した場合の予備，及び低優先の端末やIoT機器に利用します。

C課長：ノートPC1台当たりの実効スループットは確保できていますか。

B主任：はい，20MHz帯域幅チャネルを［　d　］によって二つ束ねた40MHz帯域幅チャネルによって，要件を満たす目途がついています。

C課長：運用中の監視はどのように行うのですか。

B主任：WLCを導入してAPの死活監視，利用者認証，WLAN端末接続の監視などを行い，これらの状態をA専門学校の職員がWLCの管理画面で閲覧できるように設定します。また，利用者認証後のWLAN端末の通信をWLCを経由せずに通信するモードに設定します。

C課長：分かりました。では次に有線LANの構成を説明してください。

B主任：APはフロアL2SWに接続し，PoEでフロアL2SWからAPへ電力供給します。PoEの方式はPoE+と呼ばれるIEEE802.3atの最大30Wでは電力不足のリスクがありますので，［ e ］と呼ばれるIEEE802.3btを採用します。

C課長：フロアL2SWとAPとの間は1Gbpsのようですが，ボトルネックになりませんか。

B主任：③ノートPCの台数と動画コンテンツの要件に従ってフロアL2SWとAPとの間のトラフィック量を試算してみたところ，1Gbps以下に収まると判断しました。

C課長：しかし，教室のAPが故障した場合，ノートPCは隣接教室のAPに接続することがありますね。そうなると1Gbpsは超えるのではないですか。

B主任：確かにその可能性はあります。それではフロアL2SWとAPとの間には［ f ］と呼ばれる2.5GBASE-Tか5GBASE-Tを検討してみます。

C課長：将来のWi-Fi 6E認定製品への対応を考えると10GBASE-Tも検討した方が良いですね。

B主任：承知しました。APの仕様や価格，敷設するLANケーブルの種類も考慮する必要がありますので，コストを試算しながら幾つかの案を考えてみます。

C課長：基幹部分の構成についても説明してください。

B主任：まず，基幹部分及び高負荷が見込まれる部分は10GbEリンクを複数本接続します。そして，レイヤー2ではスパニングツリーを設定してループを回避し，レイヤー3では基幹L3SWをVRRP（Virtual Router Redundancy Protocol）で冗長化する構成にしました。

C課長：④スパニングツリーとVRRPでは，高負荷時に10GbEリンクがボトルネックになる可能性がありますし，トラフィックを平準化するには設計が複雑になりませんか。

B主任：おっしゃるとおりですので，もう一つの案も考えました。基幹L3SWとサーバL2SWはそれぞれ2台を［ g ］接続して論理的に1台とし，⑤サーバ，FW，WLC及びフロアL2SWを含む全てのリンクを，スイッチをまたいだリンクアグリゲーションで接続する構成です。

C課長：分かりました。この案の方が良いと思います。ほかの部分も説明してください。

B主任：WLAN端末へのIPアドレス配布はDHCPサーバを使用しますので，基幹L3SWには［ h ］を設定します。また，基幹L3SWのデフォルトルートは上位のFWに指定します。

C課長：⑥このLANシステム提案構成では，職員が保守を行った際にブロードキャストストームが発生するリスクがありますね。作業ミスに備えてループ対策も入れておいた方が良いと思います。

B主任：承知しました。全てのスイッチでループ検知機能の利用を検討してみます。

その他，様々な視点でレビューを行った後，B主任は提案構成の再考と再見積りを行い，C課長の承認を得た上でA専門学校に提案した。

設問1 本文中の［ a ］～［ h ］に入れる適切な字句を答えよ。

設問2 〔Wi-Fi 6の特長〕について答えよ。

(1) 本文中の下線①について，5GHz帯を二つに区別したそれぞれの周波数帯を表中から二つ答えよ。また，三つの周波数帯を同時に利用できることの利点を，デュアルバンドと比較して30字以内で答えよ。

(2) 本文中の下線②について，気象観測レーダーや船舶用レーダーと干渉する可能性がある周波数帯を表1中から二つ答えよ。また，気象観測レーダーや船舶用レーダーを検知した場合のAPの動作を40字以内で，その時のWLAN端末への影響を25字以内で，それぞれ答えよ。

設問3 〔LANシステムの構成〕について答えよ。

(1) 本文中の下線③について，フロアL2SWとAPとの間の最大トラフィック量を，Mbpsで答えよ。ここで，通信の各レイヤーにおけるヘッダー，トレーラー，プリアンブルなどのオーバーヘッドは一切考慮しないものとする。

(2) 本文中の下線④について，C課長がボトルネックを懸念した接続の区間はどこか。図1中の（i）～（v）の記号で答えよ。また，本文中の下線⑤について，リンクアグリゲーションで接続することでボトルネックが解決するのはなぜか。30字以内で答えよ。

(3) 本文中の下線⑥について，A専門学校の職員が故障交換作業と設定復旧作業を行う対象の機器を，図1中の機器名を用いて3種類答えよ。また，どのような作業ミスによってブロードキャストストームが発生し得るか。25字以内で答えよ。

問題文の解説

無線LAN（Wi-Fi）を中心に，有線LANも含めた出題でした。やや応用的な知識問題が多く，これまで問われなかったDFSなどの技術も出題されています。解ける問題を確実に正答することで，合格ラインの6割を突破したいところです。

問3　高速無線LANの導入に関する次の記述を読んで，設問に答えよ。

A専門学校では新校舎ビルを建設中で，その新校舎ビルのLANシステムのRFPが公示された。主な要件は次のとおりである。

RFP（Request for Proposal）は，提案依頼書のことです。今回の場合，A専門学校がシステムインテグレータ（System Integrator，ときにSIer（エスアイヤー）と呼ぶ）に対して，提案を依頼します。RFPには，どういうシステムを求めるのかが具体的に記載されます。

- 新校舎ビルは5階建てで，3階にマシン室，各階に3教室ずつ計15の教室がある。このLANシステムとして（ア）～（ケ）を提案すること

ここから，システムの具体的な要件が記述されます。このあとの図1と照らし合わせて読んでいきましょう。

（ア）基幹レイヤー3スイッチ（以下，基幹L3SWという）のマシン室への導入
（イ）サーバ用レイヤー2スイッチ（以下，サーバL2SWという）のマシン室への導入
（ウ）フロア用レイヤー2スイッチ（以下，フロアL2SWという）の各階への導入

スイッチの構成は，3階層で考えましょう。1階層目のエッジスイッチ（アクセススイッチ）は，PCと直接接続するL2SWです。2階層目であるフロアスイッチ（ディストリビューションスイッチ）は，フロア単位などで設置

されるL2SWまたはL3SWです。3階層目のコアスイッチは，企業内のLANの中心となるスイッチです。

今回の場合，基幹L3SWが3階層目のコアスイッチ，フロアL2SWが2階層目のフロアスイッチの役割です。教室のAPはPCと接続するので，1階層目のエッジスイッチの役割を担っていると考えられます。

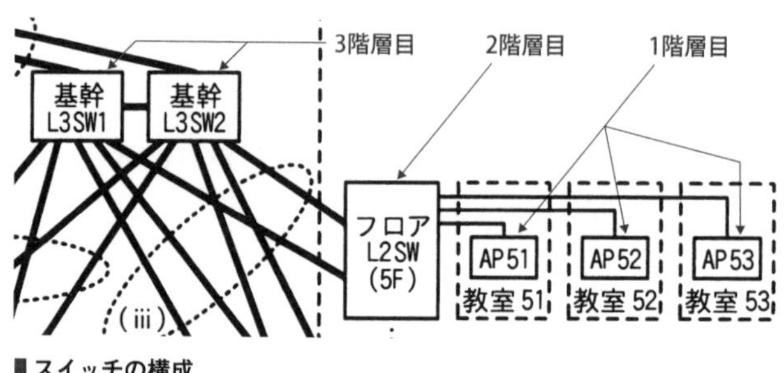

■スイッチの構成

サーバL2SWは，1階層目および2階層目の役割をします。

> （エ）無線LANアクセスポイント（以下，APという）の各教室への導入
> （オ）無線LANに接続する全ての端末（以下，WLAN端末という）について，利用者認証を行うシステム（以下，認証システムという）のマシン室への導入
> （カ）WLAN端末用DHCPサーバのマシン室への導入

無線LANに関する記述です。認証システムがあることから，パーソナルモードではなく，WPA3-Enterpriseを使った利用者認証をしていると思われます（設問には関係ありません）。また，無線LANに接続するPCは，IPアドレスを固定で設定するのではなく，DHCPサーバから受け取ります。

> （キ）インターネット接続用ファイアウォール（以下，FWという）のマシン室への導入
> （ク）新校舎ビル内LANケーブルの提供と敷設
> （ケ）基幹L3SW，サーバL2SW，認証システム，DHCPサーバ及びFWに対する，故障交換作業及び設定復旧作業（以下，保守という）

ここまでが，物理的な機器や作業内容です。

これ以降の問題文は，すでに記載された（ア）～（ケ）に関する詳細な要件です。

- 基幹L3SWとサーバL2SWはそれぞれ2台の冗長構成とすること
- フロアL2SWとAPはシングル構成とし，A専門学校の職員が保守を行う前提で，予備機を配備し保守手順書を準備すること

基幹L3SWとサーバL2SWの故障は影響範囲が大きいので，冗長化をします。一方，フロアL2SWやAPが1台故障したとしても，別のフロアL2SWやAPに接続すればいいだけです。コスト削減のためにもシングル構成になっています。

- APは各教室に1台設置し，同じ階のフロアL2SWからPoEで電力供給すること
- 無線LANはWi-Fi 4，Wi-Fi 5，Wi-Fi 6のWLAN端末を混在して接続可能とし，セキュリティ規格はWPA2又はWPA3を混在して利用できること
- 生徒及び教職員がノートPCを1人1台持ち込み，無線LAN接続することを前提に，事前に認証システムに利用者を登録し，接続時に認証することで無線LANに接続可能とすること。また，Webカメラなどの IoT機器を無線LANに接続できること

無線LANに関する仕様が記載されています。PoEやWi-Fi6，WPA3などの用語については，このあとに解説があります。また，冒頭に基礎解説をまとめていますので（p.38），そちらも参照してください。

- 1教室当たり50人分のノートPCを無線LANに接続し，4K UHDTV画質（1時間当たり7.2Gバイト）の動画を同時に再生できること。なお，動画コンテンツはA専門学校が保有する計4台のサーバ（学年ごとに2台ずつ）で提供し，A専門学校がサーバの保守を行っている。

試験にはまったく関係ないのですが，UHD（Ultra-High Definition）の画質に関して，古いものから並べてみました。

■画質

名称	画素数（ピクセル）	補足
SD（Standard Definition）	720×480	
HD（High Definition）	1280×720	いわゆるハイビジョン
FHD（Full HD）	1920×1080	一般的なパソコンのディスプレイやブルーレイの画質
UHD（Ultra-High Definition）	4K（3840×2160） 8K（7680×4320）	※Kは1000を意味するので，3840は約4K

さて，1時間当たり7.2Gバイトの動画とあります，1秒当たりにすると，7.2G×8÷3600（秒）＝16Mビット／秒です（※1バイト＝8ビットです）。この点は，設問3（1）に関連します。

- APの状態及びWLAN端末の接続状況（台数及び利用者）について，定常的に監視とログ収集を行い，職員が確認できること

APにログインすれば，APの状態や接続状況がわかることでしょう。しかし，たくさんあるAPに個別にログインするのは大変です。そこで，提案では，WLC（無線LANコントローラ）を導入し，APや端末の接続状況の集中管理をします。

A専門学校のRFP公示を受けて，システムインテグレータX社のC課長はB主任に提案書の作成を指示した。

X社がA専門学校に対して，提案をすることになりました。

〔Wi-Fi 6の特長〕

B主任は始めにWi-Fi 6について調査した。Wi-Fiの世代の仕様比較を表1に示す。

表1 Wi-Fi の世代の仕様比較

	Wi-Fi 4	Wi-Fi 5	Wi-Fi 6
無線 LAN 規格	IEEE802.11n	IEEE802.11ac	IEEE802.11ax
最大通信速度（理論値）	600 Mbps	6.9 Gbps	9.6 Gbps
周波数帯	2.4 GHz 5 GHz（W52/W53/W56）	5 GHz（W52/W53/W56）	2.4 GHz 5 GHz（W52/W53/W56）
変調方式	64-QAM	256-QAM	1024-QAM
空間分割多重	MIMO	MU-MIMO 4台（下り）	MU-MIMO 8台（上り／下り）
多重方式	OFDM	OFDM	OFDMA

bps：ビット／秒　QAM：Quadrature Amplitude Modulation
MIMO：Multiple Input and Multiple Output　OFDM：Orthogonal Frequency Division Multiplexing
MU-MIMO：Multi-User Multiple Input and Multiple Output　OFDMA：Orthogonal Frequency Division Multiple Access

Wi-Fiの仕様が世代ごとに記載されています。表1の内容に関しては，冒頭の基礎解説で詳しく説明しました（p.41）。

（1）通信の高速化

Wi-Fi 6では，最大通信速度の理論値が9.6Gbpsに引き上げられている。また，Wi-Fi 6では2.4GHz帯と5GHz帯の二つの周波数帯によるデュアルバンドに加え，①5GHz帯を二つに区別し，2.4GHz帯と合わせて計三つの周波数帯を同時に利用できる［ a ］に対応したAPが多く登場している。なお，②5GHz帯の一部は気象観測レーダーや船舶用レーダーと干渉する可能性があるので，APはこの干渉を回避するためのDFS（Dynamic Frequency Selection）機能を実装している。

通信の高速化およびDFSに関しても，冒頭の基礎解説を参照してください（p.44，p.41）。

下線①は設問2（1），下線②は設問2（2）で解説します。

（2）多数のWLAN端末接続時の通信速度低下を軽減

Wi-Fi 6では，送受信側それぞれ複数の［ b ］を用いて複数のストリームを生成し，複数のWLAN端末で同時に通信するMU-MIMOが拡張されている。また，OFDMAによってサブキャリアを複数のWLAN端末で共有することができる。これらの技術によって，APにWLAN端末が密集した場合の通信効率を向上させている。

MIMOなどによる高速化技術や，OFDMAによる多重方式に関しても，基礎解説に記載しました（p.44，p.43）。

空欄bは，設問1で解説します。

(3) セキュリティの強化

Wi-Fi 6では，セキュリティ規格であるWPA3が必須となっている。個人向けのWPA3-Personalでは，PSKに代わってSAE（Simultaneous Authentication of Equals）を採用することでWPA2の脆（ぜい）弱性を改善し，更に利用者が指定した［ c ］の解読を試みる辞書攻撃に対する耐性を強化している。また，企業向けのWPA3-Enterpriseでは，192ビットセキュリティモードがオプションで追加され，WPA2-Enterpriseよりも高いセキュリティを実現している。

WPA3やSAEに関しても，基礎解説を参照してください（p.47）。

空欄cは，設問1で解説します。

〔LANシステムの構成〕

次にB主任は，新校舎ビルのLANシステムの提案構成を作成した。新校舎ビルのLANシステム提案構成を図1に示す。

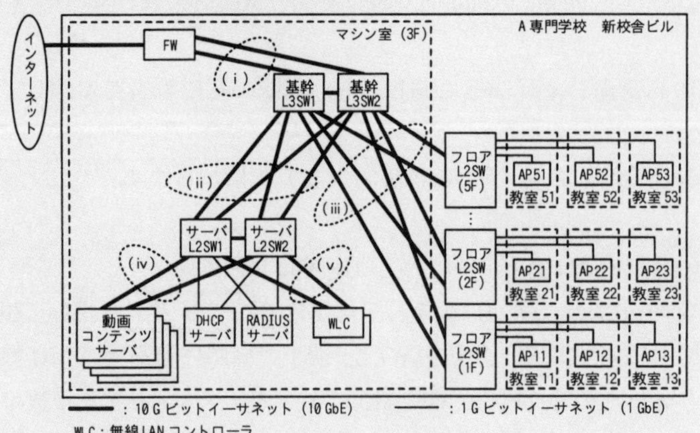

図1 新校舎ビルのLANシステム提案構成（抜粋）

提案するネットワーク構成図が記載されています。難しくはないので，すべての機器とその接続（ケーブル）を一つひとつ確認してください。

では，簡単に見ていきましょう。ネットワーク構成図ではまず，FWを探しましょう。今回の構成にDMZはなく，FWによって左側のインターネットと，右側の内部LANの二つに分けられていることがわかります。

巨大な内部LANですね。

はい，たくさんの機器があります。冒頭で説明したように，スイッチングハブを3階層で考えると頭の整理がしやすいと思います。基幹L3SWが3階層目のコアスイッチ，フロアL2SWが2階層目のフロアスイッチ，教室のAPとサーバL2SWが1階層目のエッジスイッチの役割です。

注記も必ず読んでください。今回は注記2が設問3（2）に関連します。たとえば，動画コンテンツサーバからサーバL2SW1までは，ケーブルが2本しかありません。ですが，動画コンテンツサーバは4台あり，それぞれからケーブルが2本出ています。合計8本のケーブルで接続されているということです。

次は，C課長とB主任がレビューを行った際の会話である。

C課長：始めに，無線LANでは三つの周波数帯をどのように利用しますか。
B主任：二つの5GHz帯にはそれぞれ異なるESSIDを付与し，生徒及び教職員のノートPCを半数ずつ接続します。2.4GHz帯は5GHz帯が全断した場合の予備，及び低優先の端末やIoT機器に利用します。

2.4GHz帯よりも，5GHz帯のほうが，他の電波の干渉を受けにくく，通信速度が安定しています。ですから基本的には5GHz帯を使います。

では，2.4GHz帯はどうするかというと，もちろんESSIDを設定します。低優先の端末やIoT機器にはそのESSIDで接続します。また，生徒及び教職員のノートPCに関しては，5GHz帯が全断したときに，自動または手動で2.4GHz帯に接続する運用になります。(2.4GHz帯のESSIDの自動接続のチェックをONにすると，5GHz帯が切断されればPCが自動的に2.4GHzに接続します。)

参考として，Window11のSSID接続画面を以下に示します。SSIDごとに，「自動的に接続」のチェックボックスがあります。

■Window11のSSID接続画面

ではここで，理解を深めるために，無線APの設計を考えます。問題文には「二つの5GHz帯にはそれぞれ異なるESSIDを付与し，生徒及び教職員のノートPCを半数ずつ接続します」とあります。以下の教室51のAP51の場合，VLANやチャネル，IPアドレスがどうなるかを考えましょう。

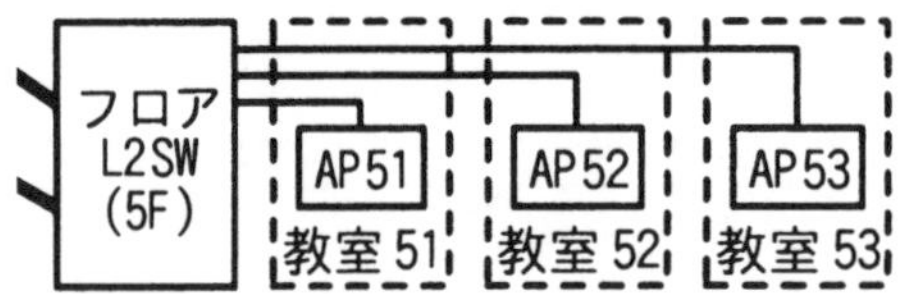

無線APの設定は以下のとおりです。

■無線APの設定

SSID	周波数帯	VLAN	参考（セグメント）
SSID10	5GHz（W52/W53）	10	10.1.10.0/24
SSID20	5GHz（W56）	20	10.1.20.0/24
SSID30	2.4GHz	30	10.1.30.0/24

PCが50台あるとして，PC1～25にはSSID10を設定し，PC26～50にはSSID20を設定します。こうしておけば，VLANごとに，DHCPサーバから，参考に記載したセグメントのIPアドレスが割り振られます。

また，5GHzがダウンしたときに2.4GHz帯に「手動」で切り替えるのであれば，PC1～50にはSSID30も設定し，「自動的に接続」のチェックを外しておきます。

C課長：ノートPC1台当たりの実効スループットは確保できていますか。
B主任：はい，20MHz帯域幅チャネルを［ d ］によって二つ束ねた40MHz帯域幅チャネルによって，要件を満たす目途がついています。

表1の最大通信速度は「理論値」であり，実際の速度である実効スループットは異なります。先の4K UHDTV画質の計算だと（p.160），PC1台あたりの必要帯域は16Mビット／秒でした。高速技術を使わない11a/gでも伝送速度は54Mbpsであり，11nのチャネルボンディング（20MHz→40MHz）によって2倍の速度になります。なんとなく，要件を満たせそうです。

空欄dは設問1で解説します。

C課長：運用中の監視はどのように行うのですか。
B主任：WLCを導入してAPの死活監視，利用者認証，WLAN端末接続の監視などを行い，これらの状態をA専門学校の職員がWLCの管理画面で閲覧できるように設定します。また，利用者認証後のWLAN端末の通信をWLCを経由せずに通信するモードに設定します。

冒頭でも述べましたが，APを個別に監視するのは大変なので，WLCを導入します。WLCの導入目的の一つは，APの一括管理ができるなどの運用負荷の軽減です。

通信するモードに関しては，WLCを経由するモードと経由しないモードがあります。過去（H29年度 午後Ⅱ問2）には，そのモードの利点が問われました。今回は，設問3（2）の条件として利用します。

C課長：分かりました。では次に有線LANの構成を説明してください。
B主任：APはフロアL2SWに接続し，PoEでフロアL2SWからAPへ電力供給します。PoEの方式はPoE+と呼ばれるIEEE802.3atの最大30Wでは電力不足のリスクがありますので，［ e ］と呼ばれるIEEE802.3btを採用します。

PoEに関しても，基礎解説を参照してください（p.50）。空欄eは設問1で解説します。

C課長：フロアL2SWとAPとの間は1Gbpsのようですが，ボトルネックになりませんか。
B主任：③ノートPCの台数と動画コンテンツの要件に従ってフロアL2SWとAPとの間のトラフィック量を試算してみたところ，1Gbps以下に収まると判断しました。

下線③は，設問3（1）で解説します。

C課長：しかし，教室のAPが故障した場合，ノートPCは隣接教室のAPに接続することがありますね。そうなると1Gbpsは超えるのではないですか。
B主任：確かにその可能性はあります。それではフロアL2SWとAPとの間には［ f ］と呼ばれる2.5GBASE-Tか5GBASE-Tを検討してみます。
C課長：将来のWi-Fi 6E認定製品への対応を考えると10GBASE-Tも検討した方が良いですね。
B主任：承知しました。APの仕様や価格，敷設するLANケーブルの種類も考慮する必要がありますので，コストを試算しながら幾つかの案を考えてみます。

LANの通信速度を1Gbpsより高速化するために，新しい規格の採用などを検討しています。

また，Wi-Fi 6Eは，Wi-Fi 6のExtend（拡張）であり，6GHz帯の周波数帯が使えるようになります。最大速度はWi-Fi 6と同じですが，利用できる周波数帯が増えるので，ネットワーク全体としての帯域が広がることになります。ただ，今回の問題では，Wi-Fi 6Eに関する設問はないので，流しておいてください。

空欄fは設問1で解説します。

C課長：基幹部分の構成についても説明してください。

B主任：まず，基幹部分及び高負荷が見込まれる部分は10GbEリンクを複数本接続します。そして，レイヤー2ではスパニングツリーを設定してループを回避し，レイヤー3では基幹L3SWをVRRP（Virtual Router Redundancy Protocol）で冗長化する構成にしました。

さて，この設問で登場する冗長化技術は，STP，リンクアグリゲーション，VRRP，そしてこのあとの空欄gです。これらの冗長化技術を，レイヤーごとに整理して覚えておきましょう。参考欄に解説をまとめましたので，時間があるときに確認してください。

ただ，今回の場合，STPは冗長化技術として使わず，ループ回避としてのみ利用されます。理由はこのあとに記載があります。

参考　ネットワークの冗長化技術の例

代表的なネットワークの冗長化技術を，レイヤーごとに整理しました。ただ，必ずしもレイヤーでキレイに分けられるとは限りません。頭の中を整理するためと考えてください。

■代表的なネットワークの冗長化技術

レイヤー	名称	冗長化技術	説明
第4層～第7層	アプリケーション層など	負荷分散装置	負荷分散装置を使って，複数のサーバに負荷を振り分けることでシステムが停止するのを防ぎ，冗長化する
第3層	ネットワーク層	VRRP	VRRPプロトコルでルータを冗長化する
		ルーティングによる冗長化	OSPFなどのルーティングプロトコルで通信経路を冗長化する
		DNSラウンドロビン	DNSの仕組みを使って，通信を複数のサーバに振り分けることでシステムが停止するのを防ぎ，冗長化する

第2層	データリンク層	STP	スイッチングハブで，あえてループを作成して冗長化する
		リングアグリゲーション	ネットワーク機器のケーブルを複数束ねて冗長化する
第1層	物理層	スタック	ネットワーク機器を論理的に1台にして冗長化する

C課長：④スパニングツリーとVRRPでは，高負荷時に10GbEリンクがボトルネックになる可能性がありますし，トラフィックを平準化するには設計が複雑になりませんか。

STPやVRRPで冗長化しない理由が記載されています。一つは，下線④にあるように，帯域の観点です。詳しくは設問3（4）で解説します。もう一つは，後半に記載がある「設計が複雑に」という点です。STPは，どこをルートブリッジにしてどこをブロックさせるかをすべてのループで考える必要があります。VRRPも，優先度設定やトラッキングなどの設定を考えるなど，設計が少し複雑です。このあとの空欄gの方法であれば，論理的に1台になるので，冗長化設計は不要です。

B主任：おっしゃるとおりですので，もう一つの案も考えました。基幹L3SWとサーバL2SWはそれぞれ2台を［ g ］接続して論理的に1台とし，⑤サーバ，FW，WLC及びフロアL2SWを含む全てのリンクを，スイッチをまたいだリンクアグリゲーションで接続する構成です。

空欄gは設問1で，下線⑤は，設問3（2）で解説します。

C課長：分かりました。この案の方が良いと思います。ほかの部分も説明してください。

B主任：WLAN端末へのIPアドレス配布はDHCPサーバを使用しますので，基幹L3SWには［ h ］を設定します。また，基幹L3SWのデフォルトルートは上位のFWに指定します。

空欄hは設問1で解説します。

C課長：⑥このLANシステム提案構成では，職員が保守を行った際にブロードキャストストームが発生するリスクがありますね。作業ミスに備えてループ対策も入れておいた方が良いと思います。

B主任：承知しました。全てのスイッチでループ検知機能の利用を検討してみます。

ブロードキャストストームは，ループ等によって，フレームが永遠に転送され続けることです。ループ検知機能ですが，STPの仕組みでループを検知できます。それ以外の仕組みとしては，LDF（Loop Detection Frame）を送信し，そのパケットを受信した場合にループと判断するものもあります。

その他，様々な視点でレビューを行った後，B主任は提案構成の再考と再見積りを行い，C課長の承認を得た上でA専門学校に提案した。

問題文の解説は以上です。

設問の解説

設問1　文文中の[a]～[h]に入れる適切な字句を答えよ。

空欄a

①5GHz帯を二つに区別し，2.4GHz帯と合わせて計三つの周波数帯を同時に利用できる[a]に対応したAPが多く登場している。

この問題は知識問題です。

問題文に「デュアルバンド」とあるので，もしかして，トリプルバンド？

シングル，ダブル（デュアル）ときたら，トリプルですよね。惜しいです。正解はトライバンドです。でも，そうやって，わからないなりにも答えを書くことは大事です。

解答　トライバンド

空欄b

Wi-Fi 6では，送受信側それぞれ複数の[b]を用いて複数のストリームを生成し，複数のWLAN端末で同時に通信するMU-MIMOが拡張されている。

これも知識問題です。ヒントはそのあとのMIMOという記述です。

基礎解説でも述べましたが（p.44），チャネルボンディングは，複数のチャネル（帯域幅）を束ねます。一方のMIMOは，複数のアンテナを束ねます。

解答 アンテナ

空欄c

個人向けのWPA3-Personalでは，PSKに代わってSAE（Simultaneous Authentication of Equals）を採用することでWPA2の脆(ぜい)弱性を改善し，更に利用者が指定した[c]の解読を試みる辞書攻撃に対する耐性を強化している。

こちらも基礎解説で説明しましたが（p.47），WPA2-Personalは，主に人間が設定する事前共有鍵（PSK）で認証を行います。人間がPSKを設定するので，わかりやすい文字を使うことも多く，辞書攻撃で突破される可能性があります。

WPA3のSAEのアルゴリズムを使うと，利用者が設定したパスワードに加えてMACアドレスや乱数を利用してPMKを生成します。よって，利用者が「123456789」などの簡単なパスワードを設定したとしても，複雑なPMKになります。辞書攻撃や総当たり攻撃への耐性が強化されます。

解答例 パスワード

事前共有鍵（PSK）ではダメですか？

「PSKに代わってSAE」とあるので，「PSK」は不正解になったでしょう。それに，Wi-Fi Allianceのページ（https://www.wi-fi.org/ja/discover-wi-fi/security）では，SAEに関して，「ネットワークとの複数回にわたるインタラクションなしに可能性があるパスワードを試すことでネットワーク パスワードを解読するオフライン辞書攻撃への耐性を有しています」とあります。

また，「パスフレーズ」と解答したのであれば，私としては正解にしたいところです。が，実際の採点がどうだったかはわかりません。正解になった気もしますが……。

空欄d

C課長：ノートPC1台当たりの実効スループットは確保できていますか。
B主任：はい20MHz帯域幅チャネルを［ d ］によって二つ束ねた40MHz帯域幅チャネルによって，要件を満たす目途がついています。

この問題は基本知識であり，必ず正解したいものです。問題文に，「チャネル」「束ねた」とあるので，チャネルボンディングです。

解答 チャネルボンディング

空欄e

PoEの方式はPoE+と呼ばれるIEEE802.3atの最大30Wでは電力不足のリスクがありますので，［ e ］と呼ばれるIEEE802.3btを採用します。

PoEに関しても，基礎解説で説明しました（p.50）。正解はPoE++です。

解答 PoE++

「PoE++」を知らなかった合格者の一人は，「PoE+」に「+」を足し，やけくそで「PoE++」と書いたそうです。そういうラッキーで正解することもあるので，答案はなるべく埋めるようにしましょう。

空欄f

それではフロアL2SWとAPとの間には［ f ］と呼ばれる2.5GBASE-Tか5GBASE-Tを検討してみます。

これも知識問題です。2.5Gbpsまたは5Gbpsの通信速度のイーサネット規格（IEEE802.3bz）は，マルチギガビットイーサネットと呼ばれます。

背景情報から説明します。今の有線LANは1Gbpsの通信が主流です。ですが，無線LANでも1Gbps以上の通信が当たり前になってきました。有線LANを10Gbpsにするならば，光ケーブルを使ったり，Cat6Aのケーブルを使う必要があります。また，PCやスイッチングハブにも専用のポートやモジュールが必要だったりします。このように，10Gbpsの有線LANを導入するのは，少しハードルがあります。

一方，マルチギガビットイーサネットは，広く普及しているカテゴリ5eやカテゴリ6のケーブルがそのまま使えます。ただ，もちろん，PCのNICやスイッチは，2.5GbE対応の製品に置き換える必要がありますが，10Gbpsにするよりは，導入しやすいといえます。

解答　マルチギガビットイーサネット

空欄g

基幹L3SWとサーバL2SWはそれぞれ2台を［ g ］接続して論理的に1台とし，

「論理的に1台」がヒントです。このキーワードは，過去に何度も登場しているので，それほど難しくなかったと思います。

解答　スタック

空欄h

B主任：WLAN端末へのIPアドレス配布はDHCPサーバを使用しますので，基幹L3SWには［ h ］を設定します。

DHCPは，同一セグメントの端末にしかIPアドレスを払い出しません。図1を見ると，L3SWなどがあって複数のセグメントがあります。ですが，DHCPサーバは1台だけです。そのため，L3SWなどのL3機器には，DHCPリレーエージェントを設定します。DHCPリレーエージェントの仕組みですが，過去問（H21年度春期AP試験 午後問5）では，「ルータ（今回は基幹L3SW）は，DHCPクライアントからネットワーク接続に必要な情報などの取得要求を受け取ると，DHCPリレーエージェント機能によって，DHCPサーバにその要求を転送する。また，DHCPサーバからの応答をDHCPクライアントに転送する」と述べています。

解答 DHCPリレーエージェント

DHCPに関する用語は，DHCPリレーエージェントとDHCPスヌーピングくらいしかありません。基本的なキーワードは覚えておいて，得点源にしましょう。

設問 2

〔Wi-Fi 6の特長〕について答えよ。

(1) 本文中の下線①について，5GHz帯を二つに区別したそれぞれの周波数帯を表中から二つ答えよ。また，三つの周波数帯を同時に利用できることの利点を，デュアルバンドと比較して30字以内で答えよ。

問題文の該当部分を再掲します。

Wi-Fi 6では2.4GHz帯と5GHz帯の二つの周波数帯によるデュアルバンドに加え，①5GHz帯を二つに区別し，2.4GHz帯と合わせて計三つの周波数帯を同時に利用できる **a：トライバンド** に対応したAPが多く登場している。

● **周波数帯**

これも知識問題でした。知らないと難しかったと思います。トライバンドは，2.4GHz帯と，5GHz帯（W52/W53）と，5GHz帯（W56）の三つの電波を同時に使います。

解答 周波数帯：①W52/W53　②W56

● **利点**

利点に関しては，なんとなくわかったと思います。ただ，どう書くかは悩みどころです。

「通信帯域が広がり，高速な通信が可能になる」
と書いてはどうでしょう？

トライバンドになっても，1台のPCが接続できる周波数帯は一つだけです。ですから，PC1台あたりの通信速度が必ずしも高速になるわけではありません。「高速」という言葉は使わないほうがいいでしょう。また，ネットワーク上に1台のPCだけの状態だと，トライバンドにしてもメリットはありません。メリットが出るのは，PCが増えた場合です。

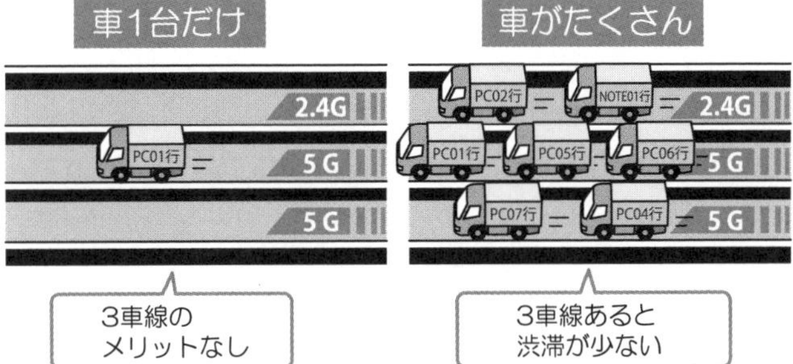

■トライバンドのメリット

答案の書き方はいろいろあると思いますが，複数のPC（端末）の観点で，かつ，「高速化」ではなく「通信が安定する」という内容を記載します。

解答例 利点：**より多くのWLAN端末が安定して通信できる。**（22字）

設問2

> (2) 本文中の下線②について，気象観測レーダーや船舶用レーダーと干渉する可能性がある周波数帯を表1中から二つ答えよ。また，気象観測レーダーや船舶用レーダーを検知した場合のAPの動作を40字以内で，その時のWLAN端末への影響を25字以内で，それぞれ答えよ。

問題文から下線②の箇所を再掲します。

なお，②5GHz帯の一部は気象観測レーダーや船舶用レーダーと干渉する可能性があるので，APはこの干渉を回避するためのDFS（Dynamic Frequency Selection）機能を実装している。

● 干渉する可能性がある周波数帯

こちらも知識問題です。今回は知識問題が多めでした。

さて，この部分も基礎解説で説明しました（p.40）。W53とW56は，気象，航空，船舶などの各種のレーダーも使う帯域なので，干渉しないようにDFS機能が必要です。

解答	W53，W56

● レーダーを検知した場合のAPの動作

APの動作についても，基礎解説で述べました（p.41）。無線LANのAPはレーダーを検知すると，即座にそのチャネルを停止し，他チャネルを利用します。チャネルを停止することと，他のチャネルを使うことが書いてあれば正解だったでしょう。

解答例	**検知したチャネルの電波を停止し，他のチャネルに遷移して再開する。**（32字）

この問題は知識問題でしたが，DFSを知らなくてもなんらかの答案を書いてください。そして，部分点は取ってほしいです。Dynamic Frequency Selectionは「動的」に「周波数」を「選択」するという意味です。また，下線②に「干渉する」という言葉があるので，別の周波数（チャネル）に移動することが想像できたと思います。

● その時のWLAN端末への影響

DFSによりレーダーを検出したAPは，チャネルを変更します。このとき，W52のチャネルに変更したのであれば，レーダーと干渉しないので，すぐに接続できます。しかし，W53, W56の場合はそうはいきません。APは，レーダーがないかを1分間確認するので，その間は通信ができません。

解答例 APとの接続断や通信断が不定期に発生する。(21字)

なんでこんな解答例なのでしょう。

たしかによくわからない解答です。単純に,「通信が一時的に切断される」でいいと思います。

また,解答例の「接続断」と「通信断」はどう違うのでしょうか。「接続断」は「APとの接続が切断」,「通信断」は,「サーバなどとの通信が切断」を意味しているのではないかと思われます。なぜ二つ書いたのか,理由は不明です。

続いて,「不定期に発生する」の部分ですが,干渉するかどうかは電波の状況次第なので,「定期的」ではないことは確かです。ただ,この表現を書かなくても正解になったことでしょう。

設問3 〔LANシステムの構成〕について答えよ。

(1) 本文中の下線③について,フロアL2SWとAPとの間の最大トラフィック量を,Mbpsで答えよ。ここで,通信の各レイヤーにおけるヘッダー,トレーラー,プリアンブルなどのオーバーヘッドは一切考慮しないものとする。

ヘッダーや,トレーラー,プリアンブルについて,簡単に説明します。

まず,イーサネットのフレーム構造は以下のとおりです(R3年度 午前Ⅱ 問7より)。

MACヘッダ (14)	IPヘッダ (20)	TCPヘッダ (20)	データ	FCS (4)

ここで,ヘッダは,上記のMACヘッダ,IPヘッダ,TCPヘッダです。また,トレーラーはFCSです。これ以外に,フレームの先頭に「プリアンブル」があります。これは,通信相手にフレームを送ることを伝えるための固定の

文字列です。受信側は，プリアンブルのあとから，MACヘッダが届くということがわかります。

設問文の指示で，それらを「考慮しない」とあるので，純粋にデータ部分で考えます。

では，トラフィック量を計算します。以下，問題文の該当部分です。

> B主任：③ノートPCの台数と動画コンテンツの要件に従ってフロアL2SWとAPとの間のトラフィック量を試算してみたところ，1Gbps以下に収まると判断しました。

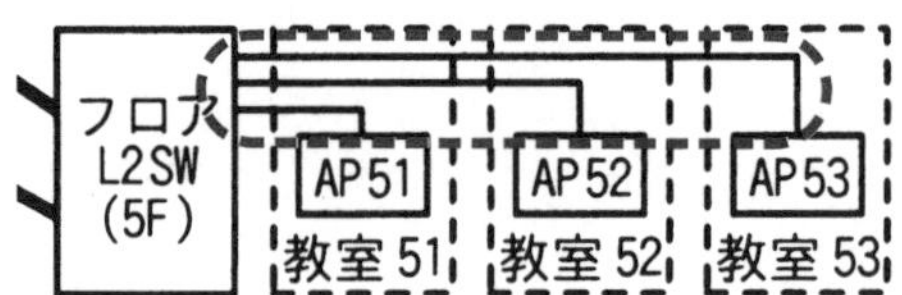

■フロアL2SWとAPとの間のトラフィック量

計算するトラフィック量は，上図の色の点線で囲った部分です。

下線③に従って条件を整理しましょう。注意点は，バイトとビットの単位をそろえることです。

- ノートPCの台数：問題文に「1教室当たり50人分のノートPCを無線LANに接続」とあるので，50台です。
- 動画コンテンツの要件：問題文に「4K UHDTV画質（1時間当たり7.2Gバイト）の動画を同時に再生できること」とあるので，1時間当たり7.2Gバイト（7.2G×8ビット）。1秒当たりにすると，7.2G×8÷3600（秒）＝16Mビット／秒です。

このことから，一つの教室のAPからフロアL2Wに送られるデータ量は，50人で同時再生であれば，50×16Mビット／秒＝800Mビット／秒です。

解答 800

問題文に「動画コンテンツはA専門学校が保有する計4台のサーバで提供」とありましたが，関係ないのでしょうか。

4台という数字があるので，計算に関係するか迷いますよね。ただ，今回は関係ありません。サーバが1台だろうが，4台に分散で接続しようが，教室からの通信は，ノートPCが50台分で変わらないからです。ちなみに，計4台のサーバの情報は，設問3（2）で使います。

設問 3

(2) 本文中の下線④について，C課長がボトルネックを懸念した接続の区間はどこか。図1中の（i）～（v）の記号で答えよ。また，本文中の下線⑤について，リンクアグリゲーションで接続することでボトルネックが解決するのはなぜか。30字以内で答えよ。

問題文から該当箇所を再掲します。

C課長：④スパニングツリーとVRRPでは，高負荷時に10GbEリンクがボトルネックになる可能性がありますし，トラフィックを平準化するには設計が複雑になりませんか。

●ボトルネックを懸念した接続の区間

「高負荷時」とありますので，いちばんトラフィックが集まるのはどこかを考えます。どんな通信が「高負荷」になりそうかはわかりますよね。DHCPやRADIUSなどの通信ではなく，4K UHDTV画質の動画を配信する通信です。次ページに，教室から動画コンテンツサーバへの通信を，いくつか図で表しました。この中で，図1の（i）から（v）のどこがボトルネックになるでしょうか。

図を見ると明らかで，トラフィックが一番集まるのは（ii）です。（iii）はAPからの通信ですが，フロアごとに通信が分散されています。同様に（iv）の通信も，問題文に「動画コンテンツはA専門学校が保有する計4台のサーバ（学年ごとに2台ずつ）で提供」とあるので，4台に分散されます。

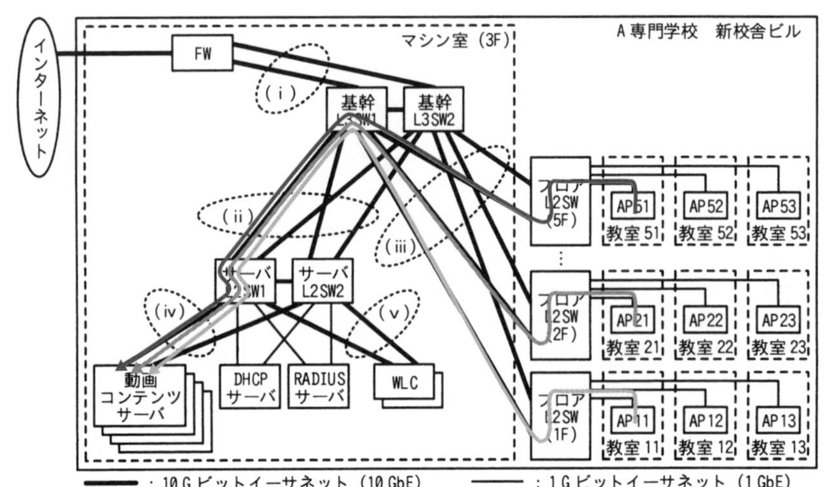

図1　新校舎ビルのLANシステム提案構成（抜粋）

■教室から動画コンテンツサーバへの通信

解答　（ii）

FWへの通信である（ｉ）や，WLCへの通信である（ｖ）の可能性はありませんか？

インターネットへの通信が莫大なトラフィックである可能性はゼロではありません。ですが，この試験で大事なのは「作問者との対話」です。作問者がヒントをちりばめていますので，作問者が期待しているだろう答えを選ぶ必要があります。すると，問題文に何も触れられていない（ｉ）を解答に書くのは適切ではありません。

また，（ｖ）のWLCへの通信に関しては，問題文に「利用者認証後のWLAN端末の通信をWLCを経由せずに通信するモードに設定」とあります。つまり，認証の通信やAP管理用の通信のみがWLCを通るので，ボトルネックにはなりません。

● **ボトルネックが解決するのはなぜか**

設問文と，問題文の該当部分を再掲します。

本文中の下線⑤について，リンクアグリゲーションで接続することでボトルネックが解決するのはなぜか。30字以内で答えよ。

B主任：おっしゃるとおりですので，もう一つの案も考えました。基幹L3SWとサーバL2SWはそれぞれ2台を［ g ］接続して論理的に1台とし，⑤サーバ，FW，WLC及びフロアL2SWを含む全てのリンクを，スイッチをまたいだリンクアグリゲーションで接続する構成です。

単純ですが，「帯域が２倍に増加するから？」ではどうでしょう。

ま，そんな感じです。スパニングツリーやVRRPでは片系しか通信ができず，冗長化した2本のリンクを同時に使うことはできません。一方，リンクアグリゲーションを使うと，冗長化した2本のリンクを同時に使うことができます。

ですが，解答例は少し複雑でした。

解答例　**平常時にリンク本数分の帯域を同時に利用できるから**（24字）

「平常時」とあるのは，LANケーブルやスイッチに異常が発生すると，期待した帯域にならないからです。ただ，「平常時に」という字句はなくても正解になったと思います。

また，問題文に，「リンクアグリゲーションで接続」とありますが，「2本」とは言い切っていません（図1の注記2には，動画コンテンツサーバとWLCは「2本」と示されていますが，基幹L3SWとサーバL2SWとの間については触れられていません）。たしかに，2本に限らず3本，4本と増やしたほうが帯域は増えます。ということで，解答例は「リンク本数分」としているのでしょう。

解答としては，スパニングツリーやVRRPでは片系しか通信できないことを意識して，「（1本ではなく）複数のリンクを同時に利用できるから」くらいでも正解だったと思います。

設問文に「ボトルネックが解決する」とありますが，数字的根拠はありますか？

1教室（1AP）あたりの最大トラフィックは800M（＝0.8G）ビット／秒です。全15教室なので合計で最大12Gビット／秒です。10GbEを2本以上で束ねてリンクアグリゲーションを組めば，このボトルネックは回避できます。

設問3

> (3) 本文中の下線⑥について，A専門学校の職員が故障交換作業と設定復旧作業を行う対象の機器を，図1中の機器名を用いて3種類答えよ。また，どのような作業ミスによってブロードキャストストームが発生し得るか。25字以内で答えよ。

● 対象機器

問題文に以下の記載があります。

> 「・**フロアL2SWとAP**はシングル構成とし，**A専門学校の職員が保守**を行う前提で，予備機を配備し保守手順書を準備すること」
> 「**動画コンテンツ**はA専門学校が保有する計4台の**サーバ**（学年ごとに2台ずつ）で提供し，**A専門学校がサーバの保守**を行っている。」

この記載のとおりです。A専門学校の職員が保守を行うのは，フロアL2SWとAP，動画コンテンツのサーバです。設問には「図中の機器名を用いて」という指示があるので，解答例のようになります。

解答例　・AP　・フロアL2SW　・動画コンテンツサーバ

● **作業ミス**

問題文の該当部分を再掲します。

> C課長：⑥このLANシステム提案構成では，職員が保守を行った際にブロードキャストストームが発生するリスクがありますね。作業ミスに備えてループ対策も入れておいた方が良いと思います。

さて，ブロードキャストストームが発生するのは，ループ構成になった場合です。単純な例でいうと，下図左のように，一つのスイッチングハブに，1本のLANケーブルの両端を接続した場合です。（同じVLANに所属したポートであれば）これでループになります。それ以外には，2台のスイッチが1本のLANケーブルで接続されているところに，もう1本のLANケーブルを接続した場合です（下図右）。

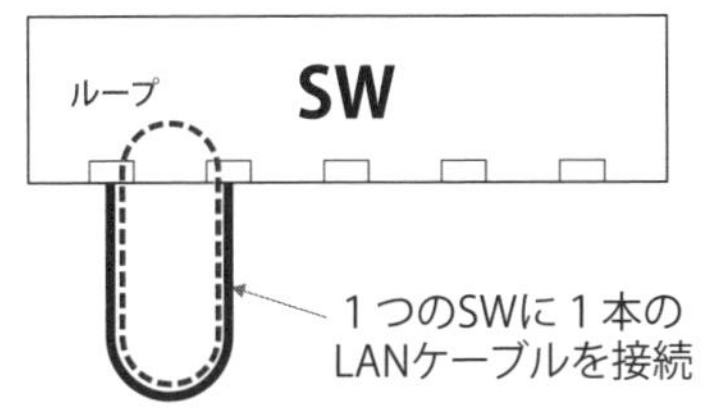

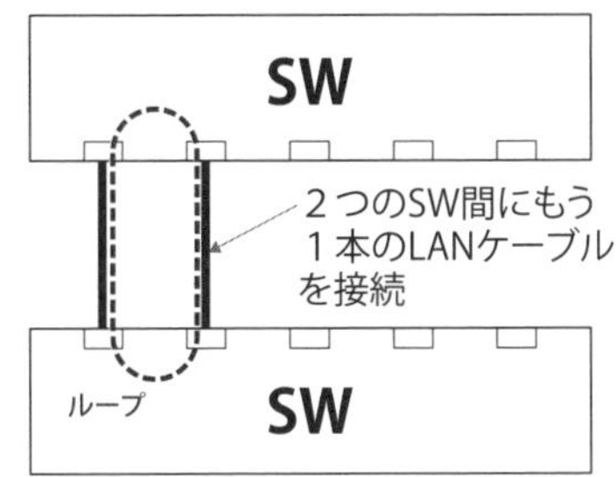

■ループ構成の例

答案の書き方ですが，「作業ミス」であるとわかる書き方をすれば，幅広く正解になったことでしょう。作業ミスには，物理的なLANケーブルの接続以外に，設定ミスもあります。たとえば，物理的にループ構成となっている部分のVLANを，すべて同じVLANに所属させてしまったり，STPの設定を無効にしてしまった場合です。

解答例 ループ状態になるような誤接続や設定ミス（19字）

さっぱりした解答ですね。

今回の設問には「具体的に」という記載がありません。よって，このような解答で十分です。

ネットワークSE Column 4 四則演算で10にする

ここで，息抜きをかねて，軽い頭の体操をしてみよう。

このコラムは，何かを伝えたいというより，単に書きたかっただけ。なので，試験勉強が嫌になって，少しくらい付き合ってやるか，と思う人はチャレンジしていただきたい。

さて，私は数学科出身である。といっても，姪っ子（姉の子供）弱冠15歳と100マス計算対決で負けてしまう。たいしたことはない。だが，数字は少しだけ好きだ。

そんな数学科の血が流れているからだろうか。車に乗っていると他の車のナンバープレートを見て，四則演算で10にするということを必ずしていた。

「必ず」である。

たとえば，ナンバープレートが2356であれば，2－3＋5＋6＝10，1455であれば，（1－4＋5）×5＝10，といった感じである。

私の感覚だと，9割以上の数字が，この方法で10にできると思う。

4桁の数字を見つけて，四則演算で10になればスッキリするし，10にならなければイライラする。10にならなければ，頭の中はそのことでいっぱいで，ドライブしていても上の空である。

4桁の数字というのは，しょせん，0000から9999までの1万パターンしかない。すべてのパターンを試したはずだ。

でも，どうしても解けなかった問題があった。

それが，1158，1199，3478の三つである。

さて，ここからが頭の体操。ぜひ，暇つぶしに考えていただきたい。

特に，3478の答えを知ったときは感動してしまった。

学生のときに，ナンバープレートを見て10にしているというこの話を，助手席の女性に話したことがある。彼女には，露骨に嫌そうな表情をされてしまった。きっと，「そんなこと考えているの？ キモイー」と思われたのだろう。

さて，先の問題の正解は以下のとおりだ。

1158 ＝ 8÷（1－1÷5）

1199 ＝（1÷9＋1）×9

3478 ＝（3－7÷4）×8

IPA の解答例

設問		IPA の解答例・解答の要点			予想配点
設問 1		a		トライバンド	2
		b		アンテナ	2
		c		パスワード	2
		d		チャネルボンディング	2
		e		PoE++	2
		f		マルチギガビットイーサネット	2
		g		スタック	2
		h		DHCP リレーエージェント	2
設問 2	(1)	周波数帯	①	・W52/W53	1
			②	・W56	1
		利点		より多くの WLAN 端末が安定して通信できる。	5
	(2)	周波数帯	①	・W53	1
			②	・W56	1
		動作		検知したチャネルの電波を停止し，他のチャネルに遷移して再開する。	4
		影響		APとの接続断や通信断が不定期に発生する。	3
設問 3	(1)	800			4
	(2)	区間		（ii）	2
		理由		平常時にリンク本数分の帯域を同時に利用できるから	5
	(3)	機器	①	・AP	1
			②	・フロア L2SW	1
			③	・動画コンテンツサーバ	1
		作業ミス		ループ状態になるような誤接続や設定ミス	4
				合計	50

※予想配点は著者による

IPA の出題趣旨

無線LANデバイスは今や社会に広く浸透しており，企業や家庭では有線に代わって端末接続方法として利用されることが多い。今後もリッチコンテンツの増加やIoTデバイスの普及などに伴って，無線LAN技術の進化が想定される。無線LANの設計・導入には，電d波周波数帯やセキュリティ対策などの無線LAN特有の知識を必要とし，さらに，無線LAN利用を前提とした場合に考慮すべき有線LAN設計の注意点も存在する。

本問では，新校舎ビル建設におけるLAN商談を題材として，無線LANの知識及びLAN全体の設計能力が実務で活用できる水準かどうかを問う。

IPA の採点講評

問3では，新校舎ビル建設におけるLAN導入を題材に，無線LAN技術の基礎知識，及び有線も含めたLANの概要設計について出題した。全体として正答率は平均的であった。

合格者の復元解答

n さんの解答	正誤	予想採点	Kamo さんの解答	正誤	予想採点
トライバンド	○	2	mixed mode	×	0
アンテナ	○	2	アンテナ	○	2
パスワード	○	2	パスフレーズ	×	0
チャネルボンディング	○	2	チャネルボンディング	○	2
PoE++	○	2	PoE++	○	2
マルチギガビットイーサネット	○	2	ギガイーサネット	×	0
スタック	○	2	スタック	○	2
DHCP リレーエージェント	○	2	DHCP リレーエージェント	○	2
W52	×	0	W52	×	0
W53/W56	×	0	W56	○	1
チャネルが増えるのでより多数のWLAN端末を収容できる。	△	3	1つの周波数帯を予備用として利用できる点	×	0
W52	×	0	W52	×	0
W53	○	1	W53	○	1
気象観測用レーダーや船舶用レーダーと干渉しないチャネルに変更する。	○	4	当該レーダーとは別の干渉の恐れのない周波数帯に動的に切り替える。	○	4
無線LANの再接続が発生し，一時的に切断される。	△	2	再接続にあたり再度認証する必要がある。	△	2
800	○	4	800	○	4
（iv）	×	0	（ii）	○	2
2つのリンクにトラフィックを分散できるから	△	4	利用できる帯域が倍増するから。	○	5
・フロア L2SW	○	1	フロア L2SW	○	1
・AP	○	1	AP	○	1
・動画コンテンツサーバ	○	1	動画コンテンツサーバ	○	1
LANケーブルを同一VLANのポートに接続するミス	○	4	冗長化用のケーブルを誤って同じ機器に差し込む。	○	4
予想点合計		41	予想点合計		36

（※実際には39点と予想）

設問1では，正答率は全体的にやや低く，特にaとfが低かった。本設問の内容のほとんどは無線LAN製品に実装されている技術仕様であり，公開されている情報である。提案時における方式選択の際に必要となるので，是非知っておいてもらいたい。

設問2は，全体的に正答率は高かったものの，（1）ではトライバンドの利点に関する理解が不十分な解答が散見された。無線LANの設計において，端末の接続性及び通信の安定性を確保するためには，電波周波数帯の種類と特性を理解して適切に利用することが重要なので，是非とも理解を深めてほしい。

設問3では，（1）の正答率がやや低く，桁の誤りも散見された。端末当たりのスループットや，認証やDHCPも含めたトラフィックの流れと流量を把握することは，LANの全体設計に必要である。計算式自体は単純なので，落ち着いて計算してもらいたい。

■出典
「令和5年度 春期 ネットワークスペシャリスト試験 解答例」
https://www.ipa.go.jp/shiken/mondai-kaiotu/ps6vr70000010d6y-att/2023r05h_nw_pm1_ans.pdf
「令和5年度 春期 ネットワークスペシャリスト試験 採点講評」
https://www.ipa.go.jp/shiken/mondai-kaiotu/ps6vr70000010d6y-att/2023r05h_nw_pm1_cmnt.pdf

SE事件簿④ SEのへこむとき

先輩から全く相手にされないとき

自分が若手で未熟者のときに与えられた仕事が、物を運んだり、電話に出ることであった。でも、その程度の仕事までも的確にできず、自分が嫌になる。

自分のミスのせいで仲間に迷惑をかけるとき

私は過去に、プログラムのミスで利用者のパスワードを全部消してしまったことがある。仮パスワードを急いで設定し、メンバーにお願いして、手分けしてお客様に電話をしてもらった。本当にごめんなさい。

第3章

過去問解説

令和5年度 午後Ⅱ

データで見る ネットワークスペシャリスト その2

得点分布（令和5年度 午後Ⅰ・午後Ⅱ）

得点	午後Ⅰ試験	午後Ⅱ試験
90～100	6名	11名
80～89	189名	132名
70～79	881名	489名
60～69	1,885名	850名
50～59	1,956名	835名
40～49	1,254名	451名
30～39	623名	147名
20～29	199名	23名
10～19	62名	2名
0～9	42名	8名
合計	7,097名	2,948名
突破率（60点以上）	41.7％	50.3％

←合格ライン（60～69と50～59の間）

IPA「独立行政法人　情報処理推進機構」発表（令和5年6月29日）の
「ネットワークスペシャリスト試験　得点分布」より抜粋・計算

午後Ⅰも午後Ⅱも，あと数点とれれば合格できた人が多いのですね。

午後Ⅱは半数以上が合格しています！

nespeR5 3.1

令和５年度
午後Ⅱ 問１

問　　題
問題解説
設問解説

3.1 令和５年度　午後Ⅱ　問１

問題 → 問題解説 → 設問解説

問題

問1　マルチクラウド利用による可用性向上に関する次の記述を読んで，設問に答えよ。

A社は，従業員500人のシステム開発会社である。A社では，IaaSを積極的に活用して開発業務を行ってきたが，利用しているIaaS事業者であるB社で大規模な障害が発生し，開発業務に多大な影響を受けた。A社のシステム部では，利用するIaaS事業者をもう1社追加してマルチクラウド環境にし，本社を中心にネットワーク環境も含めた可用性向上に取り組むことになり，Eさんを担当者として任命した。

現在のA社のネットワーク構成を図1に示す。

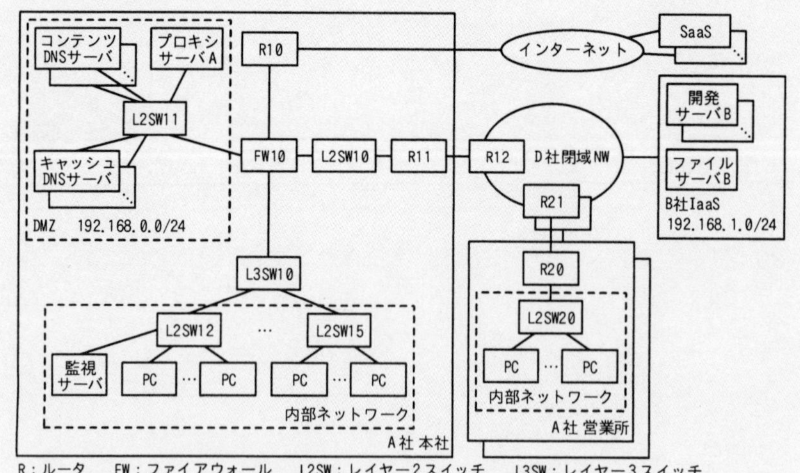

図1　現在のA社のネットワーク構成（抜粋）

図1の概要を次に示す。

- A社は本社と2か所の営業所で構成されている。
- D社閉域NWを利用して，本社と2か所の営業所を接続している。R11及びR20といったA社とD社閉域NWとを接続するルータは，D社からネットワークサービスとして提供されている。
- D社閉域NWとB社IaaSは相互接続しており，A社はD社閉域NW経由でB社IaaSを利用している。
- A社ネットワークでは静的経路制御を利用している。
- B社からは，Webブラウザを利用した画面操作によって，IaaS上に仮想ネットワーク，仮想サーバを簡単に構築できる管理コンソールが提供されている。
- A社のシステム部は，受託した開発業務ごとに開発サーバBを構築し，A社の担当部門に引き渡している。開発サーバBの運用管理は担当部門で実施する。
- システム部は，共用のファイルサーバを構築し，A社の全部門に提供している。
- A社の全部門で利用する電子メールやチャット，スケジューラーなどのオフィスアプリケーションソフトウェアはインターネット上のSaaSを利用している。これらのSaaSはHTTPS通信を用いている。
- A社の一部の部門では，担当する業務に応じてインターネット上のSaaSを独自に契約し，利用している。これらのSaaSでは送信元IPアドレスによってアクセス制限をしているものもある。これらのSaaSもHTTPS通信を用いている。
- プロキシサーバAは，従業員が利用するPCやサーバからインターネット向けのHTTP通信，HTTPS通信をそれぞれ中継する。従業員はプロキシサーバとしてproxy.a-sha.co.jpをPCのWebブラウザやサーバに指定している。
- A社は，本社設置のR10を経由してインターネットに接続している。FW10にはグローバルIPアドレスを付与しており，FW10を経由するインターネット宛ての通信はNAPT機能によってIPアドレスとポート番号の変換が行われる。
- キャッシュDNSサーバは，PCやサーバからの問合せを受け，ほかの

DNSサーバへ問い合わせた結果を応答する。キャッシュDNSサーバは複数台設置されている。

- コンテンツDNSサーバは，PCやサーバのホスト名などを管理し，PCやサーバなどに関する情報を応答する。コンテンツDNSサーバは複数台設置されている。
- 監視サーバは，ICMPを利用する死活監視（以下，ping監視という）を用いてDMZやIaaSにあるサーバの監視を行っている。監視サーバで検知された異常はシステム部の担当者に通知され，復旧作業などの必要な対応が行われる。

システム部では，ネットワーク環境の可用性向上の要件を次のとおりまとめた。

- 新規にC社のIaaSを契約し，B社IaaSと併せたマルチクラウド環境にし，D社閉域NW経由で利用する。
- A社本社とD社閉域NWとの接続回線を追加し，マルチホーム接続とする。
- インターネット接続を本社経由からD社閉域NW経由に切り替える。

可用性向上後のA社のネットワーク構成を図2に示す。

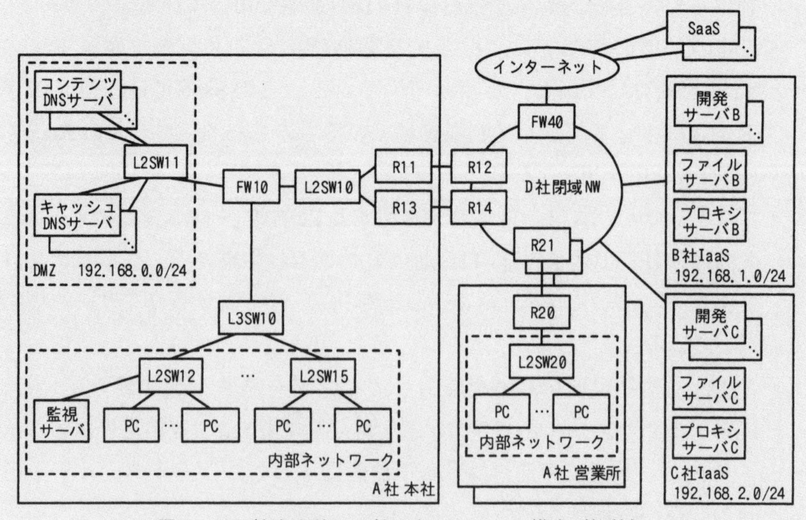

図2　可用性向上後のA社のネットワーク構成（抜粋）

〔B社とC社のIaaS利用〕

C社からも，B社と同様に管理コンソールが提供されている。B社IaaSに構築された仮想ネットワーク，仮想サーバとC社IaaSに構築された仮想ネットワーク，仮想サーバはD社閉域NWを経由して相互に通信できる。

Eさんは，B社とC社のIaaS利用方針を次のとおり策定した。

- C社IaaSにファイルサーバCを新たに構築し，ファイルサーバBと常に同期をとるように設定する。A社従業員はファイルサーバB又はファイルサーバCを利用する。
- B社IaaSにプロキシサーバBを，C社IaaSにプロキシサーバCを新たに構築し，プロキシサーバAから切り替える。
- B社IaaSを利用して開発サーバBを，C社IaaSを利用して開発サーバCを構築し，A社の担当部門に引き渡す。

〔プロキシサーバの利用方法の検討〕

Eさんは，IaaSに構築するプロキシサーバBとプロキシサーバCの利用方法を検討した。プロキシサーバの利用方法の案を表1に示す。

表1　プロキシサーバの利用方法の案

案	概要
案1	平常時はプロキシサーバＢを利用し，プロキシサーバＢに障害が発生した際にはプロキシサーバＣを利用するように切り替える。
案2	平常時からプロキシサーバＢ及びプロキシサーバＣを利用し，片方に障害が発生した際には正常稼働しているもう片方を利用するように切り替える。

Eさんは，従業員が利用するプロキシサーバを，DNSの機能を利用して制御することを考えた。プロキシサーバに障害が発生した際には，DNSの機能を利用して切り替える。

プロキシサーバに関するDNSゾーンファイルの記述内容を表2に示す。

表2　プロキシサーバに関するDNSゾーンファイルの記述内容

	DNSゾーンファイルの記述内容
現在の設定	proxy.a-sha.co.jp.　IN A　192.168.0.145　; 従業員が指定するホスト proxya.a-sha.co.jp.　IN A　192.168.0.145　; プロキシサーバAのホスト
案1の初期設定	proxy.a-sha.co.jp.　IN A　192.168.1.145　; 従業員が指定するホスト proxya.a-sha.co.jp.　IN A　192.168.0.145　; プロキシサーバAのホスト proxyb.a-sha.co.jp.　IN A　192.168.1.145　; プロキシサーバBのホスト proxyc.a-sha.co.jp.　IN A　192.168.2.145　; プロキシサーバCのホスト
案2の初期設定	proxy.a-sha.co.jp.　IN A　192.168.1.145　; 従業員が指定するホスト proxy.a-sha.co.jp.　IN A　192.168.2.145　; 従業員が指定するホスト proxya.a-sha.co.jp.　IN A　192.168.0.145　; プロキシサーバAのホスト proxyb.a-sha.co.jp.　IN A　192.168.1.145　; プロキシサーバBのホスト proxyc.a-sha.co.jp.　IN A　192.168.2.145　; プロキシサーバCのホスト

注記　切替え期間中の設定を含む。

Eさんは，プロキシサーバの監視運用について検討した。監視サーバで利用できる①ping監視では不十分だと考え，新たにTCP監視機能を追加し，プロキシサーバのアプリケーションプロセスが動作するポート番号にTCP接続可能か監視することにした。また，監視対象として，従業員がプロキシサーバとして指定するホストに加えて，プロキシサーバA，プロキシサーバB，プロキシサーバCのホストを設定することにした。

次に，監視サーバでプロキシサーバBの異常を検知した際に，従業員がプロキシサーバの利用を再開できるようにするための復旧方法として，②DNSゾーンファイルの変更内容を案1，案2それぞれについて検討した。また，③平常時からproxy.a-sha.co.jpに関するリソースレコードのTTLの値を小さくすることにした。

これらの検討の結果，プロキシサーバの負荷分散ができること，及びプロキシサーバの有効活用ができることから案2の方が優れていると考え，Eさんは案2を採用することにした。

さらに，Eさんは，自動でプロキシサーバを切り替えるために④DNSとは異なる方法で従業員が利用するプロキシサーバを切り替える方法も検討した。プロキシサーバを利用する側の環境に依存することから，DNSゾーンファイルの書換えによる切替えと併用することにした。

〔マルチホーム接続〕

次に，EさんはD社閉域NWとのマルチホーム接続について検討した。A社本社に増設するルータ及び回線はD社からネットワークサービスとして提供される。マルチホーム接続の設計についてD社担当者から説明を受けた。

D社担当者から説明を受けたマルチホーム接続構成を図3に示す。

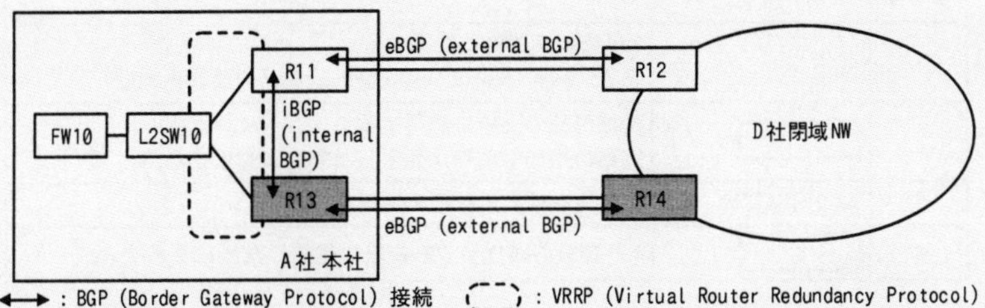

注記 網掛け部分は，追加する機器を示す。

図3 D社担当者から説明を受けたマルチホーム接続構成（抜粋）

図3の概要は次のとおりである。

- 本社とD社閉域NWとの間で，新たにR13と専用線がD社からネットワークサービスとして提供される。R11とR13とを併せてマルチホーム接続とする。
- 増設する専用線の契約帯域幅は既設の専用線と同じにし，平常時は既設の専用線を利用し，障害発生時には増設する専用線を利用する。
- 既存のR11とR12は，静的経路制御からBGPによる動的経路制御に変更する。
- R11とR12との間，R13とR14との間はeBGPで接続する。⑤R11とR13との間はiBGPで接続し，あわせてnext-hop-self設定を行う。
- R11とR13との間ではVRRPを利用する。FW10はVRRPで定義する仮想IPアドレスをネクストホップとして静的経路設定を行う。

D社担当者からの説明を受けたEさんは，BGPについて調査した。

RFC4271で規定されているBGPは，［ a ］間の経路交換のために作られたプロトコルで，TCPポート179番を利用して接続し，経路交換を行う。経路交換を行う隣接のルータを［ b ］と呼ぶ。BGPで交換されるメッセージは4タイプあり，表3に示す。

第3章 令和5年度 過去問解説 午後Ⅱ 問1 問題 問題解説 設問解説

表3　BGPで交換されるメッセージ

タイプ	名称	説明
1	OPEN	BGP接続開始時に交換する。 自AS番号，BGPID，バージョンなどの情報を含む。
2	c	経路情報の交換に利用する。 経路の追加や削除が発生した場合に送信される。
3	NOTIFICATION	エラーを検出した場合に送信される。
4	d	BGP接続の確立やBGP接続の維持のために交換する。

経路制御は，［ c ］メッセージに含まれるBGPパスアトリビュートの一つであるLOCAL_PREFを利用して行うとの説明をD社担当者から受けた。LOCAL_PREFは，iBGPピアに対して通知する，外部のASに存在する宛先ネットワークアドレスの優先度を定義する。BGPでは，ピアリングで受信した経路情報をBGPテーブルとして構成し，最適経路選択アルゴリズムによって経路情報を一つだけ選択し，ルータの［ e ］に反映する。LOCAL_PREFの場合では，最も［ f ］値をもつ経路情報が選択される。

また，Eさんは，D社担当者から静的経路制御からBGPによる動的経路制御に構成変更する手順の説明を受けた。この時，<u>⑥BGPの導入を行った後にVRRPの導入を行う必要がある</u>との説明だった。Eさんが説明を受けた手順を表4に示す。

表4　Eさんが説明を受けた手順

項番	作業内容
1	R13及びR14を増設する。
2	R13と増設する専用線とを接続する。 R14と増設する専用線とを接続する。 R13とL2SW10とを接続する。
3	R13及びR14のインタフェースにIPアドレスを設定する。
4	<u>⑦増設した機器や回線に故障がないことを確認するためにpingコマンドで試験を行う。</u>
5	R11～R14にBGPの設定を追加する。ただし，この時点ではBGP接続は確立しない。
6	全てのBGP接続を確立させ，送受信する経路情報が正しいことを確認する。
7	<u>⑧R11及びR12の不要になる静的経路制御の経路情報を削除する。</u>
8	R11とR13との間のVRRPで利用する新しい仮想IPアドレスを割り当て，VRRPを構成する。
9	FW10においてVRRPで利用する仮想IPアドレスをネクストホップとする静的経路制御の経路情報を設定する。
10	FW10で不要になる静的経路制御の経路情報を削除する。

Eさんは，設計どおりにマルチホームによる可用性向上が実現できたかどうかを確認するための障害試験を行うことにし，⑨想定する障害の発生箇所と内容を障害一覧としてまとめた。

〔インターネット接続の切替え〕

次に，Eさんはインターネット接続を本社経由からD社閉域NW経由へ切り替えることについて検討した。

インターネット接続の切替え期間中の構成を図4に示す。

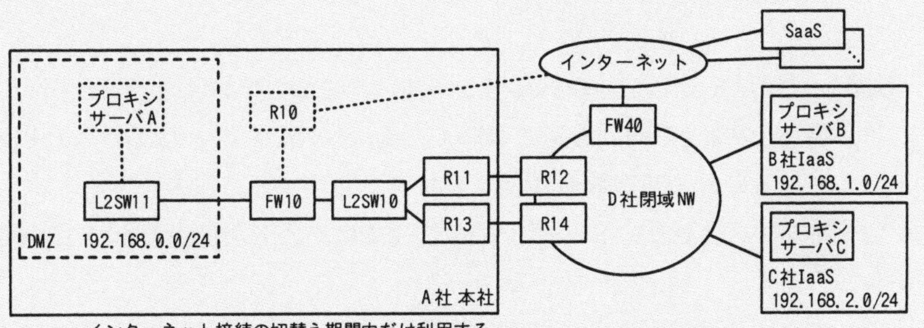

図4　インターネット接続の切替え期間中の構成（抜粋）

FW40を使ってインターネット接続する。FW40はD社からネットワークサービスとして提供される。FW40には新たにグローバルIPアドレスが割り当てられる。FW40を経由するインターネット宛ての通信はNAPT機能によってIPアドレスとポート番号の変換が行われる。A社とインターネットとの通信をR10経由からFW40経由になるようにインターネット接続を切り替える。

Eさんは，設定変更の作業影響による通信断時間を極力短くするために，⑩FW10の設定変更はD社閉域NWの設定変更とタイミングを合わせて実施する必要があると考えた。

Eさんは，⑪インターネット接続の切替えを行うと一部の部門で業務に影響があると考えた。対策として，全てのインターネット宛ての通信はFW40経由へと切り替えるが，⑫一定期間，プロキシサーバAからのインターネット宛ての通信だけは既存のR10経由になるようにする。あわせて，Eさんは，業務に影響がある一部の部門には切替え期間中はプロキシサー

第3章 過去問解説 令和5年度 午後Ⅱ 問1 問題 問題解説 設問解説

バAが利用可能なことを案内するとともに，⑬恒久対応として設定変更の依頼を事前に行うことにした。

Eさんは，プロキシサーバAのログを定期的に調査し，利用がなくなったことを確認した後に，プロキシサーバAを廃止することにした。

Eさんが検討した可用性向上の検討案は承認され，システム部では可用性向上プロジェクトを開始した。

設問1　〔プロキシサーバの利用方法の検討〕について答えよ。

(1) 表2中の案2の初期設定について，負荷分散を目的として一つのドメイン名に対して複数のIPアドレスを割り当てる方式名を答えよ。

(2) 本文中の下線①について，ping監視では不十分な理由を40字以内で答えよ。

(3) 本文中の下線②について表2の案1の初期設定を対象に，ドメイン名proxy.a-sha.co.jpの書換え後のIPアドレスを答えよ。

(4) 本文中の下線③について，TTLの値を小さくする目的を40字以内で答えよ。

(5) 本文中の下線④について，DNSとは異なる方法を20字以内で答えよ。また，その方法の制限事項を，プロキシサーバを利用する側の環境に着目して25字以内で答えよ。

設問2　〔マルチホーム接続〕について答えよ。

(1) 本文中及び表3中の［ a ］～［ f ］に入れる適切な字句を答えよ。

(2) 本文中の下線⑤について，next-hop-self設定を行うと，iBGPで広告する経路情報のネクストホップのIPアドレスには何が設定されるか。15字以内で答えよ。

(3) 表3について，BGPピア間で定期的にやり取りされるメッセージを一つ選び，タイプで答えよ。また，そのメッセージが一定時間受信できなくなるとどのような動作をするか。30字以内で答えよ。

(4) 本文中の下線⑥について，BGPの導入を行った後にVRRPの導入を行うべき理由を，R13が何らかの理由でVRRPマスターになったときのR13の経路情報の状態を想定し，50字以内で答えよ。

(5) 表4中の下線⑦について，pingコマンドの試験で確認すべき内容を20字以内で答えよ。また，pingコマンドの試験で確認すべき送信元と宛先の組合せを二つ挙げ，図3中の機器名で答えよ。

(6) 表4中の下線⑧について，R11及びR12では静的経路制御の経路情報を削除することで同じ宛先ネットワークのBGPの経路情報が有効になる。その理由を40字以内で答えよ。

(7) 本文中の下線⑨について，想定する障害を六つ挙げ，それぞれの障害発生箇所を答えよ。ただし，R12とR14についてはD社で障害試験実施済みとする。

設問3　〔インターネット接続の切替え〕について答えよ。

(1) 本文中の下線⑩について，D社閉域NWの設定変更より前にFW10のデフォルトルートの設定変更を行うとどのような状況になるか。25字以内で答えよ。

(2) 本文中の下線⑪について，業務に影響が発生する理由を20字以内で答えよ。

(3) 本文中の下線⑫について，FW10にどのようなポリシーベースルーティング設定が必要か。70字以内で答えよ。

(4) 本文中の下線⑬について，どのような設定変更を依頼すればよいか。40字以内で答えよ。

問題文の解説

BGPを含みますが，DNSやプロキシサーバ，VRRPなど，ネットワークの基本的な内容が問われる問題でした。一見すると難しそうに見えるのか，復元答案をいただいた方のなかで，この問題を解いた方はいませんでした。この問題だけ復元答案がなく，申し訳ございません。採点講評では「正答率は平均的であった」とありました。答えづらい問題も多かったのですが，それほど難しい問題ではありません。

問1　マルチクラウド利用による可用性向上に関する次の記述を読んで，設問に答えよ。

A社は，従業員500人のシステム開発会社である。A社では，IaaSを積極的に活用して開発業務を行ってきたが，利用しているIaaS事業者であるB社で大規模な障害が発生し，開発業務に多大な影響を受けた。

IaaS（Infrastructure as a Service）は，OSなどのInfrastructure（基盤）をクラウドで利用します。代表的なサービスとして，Amazon Web Sercive（AWS）のEC2があります。

AWSのようなIaaS事業者でも，直近では2023年6月に大規模な障害が発生し，世界中のサービスに影響を与えました。

A社のシステム部では，利用するIaaS事業者をもう1社追加してマルチクラウド環境にし，本社を中心にネットワーク環境も含めた可用性向上に取り組むことになり，Eさんを担当者として任命した。

「マルチクラウド」という言葉のとおり，複数（＝マルチ）のクラウドサービスを利用して，可用性を向上させます。AWSに加え，MicrosoftのAzureを使えるようにすることをイメージしてください。

現在のA社のネットワーク構成を図1に示す。

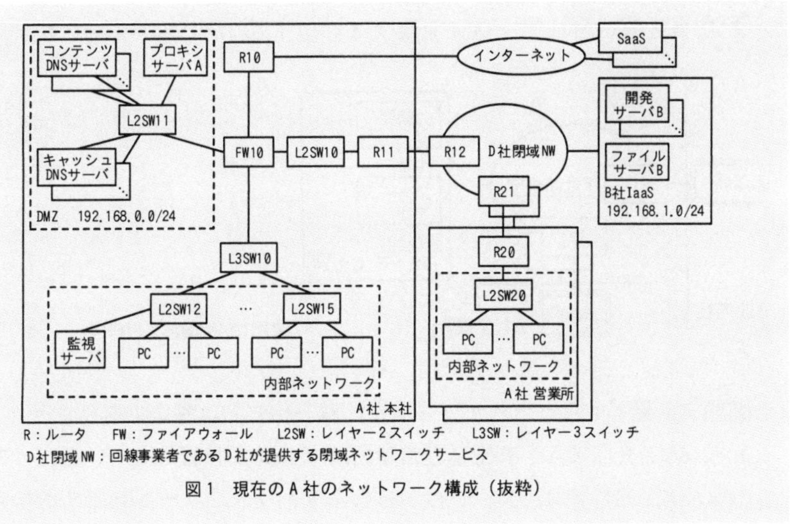

図1　現在のA社のネットワーク構成（抜粋）

毎回お伝えしていますが，ネットワーク構成図はファイアウォールを中心に確認しましょう。図1では，FW10によって，インターネット，DMZ，内部ネットワーク，D社閉域NWの四つのネットワークに分離しています。

A社本社とA社営業所との通信も，FW10を経由するんですね。

はい，どちらも内部のセグメントなので，FWで分離するのはめずらしい構成といえます。とはいえ，ネットワークの現場においては，営業部と開発部の間でFWを設置するなど，LAN内でFWを置く事例はあります。

図1の概要を次に示す。

- A社は本社と2か所の営業所で構成されている。
- D社閉域NWを利用して，本社と2か所の営業所を接続している。R11及R20といったA社とD社閉域NWとを接続するルータは，D社からネットワークサービスとして提供されている。
- D社閉域NWとB社IaaSは相互接続しており，A社はD社閉域NW経由でB社IaaSを利用している。

まず，A社のWANについての記載です。以下，図1のWAN部分の抜粋です。

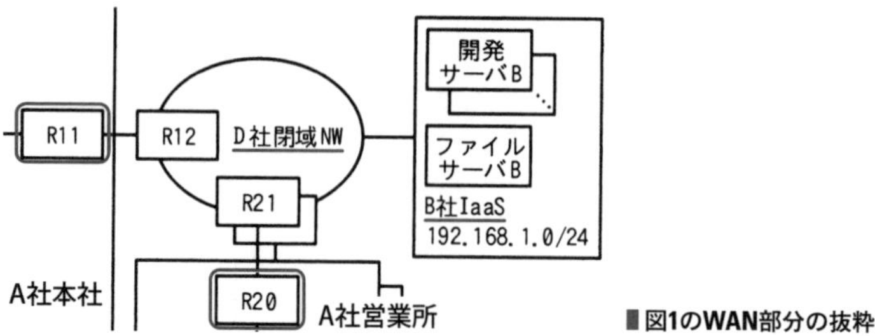

■図1のWAN部分の抜粋

問題文を見てもらうとわかりますが，難しいことは書いてありません。D社閉域NWを介してA社本社，A社営業所，B社IaaSが接続されているだけです。

ちなみに，R11やR20は，D社からのネットワークサービスです。なので，機器をA社が購入したわけではなく，D社の資産で，レンタルされていることでしょう。加えて，A社がR11やR20の設定を自由に実施することはできません。D社に依頼して，実施してもらうことになります。

問題文の「相互接続」とは，異なる会社のサービス同士を接続することです。もし相互接続がない場合には，D社閉域NWとB社IaaSを接続する回線や機器をA社が準備しなければいけません。

- A社ネットワークでは静的経路制御を利用している。

現在のネットワーク構成（図1）は，冗長化していません。よって，経路制御は，静的経路制御（スタティックルーティング）だけで十分でした。

このあと，ネットワークを冗長構成に変更します。自動で経路を切り替えたりしたいので，動的経路制御としてBGPを導入します。

- B社からは，Webブラウザを利用した画面操作によって，IaaS上に仮想ネットワーク，仮想サーバを簡単に構築できる管理コンソールが提供されている。
- A社のシステム部は，受託した開発業務ごとに開発サーバBを構築し，A社の担当部門に引き渡している。開発サーバBの運用管理は担当部門で実施する。

- システム部は，共用のファイルサーバを構築し，A社の全部門に提供している。

続いて，B社IaaSに関する内容です。

A社の本社や営業所にあるPCから，B社IaaSの開発サーバやファイルサーバを利用します。

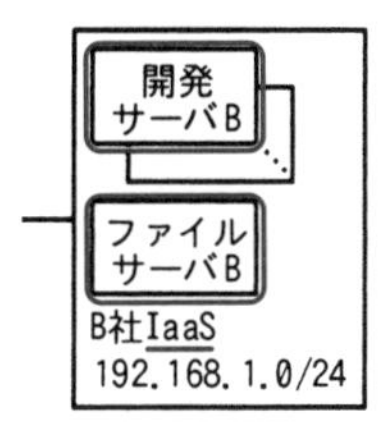

■B社IaaS

- A社の全部門で利用する電子メールやチャット，スケジューラーなどのオフィスアプリケーションソフトウェアはインターネット上のSaaSを利用している。これらのSaaSはHTTPS通信を用いている。

ここからはSaaSに関する内容です。以下は図1の抜粋です。

■SaaS

先ほどのIaaS（Infrastructure as a Service）は，OSなどのInfrastructure（基盤）を提供するサービスでした。SaaS（Software as a Service）は，Software（ソフトウェア）を提供します。具体例は，ここに記載があるオフィスアプリケーションソフトとして，マイクロソフトのOffice365やGoogle Workspaceなどがあります。

- A社の一部の部門では，担当する業務に応じてインターネット上のSaaSを独自に契約し，利用している。これらのSaaSでは送信元IPアドレスによってアクセス制限をしているものもある。これらのSaaSもHTTPS通信を用いている。

営業部門であればSalesforce，開発部門であればSlackなどと，独自にSaaSを使っていることがあるでしょう。A社も一部の部門でSaaSを利用し，また，送信元IPアドレスによるアクセス制限しているとのことです。不正アクセスを防ぐためには大事な設定といえます。この点は，設問3（2）に関連します。

アクセス制限の設定は，SaaS会社に依頼するんですか？

多くの場合，SaaSサービスの管理画面にて，A社が自ら設定します。

- プロキシサーバAは，従業員が利用するPCやサーバからインターネット向けのHTTP通信，HTTPS通信をそれぞれ中継する。従業員はプロキシサーバとしてproxy.a-sha.co.jpをPCのWebブラウザやサーバに指定している。

ここからは，A社からのインターネット通信に関する内容です。

PCのWebブラウザ設定画面で，プロキシサーバとして「proxy.a-sha.co.jp」のFQDNを登録します。もちろん，FQDNではなく，IPアドレスで登録も可能です。ただし，プロキシサーバのIPアドレスを変更する場合に，すべてのPCで設定を変更しなければいけません。

参考までに，以下はPC（Windows11）にプロキシサーバを指定する設定画面です。

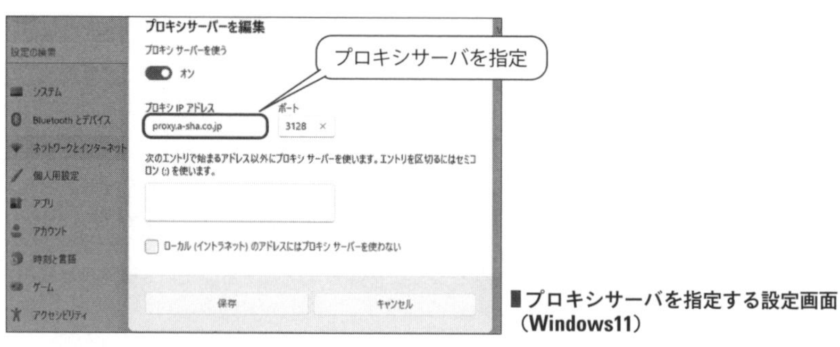

■プロキシサーバを指定する設定画面（Windows11）

- A社は，本社設置のR10を経由してインターネットに接続している。FW10にはグローバルIPアドレスを付与しており，FW10を経由するインターネット宛ての通信はNAPT機能によってIPアドレスとポート番号の変換が行われる。

以下，PCからインターネットへの経路を記載します。

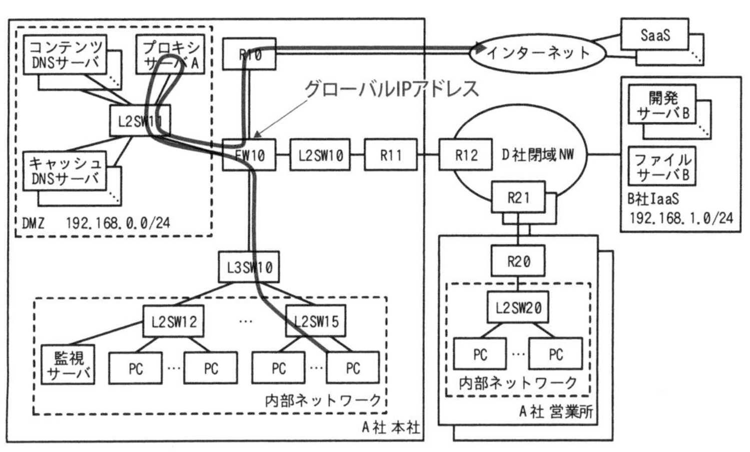

■ **PCからインターネットへの経路**

PCがインターネットへアクセスするとき，FW10でNAPTされます。

さて，ここで問題です。

Q. 空欄に当てはまる文字を即答せよ。

インターネット宛ての通信におけるNAPTによるアドレス変換は，送信元IPアドレスとして，［ ア ］のIPアドレスが，［ イ ］のIPアドレスに変換される。

空欄ア：

空欄イ：

解答がすぐ見えないように，少しだけ余談です。多くのFWはルーティング機能などのルータの機能を持っているので，この構成であれば，R10はなくてもいいと思います。

さて，正解ですが，迷うところは，送信元のIPアドレスくらいでしょう。送信元IPアドレスはPCではありません。プロキシサーバAで通信が終端されるからです。送信元IPアドレスはプロキシサーバAです。

空欄ア：**プロキシサーバA**
空欄イ：**FW10のR10側**（内容があっていれば表現は違っても可）

- キャッシュDNSサーバは，PCやサーバからの問合せを受け，ほかのDNSサーバへ問い合わせた結果を応答する。キャッシュDNSサーバは複数台設置されている。
- コンテンツDNSサーバは，PCやサーバのホスト名などを管理し，PCやサーバなどに関する情報を応答する。コンテンツDNSサーバは複数台設置されている。

ここは，DNSに関する記述です。

DNSに関する内容は目新しいものはなく，この試験で問われる内容はおおむね決まっています。得意分野にしておき，このあたりの記述はスラスラ読めるようにしておきましょう。

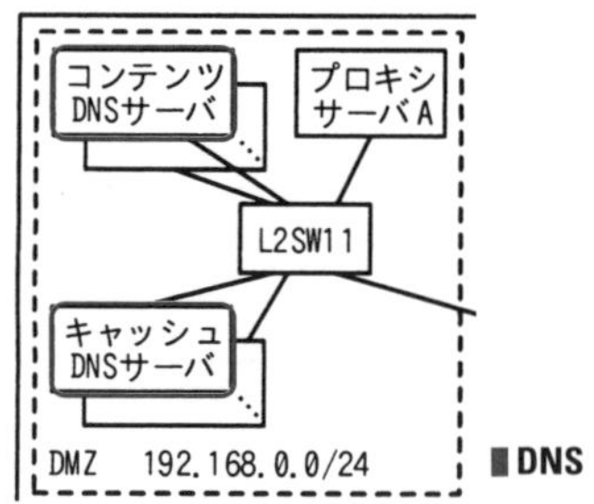

■DNS

コンテンツDNSサーバには，プロキシサーバに関する情報が設定されています。具体的な設定内容は，あとの表2で示されます。

- 監視サーバは，ICMPを利用する死活監視（以下，ping監視という）を用いてDMZやIaaSにあるサーバの監視を行っている。監視サーバで検知された異常はシステム部の担当者に通知され，復旧作業などの必要な対応が行われる。

監視サーバでは, ping監視を行います。この点は, 設問1（2）に関連します。

システム部では，ネットワーク環境の可用性向上の要件を次のとおりまとめた。

- 新規にC社のIaaSを契約し，B社IaaSと併せたマルチクラウド環境にし，D社閉域NW経由で利用する。
- A社本社とD社閉域NWとの接続回線を追加し，マルチホーム接続とする。
- インターネット接続を本社経由からD社閉域NW経由に切り替える。

可用性向上後のA社のネットワーク構成を図2に示す。

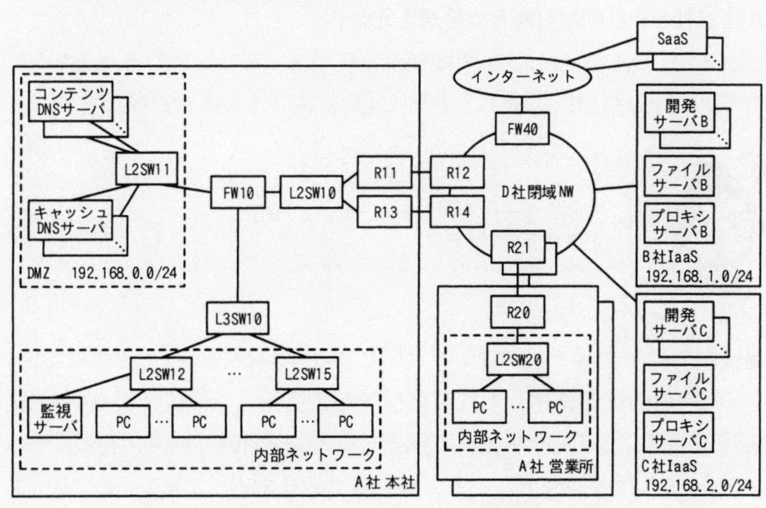

図2　可用性向上後のA社のネットワーク構成（抜粋）

どこが変化したのか，図1と図2を比べてみましょう。

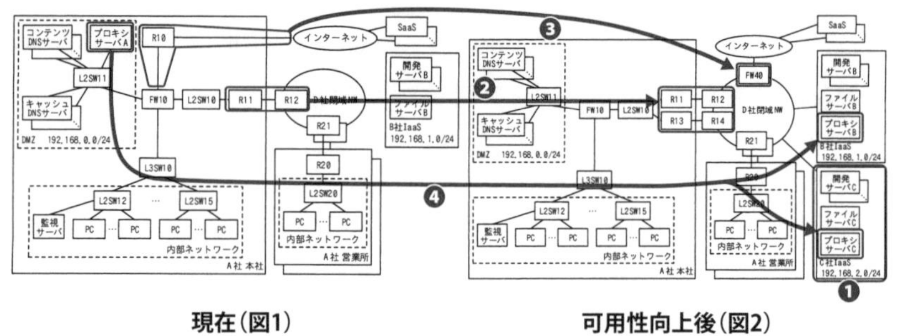

現在（図1）　　　　**可用性向上後（図2）**

■現在と可用性向上後のネットワーク構成の比較

❶新規にC社IaaSを契約

B社IaaSの大規模障害により，A社は多大な影響を受けました。そこで，可用性向上のためにマルチクラウド環境にします。具体的には，C社IaaS上にも開発環境やファイルサーバを構築します。

❷A社本社とD社閉域NWとの接続を冗長化

これまで，A社本社とD社閉域NWの接続は1本でした。それを2本にしてマルチホーム接続にします。それに伴い，R13とR14を追加します。

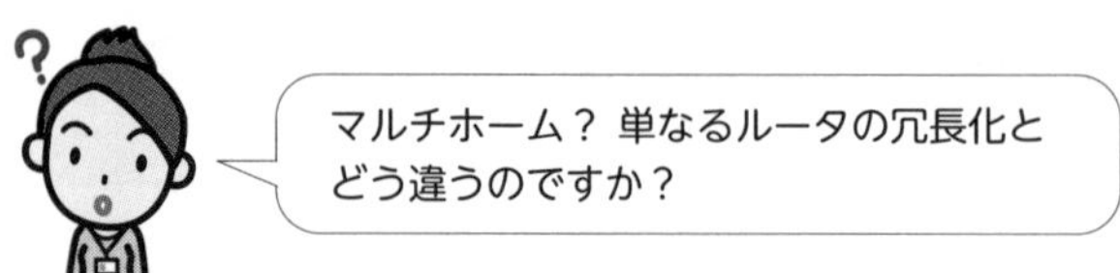

マルチホーム？ 単なるルータの冗長化とどう違うのですか？

過去問では，マルチホーミングに関して「インターネット接続において，複数のISPの回線を使用した冗長化構成を表す用語（H31年度春期AP試験午前問32）」,「二つのISPサービス（ISP1, ISP2）を同時に利用するマルチホーミング（H28年度 午後Ⅱ問1）」という記載があります。つまり，インターネット接続を冗長化することをマルチホーミングといいます。説明すると長くなるのですが，インターネット回線の冗長化は，単にルータにVRRPを設定すればおしまいではありません。負荷分散装置を使ったり，DNSラウンドロビンで設定したり，今回のようにBGPを使うなど，少し工夫が必要です。

❸インターネット接続をD社閉域NW経由に変更

D社閉域NWにFW40を追加し，ここからインターネット接続します。理由は書かれていませんが，D社閉域網のインターネット接続が，信頼性の高いものになっているからだと想定されます。それと，設問3(2)のためでしょう。

❹プロキシサーバをIaaSに移動

A社本社のDMZに設置されていたプロキシサーバAを，B社IaaS上にプロキシサーバBとして構築します。それに伴い，プロキシサーバAを廃止します。マルチクラウド環境なので，C社IaaSにもプロキシサーバCを構築します。そうしないと，B社IaaSがダウンした場合に，A社からインターネット接続ができなくなります。

〔B社とC社のIaaS利用〕

C社からも，B社と同様に管理コンソールが提供されている。B社IaaSに構築された仮想ネットワーク，仮想サーバとC社IaaSに構築された仮想ネットワーク，仮想サーバはD社閉域NWを経由して相互に通信できる。

Eさんは，B社とC社のIaaS利用方針を次のとおり策定した。

- C社IaaSにファイルサーバCを新たに構築し，ファイルサーバBと常に同期をとるように設定する。A社従業員はファイルサーバB又はファイルサーバCを利用する。
- B社IaaSにプロキシサーバBを，C社IaaSにプロキシサーバCを新たに構築し，プロキシサーバAから切り替える。
- B社IaaSを利用して開発サーバBを，C社IaaSを利用して開発サーバCを構築し，A社の担当部門に引き渡す。

難しいことは書いてありません。B社IaaSと同じ環境が，C社IaaSでも提供できるくらいに考えればいいでしょう。

さて，ここからの問題文は，大きく三つのセクションに分かれています。それぞれのセクションは，次表のように設問に対応しているので，セクションごとに問題を解いていくとよいでしょう。

■ 問題文のセクションと設問の対応

問題文のセクション	設問	テーマ
〔プロキシサーバの利用方法の検討〕	設問1	DNS，プロキシサーバ
〔マルチホーム接続〕	設問2	BGP
〔インターネット接続の切替え〕	設問3	切替えの工夫

〔プロキシサーバの利用方法の検討〕

Eさんは，IaaSに構築するプロキシサーバBとプロキシサーバCの利用方法を検討した。プロキシサーバの利用方法の案を表1に示す。

表1　プロキシサーバの利用方法の案

案	概要
案1	平常時はプロキシサーバBを利用し，プロキシサーバBに障害が発生した際にはプロキシサーバCを利用するように切り替える。
案2	平常時からプロキシサーバB及びプロキシサーバCを利用し，片方に障害が発生した際には正常稼働しているもう片方を利用するように切り替える。

2台のプロキシサーバの利用方法についてです。案1はActive-Standby，案2がActive-Activeの構成です。

Eさんは，従業員が利用するプロキシサーバを，DNSの機能を利用して制御することを考えた。プロキシサーバに障害が発生した際には，DNSの機能を利用して切り替える。

「DNSの機能を利用して制御」とありますが，ラウンドロビンで振り分けるということですか？

いえ，違います。少しわかりづらいのですが，「DNSの機能」とは，FQDNとIPアドレスを対応づけるという基本的な機能のことです。ラウンドロビンでは，サーバの生死確認をする機能がないので，障害が発生したサーバにも振り分けてしまいます。つまり，障害が発生した際に，サーバを切り替えることはできません。切替え方法は，DNSサーバでの**手作業**が必要です。

プロキシサーバに関するDNSゾーンファイルの記述内容を表2に示す。

表2　プロキシサーバに関するDNSゾーンファイルの記述内容

	DNSゾーンファイルの記述内容
現在の設定	proxy.a-sha.co.jp.　IN A　192.168.0.145　; 従業員が指定するホスト proxya.a-sha.co.jp.　IN A　192.168.0.145　; プロキシサーバAのホスト
案1の初期設定	proxy.a-sha.co.jp.　IN A　192.168.1.145　; 従業員が指定するホスト proxya.a-sha.co.jp.　IN A　192.168.0.145　; プロキシサーバAのホスト proxyb.a-sha.co.jp.　IN A　192.168.1.145　; プロキシサーバBのホスト proxyc.a-sha.co.jp.　IN A　192.168.2.145　; プロキシサーバCのホスト
案2の初期設定	proxy.a-sha.co.jp.　IN A　192.168.1.145　; 従業員が指定するホスト proxy.a-sha.co.jp.　IN A　192.168.2.145　; 従業員が指定するホスト proxya.a-sha.co.jp.　IN A　192.168.0.145　; プロキシサーバAのホスト proxyb.a-sha.co.jp.　IN A　192.168.1.145　; プロキシサーバBのホスト proxyc.a-sha.co.jp.　IN A　192.168.2.145　; プロキシサーバCのホスト

注記　切替え期間中の設定を含む。

まず，この情報から，三つのプロキシサーバのIPアドレスが，以下であることがわかります。

■三つのプロキシサーバのIPアドレス

プロキシサーバ	ホスト名	IPアドレス
プロキシサーバA	proxya	192.168.0.145
プロキシサーバB	proxyb	192.168.1.145
プロキシサーバC	proxyc	192.168.2.145

では，内容を順番に確認しましょう。

現在の設定からです。

	DNSゾーンファイルの記述内容
現在の設定	proxy.a-sha.co.jp.　IN A　192.168.0.145　; 従業員が指定するホスト proxya.a-sha.co.jp.　IN A　192.168.0.145　; プロキシサーバAのホスト

以降の解説は，ホスト名＋ドメインのFQDN（たとえばproxy.a-sha.co.jp）ではなく，ホスト名での表記（たとえばproxy）も使います。

192.168.0.145はプロキシサーバAですよね？
なぜproxyとproxyaの二つがあるのですか？

利用者目線でいうと，proxyaをDNSサーバに設定する必要はありません。つまり，無駄な設定です。問題文に「従業員はプロキシサーバとしてproxy.a-sha.co.jpをPCのWebブラウザやサーバに指定」とあるように，従業員がPCに設定するのはproxyだけです。同様に，proxybやproxycをDNSサーバに設定する必要はありません。では，使わないのになぜ設定しているかというと，このあとに理由が記載されています。プロキシサーバA～Cに対して，IPアドレスではなくFQDNで監視をするからです。

監視を考えずに，従業員がプロキシサーバを利用する観点のみで考えると，表2の必要な部分は以下になります。

	DNSゾーンファイルの記述内容
現在の設定	proxy.a-sha.co.jp.　IN A　192.168.0.145　; 従業員が指定するホスト
案1の初期設定	proxy.a-sha.co.jp.　IN A　192.168.1.145　; 従業員が指定するホスト
案2の初期設定	proxy.a-sha.co.jp.　IN A　192.168.1.145　; 従業員が指定するホスト proxy.a-sha.co.jp.　IN A　192.168.2.145　; 従業員が指定するホスト

案1の初期設定

proxyのIPアドレスとして，192.168.1.145（プロキシサーバB）が記述されています。したがって，PCは通常，プロキシサーバBを利用します。もしプロキシサーバBに障害が発生すると，管理者がDNSゾーンファイルの内容を編集します。具体的には，proxyのIPアドレスをプロキシサーバCのIPアドレス（192.168.2.145）に変更します。

案2の初期設定

負荷分散のためにproxyのFQDNに対して二つのIPアドレス（192.168.1.145と192.168.2.145）を付与します。これにより，プロキシサーバを負荷分散できます。設問2（1）では，この設定方法の名称が問われます。

ここからは余談です。先にも述べましたが，案2の方法を用いても，障害が発生したプロキシサーバに通信を振り分けてしまいます。DNSサーバには，振分け先のサーバの状況を確認する機能がないからです。なので，プロキシサーバに障害が発生した場合には，DNSのゾーンファイルにおいて，障害が発生したサーバのAレコードを削除する必要があります。

Eさんは，プロキシサーバの監視運用について検討した。監視サーバで利用できる①ping監視では不十分だと考え，新たにTCP監視機能を追加し，プロキシサーバのアプリケーションプロセスが動作するポート番号にTCP接続可能か監視することにした。

監視運用に関する記述です。下線①について，ping監視では不十分な理由が，設問1（2）で問われます。

また，監視対象として，従業員がプロキシサーバとして指定するホストに加えて，プロキシサーバA，プロキシサーバB，プロキシサーバCのホストを設定することにした。

「従業員がプロキシサーバとして指定するホスト」は，「proxy.a-sha.co.jp」です。それに加え，「proxya.a-sha.co.jp」「proxyb.a-sha.co.jp」「proxyc.a-sha.co.jp」のホストを設定します。

ホストを設定せずに，IPアドレスでも監視できますよね？

たしかに，監視の設定だけであれば，IPアドレスで指定してもいいでしょう。このあたりは考え方次第ですが，ホストを設定することが多いと思います。余談ですが，これらのホスト名をDNSに登録することで表2が複雑になり，設問1（1）と（3）が若干難しくなったと思います。

次に，監視サーバでプロキシサーバBの異常を検知した際に，従業員がプロキシサーバの利用を再開できるようにするための復旧方法として，②DNSゾーンファイルの変更内容を案1，案2それぞれについて検討した。また，③平常時からproxy.a-sha.co.jpに関するリソースレコードのTTLの値を小さくすることにした。

これらの検討の結果，プロキシサーバの負荷分散ができること，及びプロキシサーバの有効活用ができることから案2の方が優れていると考え，

Eさんは案2を採用することにした。

下線②について，設問1（3）では案1の変更内容が問われます。また，下線③では，TTLの値を小さくする目的が問われます。

さらに，Eさんは，自動でプロキシサーバを切り替えるために④DNSとは異なる方法で従業員が利用するプロキシサーバを切り替える方法も検討した。プロキシサーバを利用する側の環境に依存することから，DNSゾーンファイルの書換えによる切替えと併用することにした。

DNSのゾーンファイルの書換えによってプロキシサーバを切り替える方式では，手動による設定変更が必要なので復旧までに時間がかかります。そこで，OSやブラウザの機能を用い，自動的に切り替える方法を検討しました。下線④について，切り替える方法とその制限事項が設問1（5）で問われます。

〔マルチホーム接続〕

次に，EさんはD社閉域NWとのマルチホーム接続について検討した。A社本社に増設するルータ及び回線はD社からネットワークサービスとして提供される。マルチホーム接続の設計についてD社担当者から説明を受けた。

今回，マルチホーム接続として，D社閉域NWと回線を冗長化します。類似問題はR3年度 午後Ⅱ問2にあり，このときもBGPを使った経路制御が問われました。この過去問をしっかり学習した人は，有利だったでしょう。

また，BGPに関しては，冒頭の基礎知識に整理したので（p.52），先に読んでいただくことをお勧めします。

D社担当者から説明を受けたマルチホーム接続構成を図3に示す。

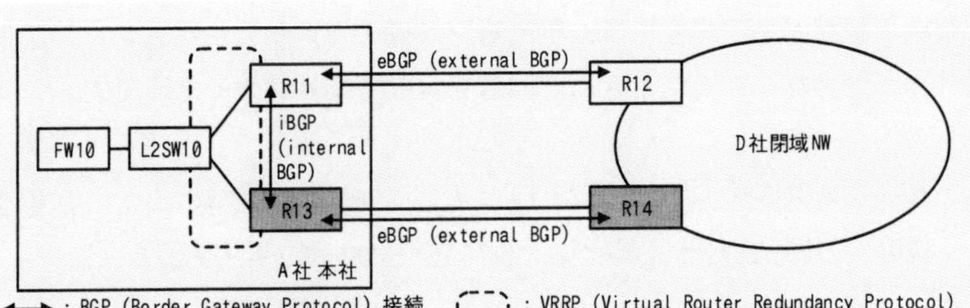

⟷ : BGP (Border Gateway Protocol) 接続　　: VRRP (Virtual Router Redundancy Protocol)

注記　網掛け部分は，追加する機器を示す。

図3　D社担当者から説明を受けたマルチホーム接続構成（抜粋）

図3の概要は次のとおりである。

- 本社とD社閉域NWとの間で，新たにR13と専用線がD社からネットワークサービスとして提供される。R11とR13とを併せてマルチホーム接続とする。

接続構成は非常に重要なので，丁寧に見ていきましょう。

まず，機器としてはA社本社にR13を設置します。そして，専用線でD社閉域NWと接続します。これにより，D社閉域NWとの経路が二重化されました。

- 増設する専用線の契約帯域幅は既設の専用線と同じにし，平常時は既設の専用線を利用し，障害発生時には増設する専用線を利用する。

専用線は片方しか使えないのですか？

はい。BGPでは，最適経路が複数あっても一つしか使わないのが標準の仕様です。なお，複数経路を同時利用する技術として，R3年度午後Ⅱ問2で問われたBGPマルチパスがあります。

- 既存のR11とR12は，静的経路制御からBGPによる動的経路制御に変更する。

複数の経路がある場合には，動的経路制御の導入が欠かせません。正常時の経路が使えなくなったときに，回線を自動で切り替えるためです。

- R11とR12との間，R13とR14との間はeBGPで接続する。⑤R11とR13との間はiBGPで接続し，あわせてnext-hop-self設定を行う。

R11とR12は異なるAS間（A社とD社）なので，eBGPを使います。また，R11とR13は，同一のAS内（A社本社の内部）で使うので，iBGPを使います。

下線⑤は，設問2（2）で解説します。

- R11とR13との間ではVRRPを利用する。FW10はVRRPで定義する仮想IPアドレスをネクストホップとして静的経路設定を行う。

皆さん，VRRPは得意ですか？ この試験では頻出なので，VRRPアドバタイズメントなどのキーワードに加え，基本的な設計もスラスラと書けるようにしておきましょう。

さて，今回のVRRPですが，設定するのはR11とR13のL2SW10側のインタフェースだけです。R11とR13のD社閉域NW側のインタフェースでは，BGPによって冗長化するので，VRRPの設定は不要です。

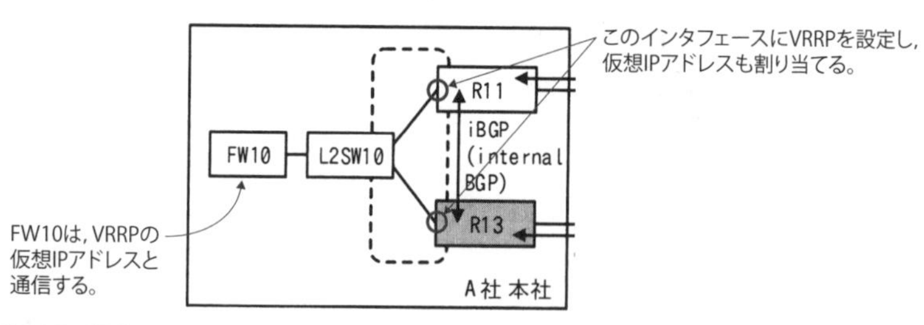
このインタフェースにVRRPを設定し，
仮想IPアドレスも割り当てる。
R11
iBGP
(internal
BGP)
R13
FW10
L2SW10
FW10は，VRRPの
仮想IPアドレスと
通信する。
A社 本社

■ **VRRPの設定**

R11とR13のL2SW10側は，iBGPで経路交換をしていますよね？ それでもVRRPの設定が必要なのですか？

FW10も，iBGPで経路交換をしていれば，VRRPの設定は不要です。今回，FW10はiBGPを動かしておらず，スタティックルート（静的経路）しか記載できません。なので，VRRPのIPアドレスに対して，スタティックルートを書くしかないのです。

D社担当者からの説明を受けたEさんは，BGPについて調査した。

RFC4271で規定されているBGPは，［ a ］間の経路交換のために作られたプロトコルで，TCPポート179番を利用して接続し，経路交換を行う。経路交換を行う隣接のルータを［ b ］と呼ぶ。BGPで交換されるメッセージは4タイプあり，表3に示す。

表3　BGPで交換されるメッセージ

タイプ	名称	説明
1	OPEN	BGP接続開始時に交換する。 自AS番号，BGPID，バージョンなどの情報を含む。
2	［ c ］	経路情報の交換に利用する。 経路の追加や削除が発生した場合に送信される。
3	NOTIFICATION	エラーを検出した場合に送信される。
4	［ d ］	BGP接続の確立やBGP接続の維持のために交換する。

経路制御は，［ c ］メッセージに含まれるBGPパスアトリビュートの一つであるLOCAL_PREFを利用して行うとの説明をD社担当者から受けた。LOCAL_PREFは，iBGPピアに対して通知する，外部のASに存在する宛先ネットワークアドレスの優先度を定義する。BGPでは，ピアリングで受信した経路情報をBGPテーブルとして構成し，最適経路選択アルゴリズムによって経路情報を一つだけ選択し，ルータの［ e ］に反映する。LOCAL_PREFの場合では，最も［ f ］値をもつ経路情報が選択される。

BGPに関する一般的な説明です。空欄は，設問2（1）で解説します。

また，Eさんは，D社担当者から静的経路制御からBGPによる動的経路制御に構成変更する手順の説明を受けた。この時，⑥BGPの導入を行った後にVRRPの導入を行う必要があるとの説明だった。

下線⑥について，VRRPよりも先にBGPを導入する理由が，設問2（4）で問われます。

Eさんが説明を受けた手順を表4に示す。

表4　Eさんが説明を受けた手順

項番	作業内容
1	R13 及び R14 を増設する。
2	R13 と増設する専用線とを接続する。 R14 と増設する専用線とを接続する。 R13 と L2SW10 とを接続する。
3	R13 及び R14 のインタフェースに IP アドレスを設定する。
4	⑦増設した機器や回線に故障がないことを確認するために ping コマンドで試験を行う。
5	R11～R14 に BGP の設定を追加する。ただし，この時点では BGP 接続は確立しない。
6	全ての BGP 接続を確立させ，送受信する経路情報が正しいことを確認する。
7	⑧ R11 及び R12 の不要になる静的経路制御の経路情報を削除する。
8	R11 と R13 との間の VRRP で利用する新しい仮想 IP アドレスを割り当て，VRRP を構成する。
9	FW10 において VRRP で利用する仮想 IP アドレスをネクストホップとする静的経路制御の経路情報を設定する。
10	FW10 で不要になる静的経路制御の経路情報を削除する。

この手順ですが，それほど難しいことは書いてありません。

ちなみに，項番9と10ですが，B社IaaS宛ての経路を考えると，以下のような設定になるでしょう。

項番9：以下を追加

経路制御方法	宛先ネットワーク	ネクストホップ	説明
静的経路制御	192.168.1.0/24	R11とR13のVRRP	B社IaaS宛ての経路

項番10：以下を削除

経路制御方法	宛先ネットワーク	ネクストホップ	説明
静的経路制御	192.168.1.0/24	R11	B社IaaS宛ての経路

下線⑦は設問2（5）で，下線⑧は設問2（6）で解説します。

Eさんは，設計どおりにマルチホームによる可用性向上が実現できたかどうかを確認するための障害試験を行うことにし，⑨想定する障害の発生箇所と内容を障害一覧としてまとめた。

冗長化したネットワークを構築した際には，障害試験が必須です。機器の電源を落とす，回線を切断するなどして擬似的に障害を発生させても通信が継続できることを確認します。下線⑨に関して，想定する障害発生箇所が設問2（7）で問われます。

〔インターネット接続の切替え〕

次に，Eさんはインターネット接続を本社経由からD社閉域NW経由へ切り替えることについて検討した。

インターネット接続の切替え期間中の構成を図4に示す。

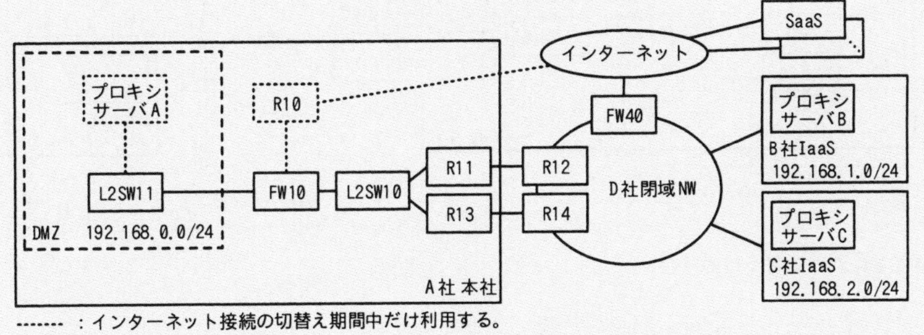

図4　インターネット接続の切替え期間中の構成（抜粋）

切替え期間中の構成である図4ですが，点線部分に着目してください。プロキシサーバAと，R10からのインターネットがなくなり，FW40経由での接続になります。ただ，いきなり撤去してしまうと一部の業務に影響が出てしまいます。移行期間中にプロキシサーバAとR10（経由のインターネットアクセス）を残しておくことで，この影響を避けることができます。この点について，設問6（2）と設問6（4）で問われます。

FW40を使ってインターネット接続する。FW40はD社からネットワークサービスとして提供される。FW40には新たにグローバルIPアドレスが割り当てられる。FW40を経由するインターネット宛ての通信はNAPT機能によってIPアドレスとポート番号の変換が行われる。A社とインターネットとの通信をR10経由からFW40経由になるようにインターネット接続を切り替える。

特に難しい内容ではありません。下図のように，インターネット宛ての通信の出口が変わるということです。切替えによってFW40を経由するようになると，SaaSにアクセスする際の送信元IPアドレスがFW40のIPアドレスに変わります。FW40では新たなグローバルIPアドレスが割り当てられるからです。この点は，設問3（2）と設問3（4）のヒントです。

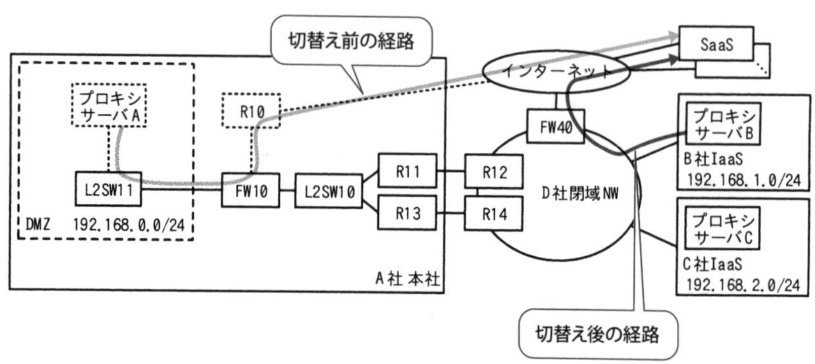

■切替え前と切替え後の経路

Eさんは，設定変更の作業影響による通信断時間を極力短くするために，⑩FW10の設定変更はD社閉域NWの設定変更とタイミングを合わせて実施する必要があると考えた。

D社閉域NWの設定変更って何ですか？

直前に記載された「A社とインターネットとの通信をR10経由からFW40経由になるようにインターネット接続を切り替える」ことです。

さて，次の問題を考えてください。

Q. インターネット接続の切替え前の以下の図における，FW10とR11のルーティングテーブルを記載せよ。項目も自分で考えること。色矢印は，参考として各種通信のアクセス経路を二つだけ記した。

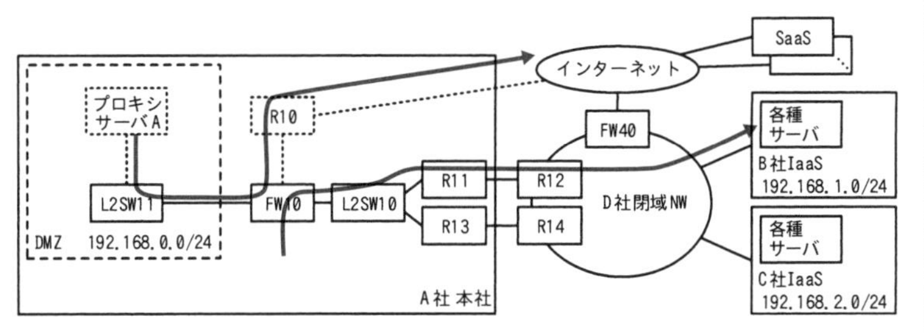

■インターネット接続の切替え前の経路

A. 経路情報は以下のとおりです。

FW10の経路情報

デフォルトルートは，ネクストホップがR10に向かう経路です。また，B社やC社宛てには，別の静的経路情報を持ちます。

経路制御方法	宛先ネットワーク	ネクストホップ	説明
静的経路制御	0.0.0.0/0	R10	デフォルトルート
静的経路制御	192.168.1.0/24	R11とR13のVRRP	B社IaaS宛ての経路
静的経路制御	192.168.2.0/24	R11とR13のVRRP	C社IaaS宛ての経路

R11の経路情報

デフォルトルートは，FW10のIPアドレスです。それ以外に，静的経路と，BGPで取得した経路を持ちます。

経路制御方法	宛先ネットワーク	ネクストホップ	説明
静的経路制御	0.0.0.0/0	FW10	デフォルトルート
静的経路制御	192.168.0.0/24	FW10	DMZ宛ての経路
BGP	192.168.1.0/24	R12	B社IaaS宛ての経路
BGP	192.168.2.0/24	R12	C社IaaS宛ての経路

下線⑩は，設問3（1）で解説します。

Eさんは，⑪インターネット接続の切替えを行うと一部の部門で業務に影響があると考えた。

下線⑪について，業務に影響が発生する理由が設問3（2）で問われます。

対策として，全てのインターネット宛ての通信はFW40経由へと切り替えるが，⑫一定期間，プロキシサーバAからのインターネット宛ての通信だけは既存のR10経由になるようにする。

⑪の業務影響があるので，しばらくは既存のR10経由の通信にします。
下線⑫について，具体的な設定内容が設問3（3）で問われます。

あわせて，Eさんは，業務に影響がある一部の部門には切替え期間中はプロキシサーバAが利用可能なことを案内するとともに，⑬恒久対応として設定変更の依頼を事前に行うことにした。
Eさんは，プロキシサーバAのログを定期的に調査し，利用がなくなったことを確認した後に，プロキシサーバAを廃止することにした。

Eさんが検討した可用性向上の検討案は承認され，システム部では可用性向上プロジェクトを開始した。

プロキシサーバAを使うのは暫定対策です。最終的にはFW10から直接インターネットにアクセスする経路はなくなります。そのため，恒久対策として，SaaSの設定変更が必要です。
下線⑬について，設定変更の依頼内容が設問3（4）で問われます。

問題文の解説は以上です。お疲れさまでした。

設問の解説

設問 1

〔プロキシサーバの利用方法の検討〕について答えよ。

(1) 表2中の案2の初期設定について，負荷分散を目的として一つのドメイン名に対して複数のIPアドレスを割り当てる方式名を答えよ。

DNSの基本用語を問うサービス問題でした。設問の指示どおり，表2の案2を見ましょう。

	DNS ゾーンファイルの記述内容
案2の初期設定	proxy.a-sha.co.jp. IN A 192.168.1.145 ; 従業員が指定するホスト proxy.a-sha.co.jp. IN A 192.168.2.145 ; 従業員が指定するホスト proxya.a-sha.co.jp. IN A 192.168.0.145 ; プロキシサーバAのホスト proxyb.a-sha.co.jp. IN A 192.168.1.145 ; プロキシサーバBのホスト proxyc.a-sha.co.jp. IN A 192.168.2.145 ; プロキシサーバCのホスト

上の2行が，設問の「一つのドメイン名に対して複数のIPアドレスを割り当てる」ことに該当します。※DNSのAレコードではFQDNを設定するので，「一つのドメイン名」ではなく「一つのFQDN」と読み替えてください。

この2行を見ると，一つのFQDN（proxy.a-sha.co.jp）に対し，二つのIPアドレス（192.168.1.145と192.168.2.145）を割り当てています。こうすると，DNSサーバは二つのIPアドレスを順番に回答します。この仕組みをDNSラウンドロビンといいます。プロキシサーバの負荷分散の仕組みとしても利用されます。

解答 DNSラウンドロビン

設問 1

(2) 本文中の下線①について，ping監視では不十分な理由を40字以内で答えよ。

問題文の該当部分は以下のとおりです。

> 監視サーバで利用できる①ping監視では不十分だと考え，新たにTCP監視機能を追加し，プロキシサーバのアプリケーションプロセスが動作するポート番号にTCP接続可能か監視することにした。

ping監視では，IPレベルでサーバと通信できるかを確認するだけです。よって，サーバは動作しているけどプロキシのアプリケーション（例：squid）が停止しているなどの状況を監視することができません。対策としては，問題文にあるように，「アプリケーションプロセスが動作するポート番号に」監視をします。具体的には，監視サーバから，アプリケーションプロセスが待ち受けしているTCPポート番号（たとえば3128）に対し，3ウェイハンドシェイクを試します。この応答があるかどうかで，アプリケーションプロセスが動作していることを確認します。

問題文の「アプリケーションプロセス」という言葉を使うと，解答例のようになります。

解答例 **プロキシサーバのアプリケーションプロセスが停止した場合に検知できないから**（36字）

答案の書き方ですが，設問では「理由」が問われたので，文末が「～から」で終わるように答えましょう。

設問1

> (3) 本文中の下線②について表2の案1の初期設定を対象に，ドメイン名proxy.a-sha.co.jpの書換え後のIPアドレスを答えよ。

問題文の該当部分は以下のとおりです。

> 次に，監視サーバでプロキシサーバBの異常を検知した際に，従業員がプロキシサーバの利用を再開できるようにするための復旧方法として，

② DNSゾーンファイルの変更内容を案1，案2それぞれについて検討した。

案1のDNSゾーンファイルの初期設定内容を確認します。

	DNSゾーンファイルの記述内容
案1の初期設定	proxy.a-sha.co.jp. IN A 192.168.1.145 ; 従業員が指定するホスト proxya.a-sha.co.jp. IN A 192.168.0.145 ; プロキシサーバAのホスト proxyb.a-sha.co.jp. IN A 192.168.1.145 ; プロキシサーバBのホスト proxyc.a-sha.co.jp. IN A 192.168.2.145 ; プロキシサーバCのホスト

ゾーンファイルには4行のレコードがありますが，従業員のプロキシサーバ利用に必要なのは先頭の「proxy.a-sha.co.jp」のみです。問題文にも，「従業員はプロキシサーバとしてproxy.a-sha.co.jpをPCのWebブラウザやサーバに指定」とありました。

案1を見ると，proxyには192.168.1.145を指定しているので，初期状態ではプロキシサーバBを指定しています。

プロキシサーバBに障害が発生した場合の対処方法として，表1ではプロキシサーバCを利用するとあります。そこで，DNSゾーンファイルを変更し，proxy.a-sha.co.jpをプロキシサーバCのIPアドレス（192.168.2.145）に書き換えます。

解答 192.168.2.145

設問1

（4）本文中の下線③について，TTLの値を小さくする目的を40字以内で答えよ。

問題文の該当部分は以下のとおりです。

③平常時からproxy.a-sha.co.jpに関するリソースレコードのTTLの値を小さくすることにした。

TTL（Time To Live）とは，直訳すると「生存時間」です。具体的には，キャッシュDNSサーバが，名前解決結果をキャッシュとして保持する時間です。このTTLを長くすると，コンテンツDNSへの問合せの回数を減らせるメリットがあります。その反面，コンテンツDNSサーバの変更が反映されるまでに時間を要するというデメリットもあります。

本問のように，DNSゾーンファイルの変更によってサーバを切り替える場合には，小さいTTLを設定することが鉄則です。

解答例	**キャッシュDNSサーバがキャッシュを保持する時間を短くするため**（31字）

「プロキシサーバBへの切替えを早くするため」ではダメですか？

正解にしたいところですが，不正解でしょう。これまでの「ネスペ」シリーズでも述べてきましたが，なるべく事実に近いところを答えるべきです。これらの解答は以下の因果関係があります。一番左が事実で，右に行くほど解答に幅がでます。一番右には，考えられる解答案をいくつか記載しました。

この試験の解答は基本的に一つです。事実に近いところが正解になる確率が高まります。結果的に，「この解答でいいの？」と思うような単純すぎる解答例が増えるのですが，この試験はそういう試験だと思ったほうがいいでしょう。

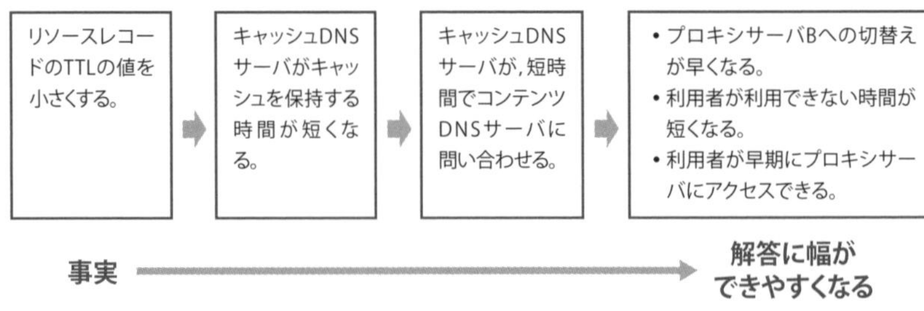

設問1

（5）本文中の下線④について，DNSとは異なる方法を20字以内で答えよ。また，その方法の制限事項を，プロキシサーバを利用する側の環境に着目して25字以内で答えよ。

プロキシ自動設定は，H18年度 午後Ⅰ問2や，H30年度 午後Ⅰ問1でも出題されました。ですが，採点講評では「正答率が低かった」とありました。

問題文の該当部分は以下のとおりです。

さらに，Eさんは，自動でプロキシサーバを切り替えるために<u>④DNSとは異なる方法で従業員が利用するプロキシサーバを切り替える方法も検討した</u>。プロキシサーバを利用する側の環境に依存することから，DNSゾーンファイルの書換えによる切替えと併用することにした。

● DNSとは異なる方法

ブラウザがプロキシサーバを自動的に設定する方法として，PAC（Proxy Auto-Configuration）があります。直訳すると「プロキシ自動設定」です。PACを使うと，複数のプロキシサーバでの柔軟な利用方法を設定できます。たとえば，複数のプロキシサーバを指定するだけでなく，接続先ごとにプロキシサーバを変更することなどが設定できます。

参考までに，以下はPC（Windows11）のプロキシ自動設定の設定画面です。設定項目の名前は「セットアップスクリプト」です。ここで，PACファイルの場所を指定します。

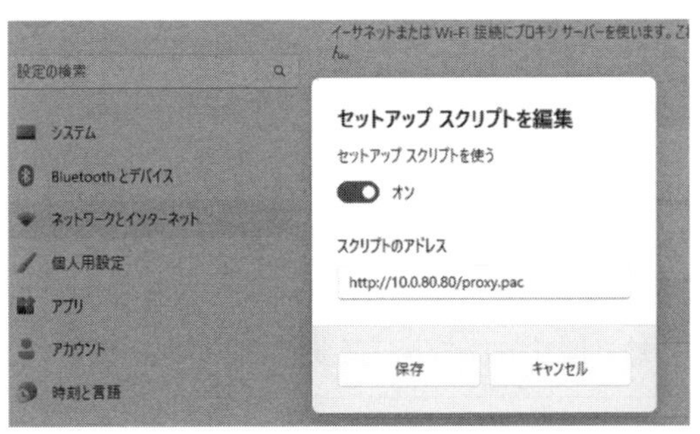

■プロキシ自動設定の設定画面（Windows11）

PACファイルはWebサーバ（上記の設定例だと10.0.80.80）に配置します。Webサーバに配置したproxy.pacの例を以下に示します。

■ **Webサーバに配置したproxy.pacの例**

```
1: function FindProxyForURL(url, host)
2:  {
3:         return "PROXY proxyb.a-sha.co.jp:3128; PROXY proxyc.a-sha.
co.jp:3128; ";
4:  }
```

この内容を解説します。1行目は「おまじない」と思って無視してください。3行目では，PROXYサーバとして，プロキシサーバB（proxyb）とプロキシサーバC（proxyc）の2台を記載しています。先頭に記載したほうが優先的に利用されるプロキシサーバです。そのサーバに通信ができなくなると，次の優先順位のプロキシサーバを利用します。これであれば，問題文に記載がある「自動でプロキシサーバを切り替える」ことができます。

解答例	**プロキシ自動設定機能を利用する。**（16字）

文字数が少ないですが,「PACを利用する」でも正解になったことでしょう。

● その方法の制限事項

続いて，PAC（プロキシ自動設定）機能の制限事項です。設問文に「プロキシサーバを利用する側の環境に着目して」とあります。利用する側とは，PACを設定するPCやサーバのことです。

この機能を利用できるかは，利用する側の環境に依存します。当たり前のことですが，PAC機能に対応するPCやサーバでしか利用できません。Windows10やWindows11のPCであれば，基本的にはブラウザに設定可能です。一方，CentOSやUbuntuなどのサーバOSの場合はどうでしょうか。GUIのブラウザがあれば，設定ができます。ですが，多くのLinuxのシステムでは，ブラウザを使うことはなく，OSレベルでHTTP通信をするでしょう。LinuxのOSには，プロキシを自動で振り分けたりする機能はありません。

解答例	制限事項：**対応するPCやサーバでしか利用できない。**（20字）

ただ，あまり納得性が高いとは言い難い設問でした。

設問2

〔マルチホーム接続〕について答えよ。

(1) 本文中及び表3中の［ a ］～［ f ］に入れる適切な字句を答えよ。

BGPに関するキーワードを答える知識問題です。

空欄a

RFC4271で規定されているBGPは，［ a ］間の経路交換のために作られたプロトコルで，TCPポート179番を利用して接続し，経路交換を行う。

BGPは，AS（自律システム）間の経路交換のためのプロトコルです。ASとは，特定のルーティングポリシで管理されたルータが集まったネットワークのことです。ざっくりと「AS＝各ISPや各企業」と考えてください。本問の場合，A社が一つのAS，D社が一つのASにあたります。

解答 AS

空欄b

経路交換を行う隣接のルータを［ b ］と呼ぶ。

BGPを処理するルータは，隣接ルータとTCPポート179番を利用してBGP接続を確立します。この接続を「ピアリング」といいます（単にピアという場合もあります）。また，ピアリングする対象（隣接ルータ）を「ピア」といいます。

解答 ピア

空欄c，d

表3　BGPで交換されるメッセージ

タイプ	名称	説明
1	OPEN	BGP接続開始時に交換する。 自AS番号，BGPID，バージョンなどの情報を含む。
2	c	経路情報の交換に利用する。 経路の追加や削除が発生した場合に送信される。
3	NOTIFICATION	エラーを検出した場合に送信される。
4	d	BGP接続の確立やBGP接続の維持のために交換する。

BGPでは，ピアとの間でメッセージ交換を行います。メッセージは全部で5種類あります。

空欄cの，経路の追加や削除が発生した場合に送信されるメッセージはUPDATEです。ルータは経路情報の変更を検知すると，UPDATEメッセージをピアに送信して経路情報の変更を通知します。

空欄dの，ピアとのBGP接続を維持するためのメッセージはKEEPALIVEです。活動している（Alive）ことを維持する（Keep）ために，定期的に送受信します。

解答例　空欄c：UPDATE　　空欄d：KEEPALIVE

空欄e

BGPでは，ピアリングで受信した経路情報をBGPテーブルとして構成し，最適経路選択アルゴリズムによって経路情報を一つだけ選択し，ルータの［ e ］に反映する。

BGPテーブルとは，受信したBGPの経路情報を管理するテーブルです。このなかには，同じ宛先の経路が複数存在する場合もあります。複数ある経路のなかで，最適経路選択アルゴリズムによって経路情報を一つだけ選択したものがルーティングテーブルです。これは，OSPFなどの他のルーティングプロトコルでも動作は同じです。

解答　ルーティングテーブル

空欄f

LOCAL_PREFの場合では，最も［ f ］値をもつ経路情報が選択される。

R3年度 午後Ⅱ問2でも同様の出題がありました。そのときは，LOCAL_PREFではなくてMEDが問われ，「MEDの値が最も［イ：小さい］経路情報を選択する」という問題でした。

解答は，「大きい」か「小さい」のどちらかが入るのですが，この2択が難しいのです。MEDは「小さい」ほうが優先で，LOCAL_PREFは「大きい」ほうが優先です。覚えていた人は少ないでしょうが，わからないなりにどちらかを答えるようにしましょう。

解答 大きい

設問2

(2) 本文中の下線⑤について，next-hop-self設定を行うと，iBGPで広告する経路情報のネクストホップのIPアドレスには何が設定されるか。15字以内で答えよ。

この設問は，BGPに対する知識と理解が必要な難問で，正解できた受験者は少なかったと思います。ですが，next-hop-selfは，R3年度 午後Ⅱ問2の問題文中で詳しく説明されました。過去問を学習していた受験生にとっては有利だったことでしょう。

さて，問題文の該当部分は以下のとおりです。

- R11とR12との間，R13とR14との間はeBGPで接続する。⑤R11とR13との間はiBGPで接続し，あわせてnext-hop-self設定を行う。

iBGPを使うと，経路情報を広告する際にパスアトリビュートのうちNEXT_HOP（ネクストホップ）を書き換えずに広告します。NEXT_HOPとは，

「そのネットワークにパケットを届けるために，次にパケットを転送する先のIPアドレス（ルータ）」です。ネクストホップIPアドレスが書き換わっていないと，広告先のルータではその経路情報が使えません。たとえば，そこで，NEXT_HOPを強制的に書き換えるために，next-hop-self設定を行います。

さっぱりわかりません。

はい，事前知識がないと，さっぱりわからないと思います。next-hop-self設定の必要性について基礎解説で詳しく解説しましたので（p.55），そちらをご参照ください。

結論をいうと，R11とR13はnext-hop-self設定によって，経路情報のネクストホップに自身のIPアドレスを設定して次のルータに広告します。その結果，R12→R11→R13，R14→R13→R11にて，それぞれD社閉域NWに対する正しい経路情報を受信します。

解答例 自身のIPアドレス（9字）

知らないと解けない問題ですが，「next-hop-self設定」のselfは「自身」という意味です。設問は「IPアドレスには何が設定されるか」です。1点でも多く部分点をもらうため，小さなヒントをもとに，なんらかの解答を書いてほしいと思います。

設問2

（3）表3について，BGPピア間で定期的にやり取りされるメッセージを一つ選び，タイプで答えよ。また，そのメッセージが一定時間受信できなくなるとどのような動作をするか。30字以内で答えよ。

表3を再掲します。

表3　BGPで交換されるメッセージ

タイプ	名称	説明
1	OPEN	BGP接続開始時に交換する。 自AS番号，BGPID，バージョンなどの情報を含む。
2	c：UPDATE	経路情報の交換に利用する。 経路の追加や削除が発生した場合に送信される。
3	NOTIFICATION	エラーを検出した場合に送信される。
4	d：KEEPALIVE	BGP接続の確立やBGP接続の維持のために交換する。

タイプを選択するのは簡単だったことでしょう。四つのタイプの説明を読むと，タイプ4しかありえません。特に「BGP接続の維持のため」がヒントです。

解答　タイプ：4

少し補足します。ピアが稼働していることを確認するために，BGPが動作するルータでは，KEEPALIVEを定期的に送受信します。ピアからのKEEPALIVEが一定時間受信できなくなると，そのピアがダウンしたと判断します。

一方で，動作を答えるのは難しかったかもしれません。

無線LANだったら，通信していた無線APとの通信を切断して別の無線APに接続するとか，そんなのだと思います。

そんな感じです。解答例は以下のとおりですが，「（メッセージが一定時間受信できなくなったら，）該当のBGPピアを切断する」という答えでも部分点がもらえたことでしょう。

解答例　動作：**BGP接続を切断し，経路情報がクリアされる。**（22字）

少し補足します。正確には，KEEPALIVEが一定時間受信できなくなった場合は以下のように動作します。

①ピアに対しNOTIFICATIONを送信し，BGP接続（TCPコネクション）を切

断します。

②ピアから受信した経路情報をクリアします。

③クリアされた経路情報について，最適な別経路を再計算します。

なので，「経路情報がクリアされる」「最適な別経路を再計算する」などの経路情報に関する記述もあると，ほぼ正解になったことでしょう。

設問2

(4) 本文中の下線⑥について，BGPの導入を行った後にVRRPの導入を行うべき理由を，R13が何らかの理由でVRRPマスターになったときのR13の経路情報の状態を想定し，50字以内で答えよ。

難しいです。
ですが，経路制御の内容ですから，うまく通信ができなくなるのでは？

そのとおりです。採点講評には，「やや正答率が低かった」とあり，難しい設問でした。ですが，そういう予想を立てることができれば，「経路情報が適切に交換されないので，通信ができない」などと，わからないなりにも何らかの解答を書くことができます。書きっぷりによっては，部分点がもらえる可能性もあります。

では，解答を考えていきましょう。まず，問題文の該当部分は以下のとおりです。

> また，Eさんは，D社担当者から静的経路制御からBGPによる動的経路制御に構成変更する手順の説明を受けた。この時，⑥BGPの導入を行った後にVRRPの導入を行う必要があるとの説明だった。

表4の手順を入れ替え，「VRRP導入（表4の項番8～10）」→「BGPを接続（表4の項番5～7）」の順に切替えを行うとします。そして，VRRP導入が完了し，設問の指示の「R13が何らかの理由でVRRPマスターになったとき」を考え

ます。

以下の図を見てください。

❶R13がVRRPマスターになります。

❷PCからD社閉域NW宛てのパケットを受信したFW10は，R13にパケットを転送します。

❸R13は経路情報を保持していません。なぜなら，この時点ではBGPを導入していないからです。そのため，R14へのパケットの転送ができません。

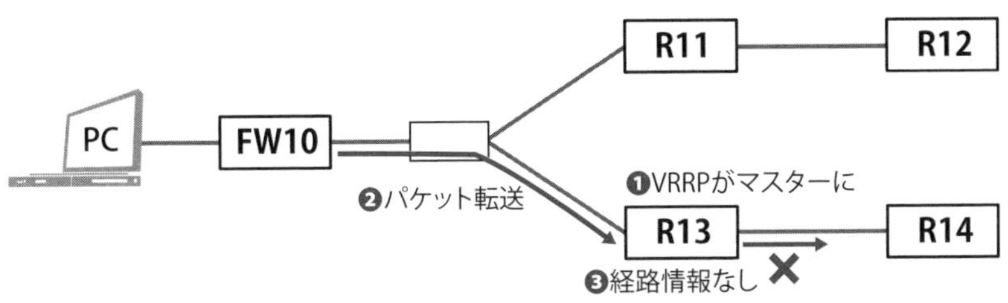

■ VRRP導入→BGP導入の場合

解答例 VRRPマスターになったR13が経路情報を保持していないと受信したパケットを転送できないから（46字）

でも，BGPを導入したら，正常な経路になるのでは？

そうです。VRRPの導入とBGPの導入にタイムラグがほとんどなければ，影響は少ないでしょう。ただ，問題文の後半の記述にも，「設定変更の作業影響による通信断時間を極力短くする」とあるので，可能な限り通信断が起きない手順にしたかったと思われます。

ちなみに，「BGPを接続」→「VRRP導入」の順だとどうなるでしょうか。

❶R13がBGPで経路情報を交換します。

❷R13がVRRPマスターになります。

❸PCからD社閉域NW宛てのパケットを受信したFW10は，R13にパケットを転送します。

❹R13は，BGPで受信した経路情報を基に，R11にパケットを転送します。

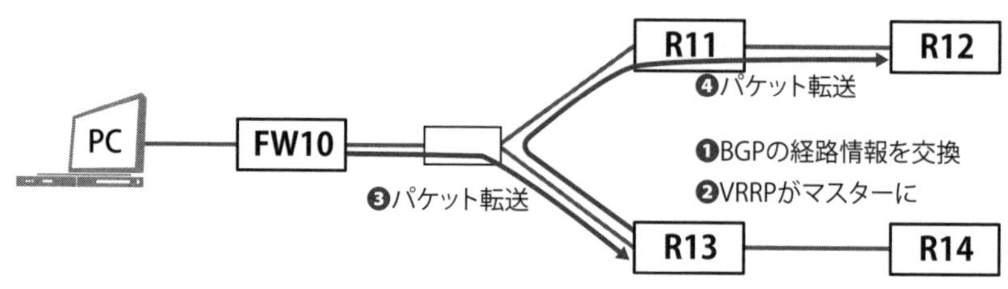

■ **BGP導入→VRRP導入の場合**

当たり前ですが，うまくいきます。

設問2

(5) 表4中の下線⑦について，pingコマンドの試験で確認すべき内容を20字以内で答えよ。また，pingコマンドの試験で確認すべき送信元と宛先の組合せを二つ挙げ，図3中の機器名で答えよ。

下線⑦には，「⑦増設した機器や回線に故障がないことを確認するためにpingコマンドで試験を行う」とあります。

● **確認すべき内容**

まず，pingコマンドの試験で確認すべき内容を考えます。

機器が正常に動作しているかどうか，pingに応答があるかを確認する，だと思います。

ですね。私もそう答えると思います。ですが，解答例は，次のとおりです。

解答例 確認すべき内容：**パケットロスが発生しないこと**（14字）

たしかに，機器や回線が故障していると，パケットロスが発生することもあります。ですが，多くの故障の場合は，単純に「応答がない」ことがほとんどです。この答えはなかなか書けなかったと思います。

● 送信元と宛先の組合せ

続いて，pingの試験の送信元と宛先を考えます。

まず，⑦の「増設した機器や回線」ですが，下図の色線の部分です。増設した回線②を「回線」と呼ぶのかは迷われたかもしれません。ですが，「増設」しているので対象です。

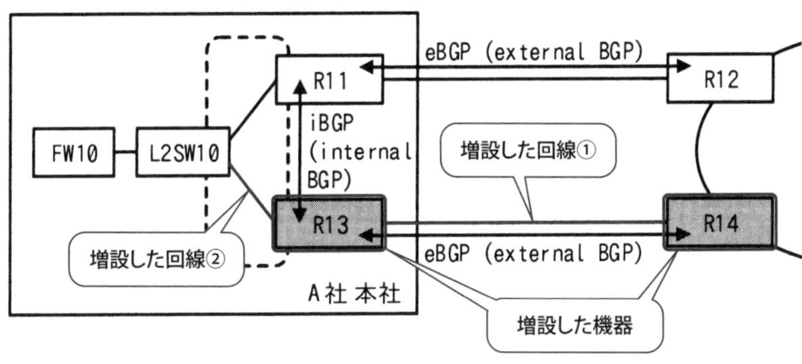

■ 増設した機器や回線

一つめの組み合わせは一目瞭然です。R13とR14との間でping試験を行えば，新設した機器であるR13とR14，および増設した回線①に故障がないことを確認ができます。

残るのは，増設した回線②の試験です。増設した回線②を試験するには，R13とR11との間，またはFW10とR13との間でping試験を行えばいいですね。

※L2SW10にもIPアドレスを割り当て，ping試験をすることは可能です。ですが，L2SWにIPアドレスを設定できるという記載がないので，解答にはならなかったのでしょう。

解答例 ①・送信元：R13，宛先：FW10　・送信元：FW10，宛先：R13
・送信元：R13，宛先：R11　・送信元：R11，宛先：R13
（上記からいずれか一つ解答）
②・送信元：R13，宛先：R14　・送信元：R14，宛先：R13
（上記からいずれか一つ解答）

※①と②は順不同

そもそもなんですが，「誰」がpingコマンドを実行するのでしょうか。

それ，大事ですよね。たとえば，A社の人がコマンドを実行するのであれば，R14からpingを実行できません。R14は，D社の機器だからです。誰が実行するかというと，D社の人です。理由は，問題文に「Eさんが説明を受けた手順」とあるからです（EさんはA社の社員であり，説明したのはD社担当者です）。

R11などのルータは，「D社からネットワークサービス」とあるので，D社が自由に操作できます。逆に解答例の中で，D社が自由に操作できないのはFW10です。よって，「送信元：FW10，宛先：R13」だけは，A社に依頼する必要があります。または，遠隔でFW10にログインする権限を，A社からもらう必要があります。

私の憶測でしかありませんが，当初の解答例に「送信元：FW10，宛先：R13」はなかったと思います。ただ，レビューする中で，「FW10にログインできないとも書いてないから，試験できるよね」，ということで，解答が加えられた，そんなところではないでしょうか。

R14 → FW10にping試験を行えば，機器も回線も一度で試験できてしまうのでは？

いえ，それはできません。なぜなら，表4の項番4の時点では，R13やR14に経路情報がないからです。経路情報がなくてもping試験ができるのは，隣接する機器だけです。

設問 2

（6）表4中の下線⑧について，R11及びR12では静的経路制御の経路情報を削除することで同じ宛先ネットワークのBGPの経路情報が有効になる。その理由を40字以内で答えよ。

下線⑧は，「⑧R11及びR12の不要になる静的経路制御の経路情報を削除する」とあります。

もし，同じ宛先ネットワーク宛ての経路情報が，静的経路（スタティックルート）とBGPの両方に存在したら，どちらが優先されるのでしょうか？正解は，静的経路制御です。なので，静的経路制御を削除しないと，BGPの経路情報が有効になりません。この点をシンプルにまとめます。

解答例 **経路情報は，BGPと比較して静的経路制御の方が優先されるから**（30字）

参考までに，Ciscoの場合の優先順位は，静的経路 > eBGP > OSPF > RIP > iBGPの順です。

これ，一昨年も同じ問題が出た気がします。

そうなんです。R3年度 午後Ⅱ問2とほぼ同じ問題です。設問は，「静的経路の削除が行われた時点で，動的経路による制御に切替えが行われる理由を40字以内で述べよ」です。解答例は，「BGPの経路情報よりも静的経路設定の経路情報の方が優先されるから」です。「過去問をしっかり解いてこい」，というIPAからのメッセージかもしれません。

設問 2

（7）本文中の下線⑨について，想定する障害を六つ挙げ，それぞれの障害発生箇所を答えよ。ただし，R12とR14についてはD社で障害試験実施済みとする。

問題文の該当部分は以下のとおりです。

Eさんは，設計どおりにマルチホームによる可用性向上が実現できたかどうかを確認するための障害試験を行うことにし，⑨想定する障害の発生箇所と内容を障害一覧としてまとめた。

障害試験では，障害が発生したと仮定して通信試験を行います。では，どこに障害が発生することを想定すればいいでしょうか。

正解は，冗長化されている箇所です。なぜだかわかりますか？

「マルチホームによる可用性向上が実現できたかどうかを確認する」ためだからですよね？

そうです。それと，当たり前の話ですが，冗長化されていない箇所，たとえばFW10やL2SW10に故障を発生させると，D社閉域NWとは完全に通信ができません。それでは試験になりません。

では，六つの解答を考えましょう。冗長化されている箇所を探すのであれば，簡単です。以下のマルチホームに関連する部分で，冗長化しているのは「L2SW」と「R11およびR13」を結ぶLANケーブル（下図❶），「R11」と「R13」（❷），A社とD社閉域NWを結ぶ回線（❸），「R12」と「R14」（❹）の四つです。

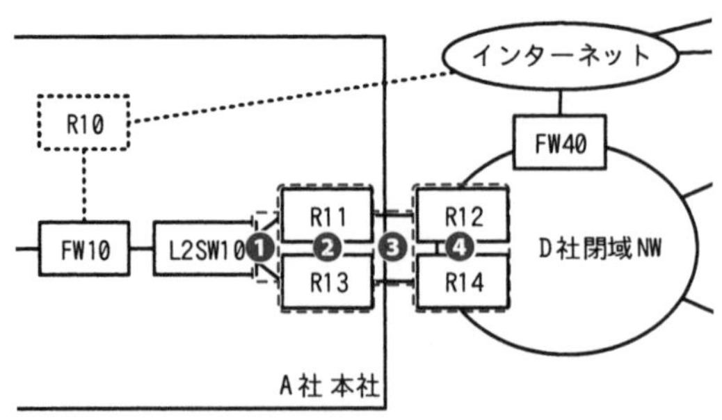

■冗長化されている箇所

ただし，R12とR14はD社で障害試験を実施済なので対象外です。

解答例 ①R11　②R13　③R11とR12とを接続する回線　④R13とR14とを接続する回線　⑤R11とL2SW10とを接続する回線　⑥R13とL2SW10とを接続する回線

参考までに，R11が故障したときには，どういう確認をするのでしょうか。それは，FW10→L2SW10→R13→R14→FW40→インターネットの経路で通信ができることを確認します。

設問3

〔インターネット接続の切替え〕について答えよ。

(1) 本文中の下線⑩について，D社閉域NWの設定変更より前にFW10のデフォルトルートの設定変更を行うとどのような状況になるか。25字以内で答えよ。

採点講評には,「正答率がやや低かった。設定変更に伴うネットワークに対する影響を問う問題であるが，インターネットが利用不可になるなどの解答が散見された。ネットワーク技術者として根本の原因を突き止め, インターネット利用が不可になるのはなぜなのか，技術的な内容を解答してほしい」とありました。どのような解答を書けばいいのか, 答え方が難しい設問でした。

さて，問題文の該当部分は以下のとおりです。

> Eさんは，設定変更の作業影響による通信断時間を極力短くするために，<u>⑩FW10の設定変更はD社閉域NWの設定変更とタイミングを合わせて実施する必要がある</u>と考えた。

設問文にあるように，FW10のデフォルトルートを先に設定変更すると，どうなるでしょうか。問題文の解説にて，FW10とR11の経路情報を考えてもらいました（p.223)。そちらも参考にしながら，今回はデフォルトルートだけを考えます。

以下は，FW10とR11の，切替え前と切替え後のデフォルトルートです。

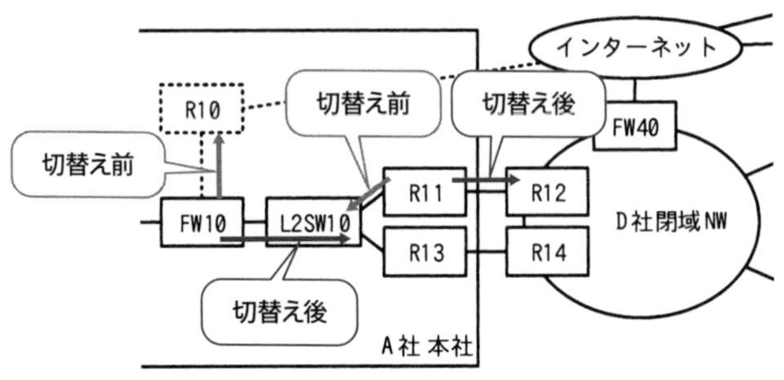

FW10とR11の，切替え前と切替え後のデフォルトルート

ここで，FW10のデフォルトルートだけを切り替えます。すると，FW10とR11のデフォルトルートが，お互いを向いていることになります。

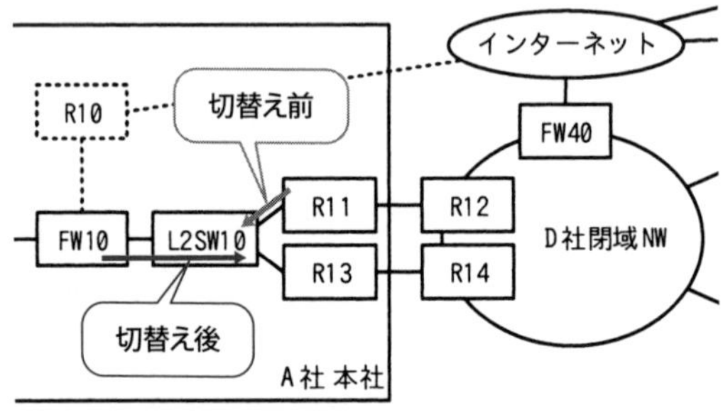

FW10のデフォルトルートだけを切替え

こうなるとルーティングが無限ループ（「ピンポン」などということもあります）に陥ります。具体例として，PCからFW10に8.8.8.8宛てのパケットが届いたとします。FW10は，ルーティングテーブルのデフォルトルートに従い，R11（厳密にはVRRPのIPアドレス）にパケットを送ります。R11（VRRPのマスタルータと仮定）は，受け取ったパケットを，自分のルーティングテーブルに従い，デフォルトルートであるFW10に送ります。まさに無限ループです。このループはパケットのTTLが0になるまで繰り返され，TTLが0になるとパケットは破棄されます。

解答例 ルーティングのループが発生する。（16字）

「インターネット宛ての通信ができなくなる」
ではダメですか？

たしかに，インターネット宛ての通信ができなくなります。しかし，作問者が意図しているのはそこではありませんでした。採点講評には「インターネットが利用不可になるなどの解答が散見された。ネットワーク技術者として根本の原因を突き止め，インターネットが利用不可になるのはなぜなのか，技術的な内容を解答してほしい」とあります。作問者の意図を見抜くのは簡単ではありません。ですが，「ループする」→「インターネット宛ての通信ができなくなる」という論理です。設問1（4）と同じく理屈で，事実に近いところを回答するよう意識すると，正答になる可能性が高くなると思います。

設問 3

(2) 本文中の下線⑪について，業務に影響が発生する理由を20字以内で答えよ。

問題文の該当部分は以下のとおりです。

Eさんは，⑪インターネット接続の切替えを行うと一部の部門で業務に影響があると考えた。

「一部の部門」って，どこだろうな？と問題文を探してみましょう。すると，問題文にズバリ「一部の部門」と書いてあります。親切な問題です。

- A社の一部の部門では，担当する業務に応じてインターネット上のSaaSを独自に契約し，利用している。これらのSaaSでは送信元IPアドレスによってアクセス制限をしているものもある。これらのSaaSもHTTPS通信を用いている。

アクセスを許可する送信元IPアドレスは，FW10に割り当てられたグローバルIPアドレスでした。インターネット接続の切替えで，インターネットへの出口はFW10からFW40に変わります。そして，問題文に「FW40には新たにグローバルIPアドレスが割り当てられる」と記載されています。この状態でPCからSaaSにアクセスしても，アクセスできません。FW40に割り当てられたグローバルIPアドレスが，SaaSで許可されていないからです。

解答例 **送信元IPアドレスが変わるから**（15字）

設問3

(3) 本文中の下線⑫について，FW10にどのようなポリシーベースルーティング設定が必要か。70字以内で答えよ。

問題文の該当部分は以下のとおりです。

対策として，全てのインターネット宛ての通信はFW40経由へと切り替えるが，⑫一定期間，プロキシサーバAからのインターネット宛ての通信だけは既存のR10経由になるようにする。

ポリシーベースルーティング（PBR）とは，ある条件を満たす特定のパケットだけを，通常の経路情報とは異なる経路に転送する方式です。条件の例として，送信元IPアドレス，プロトコルやポート番号などがあります。

通常のルーティングテーブルは以下のように，主として宛先ネットワークとネクストホップで構成されます。

■通常のルーティングテーブル

経路制御方法	宛先ネットワーク	ネクストホップ
静的経路制御	0.0.0.0/0	R11

PBRの場合，上記に加え，送信元IPアドレスやプロトコルなどの条件が加わったルーティングテーブルができると考えてください。

■送信元IPアドレスを条件にしたPBRの場合のルーティングテーブル

経路制御方法	送信元IPアドレス	宛先ネットワーク	ネクストホップ
静的経路制御	プロキシサーバA	0.0.0.0/0	R10

さて，この問題ですが，ポリシーベースルーティング（PBR）を知らない人でも解けるように工夫されています。内容がわからなくても，下線⑫の内容を具体的に書くだけで，ほぼ解答例になります。下線⑫には「プロキシサーバAからのインターネット宛ての通信だけは既存のR10経由に」とあります。ですから，「送信元がプロキシサーバA，宛先がインターネットの通信，ネクストホップをR10にする」ことを答えます。

解答例　**送信元IPアドレスがプロキシサーバAで宛先IPアドレスがインターネットであった場合にネクストホップをR10とする設定**（58字）

参考として，FortiGateでのポリシーベースルーティング設定画面を紹介します。

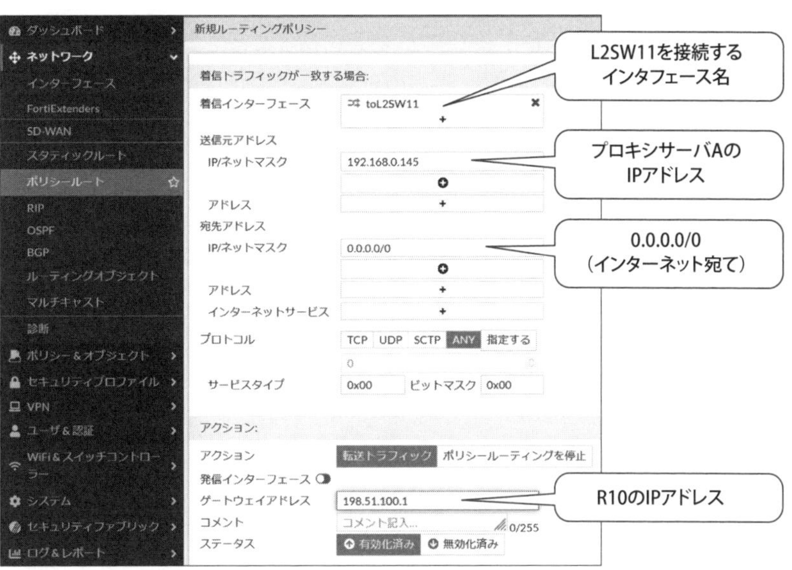

■ポリシーベースルーティング設定画面（FortiGate）

（4）本文中の下線⑬について，どのような設定変更を依頼すればよいか。40字以内で答えよ。

問題文の該当部分は以下のとおりです。

Eさんは，業務に影響がある一部の部門には切替え期間中はプロキシサーバAが利用可能なことを案内するとともに，⑬恒久対応として設定変更の依頼を事前に行うことにした。

「依頼」とは誰から誰に対する依頼ですか？

下線の前の文章と同じです。つまり，「Eさん（システム部）」から「一部の部門」です。SaaSは各部門で契約・管理しているので，システム部が設定することができないのでしょう。

設問3（2）で，送信元IPアドレスが変更されることによってSaaSを利用できなくなることを解説しました。この点を解消するために，恒久対応としてSaaSのアクセス制限の設定変更を行います。変更内容は，SaaSに対して，FW40のグローバルIPアドレスからのアクセスを許可するようにします。

解答例 SaaSの送信元IPアドレスによるアクセス制限の設定変更（28字）

ネットワークSE Column 5 古いコミュニケーションツールの年賀状

コミュニケーションツールといえば電話，メール，SNSなどのメッセージなどが思いつく。

それ以外には，悪しき習慣という方もいるようだが，古くからある年賀状がある。

年賀状を出す人は年々減っており，2003年の約45億枚をピークに，2022年は約17億枚。新年のあいさつは，LINEなどのメッセージを活用する人が増えているのであろう。たしかに，年賀状はお金がかかり，手間，到着が遅い，動画やリンクなどをつけられないなど，デメリットのオンパレードだ。

しかし，手間がかかるものだからこそ，もらうとうれしい。それと，年賀状という面倒なツールを使ってまでつながっている友人って，なんとなく心は切れていない気がする（古い考えかもしれない）。

そういう古い考えの私は，年賀状をかなり大事にしていた。実際，個性あふれる年賀状を出すことにこだわった。そのおかげで，「今年の年賀状No.1賞」を友達からいただくことがあった（つまり，友達が受け取った年賀状の中で，私の年賀状が一番よかったと言ってくれた）。賞金はないが，ちょっとだけうれしい。

かつて私は自分で塾を開いていたのだが，中学生の女子生徒が，裏面では書く場所が足らずに，宛名面までメッセージを書いてくれた。すごくすごくうれしかった。

そう考えると，年賀状というツールだろうが，LINEやメールなどのツールを使おうが，コミュニケーションは中身なんだろうなと改めて思う。

我々がネットワークスペシャリストとして実施するネットワークの仕事は，システムやツールを提供するところまでである。それを活かすかどうかは，使う人次第だ。ただ，ネットワークの仕事をしている以上，そのツールを味気ないもので終わらせたくはない。少なくとも私たちだけは，楽しんで，イキイキと活用したいものである。

最近，私に届く年賀状は20枚程度。私が書く年賀状も同じ枚数であるが，印刷をせずに，裏面も含めて全部手書きの文字で書くことにした。文字だけなら，スマホでメッセージを送るのと何ら変わりはない。だが，受け取った友人は，スマホで受け取るメッセージにはない喜びを感じてくれているはずだ。

IPA の解答例

設問			IPA の解答例・解答の要点	予想配点
設問 1	(1)		DNS ラウンドロビン	3
	(2)		プロキシサーバのアプリケーションプロセスが停止した場合に検知できないから	5
	(3)		192.168.2.145	3
	(4)		キャッシュDNSサーバがキャッシュを保持する時間を短くするため	5
	(5)	方法	プロキシ自動設定機能を利用する。	4
		制限事項	対応する PC やサーバでしか利用できない。	4
設問 2	(1)	a	AS	3
		b	ピア	3
		c	UPDATE	3
		d	KEEPALIVE	3
		e	ルーティングテーブル	3
		f	大きい	3
	(2)		自身の IP アドレス	4
	(3)	タイプ	4	2
		動作	BGP 接続を切断し，経路情報がクリアされる。	4
	(4)		VRRP マスターになった R13 が経路情報を保持していないと受信したパケットを転送できないから	5
	(5)	確認すべき内容	パケットロスが発生しないこと	5
		①	送信元 R13 宛先 FW10 ）又は 送信元 FW10 宛先 R13 ）又は 送信元 R13 宛先 R11 ）又は 送信元 R11 宛先 R13 ①と②は順不同	3
		②	送信元 R13 宛先 R14 ）又は 送信元 R14 宛先 R13	3
	(6)		経路情報は，BGP と比較して静的経路制御の方が優先されるから	5
	(7)	①	・R11	1
		②	・R13	1
		③	・R11とR12とを接続する回線	1
		④	・R13とR14とを接続する回線	1
		⑤	・R11とL2SW10とを接続する回線	1
		⑥	・R13とL2SW10とを接続する回線	1
設問 3	(1)		ルーティングのループが発生する。	5
	(2)		送信元 IP アドレスが変わるから	5
	(3)		送信元IPアドレスがプロキシサーバAで宛先IPアドレスがインターネットであった場合にネクストホップをR10とする設定	6
	(4)		SaaS の送信元 IP アドレスによるアクセス制限の設定変更	5
			合計	100

※予想配点は著者による

IPAの出題趣旨

オンプレミスからクラウドサービスへの移行が進み，クラウドサービスを利用する企業はますます増えている。業務環境の可用性についてクラウド事業者に依存する傾向が強くなり，事業継続性の観点から対策が必要となっている。また，企業の情報システム部門が，企業内部のクラウドサービス利用を全て把握することが困難なケースも想定される。

本問では，マルチクラウド利用による可用性向上を題材として，BGPやVRRPを利用した可用性向上，これらを組み合わせたネットワーク構成の考慮点及びインターネット接続の変更に伴うグローバルIPアドレスの変更による影響と対策について問う。

IPAの採点講評

問1では，マルチクラウド利用による可用性向上を題材に，BGPやVRRPを利用した可用性向上，これらを組み合わせたネットワーク構成及びインターネット接続方法の変更による影響と対策について出題した。全体として正答率は平均的であった。

設問1では，(5)の正答率が低かった。従業員が行う業務において，Webアプリケーションソフトウェアを利用する機会は増えており，Web閲覧の可用性向上は重要である。プロキシ自動設定機能は是非知っておいてもらいたい。

設問2では，（4）の正答率がやや低かった。BGPやVRRPといったプロトコルを導入する過程において，ルータの経路情報がどのように変化するか，具体的にイメージできるようしっかり理解をしてほしい。

設問3では，（1）の正答率がやや低かった。設定変更に伴うネットワークに対する影響を問う問題であるが，インターネットが利用不可になるなどの解答が散見された。ネットワーク技術者として根本の原因を突き止め，インターネットが利用不可になるのはなぜなのか，技術的な内容を解答してほしい。

■出典
「令和5年度 春期 ネットワークスペシャリスト試験 解答例」
https://www.ipa.go.jp/shiken/mondai-kaiotu/ps6vr70000010d6y-att/2023r05h_nw_pm2_ans.pdf
「令和5年度 春期 ネットワークスペシャリスト試験 採点講評」
https://www.ipa.go.jp/shiken/mondai-kaiotu/ps6vr70000010d6y-att/2023r05h_nw_pm2_cmnt.pdf

IT依存症

嫌になるくらい会社でパソコンに触れても、家でもパソコンやスマホに触れる。

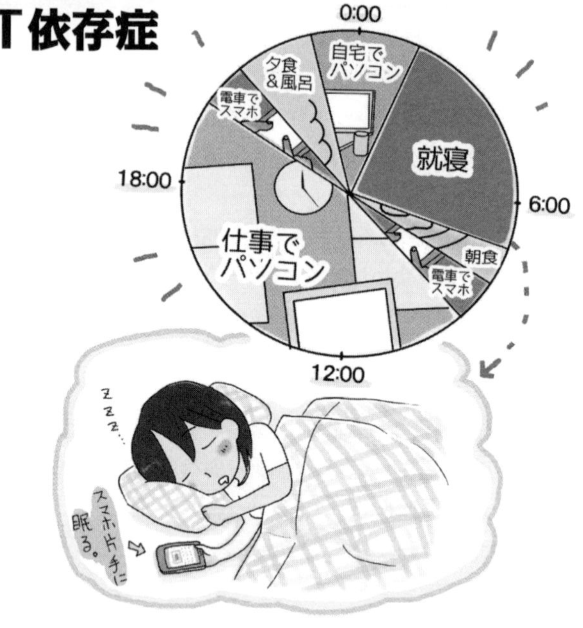

プライベートまで論理的になる

子供相手でも論理を追求する。

nespeR5 3.2

令和5年度
午後Ⅱ 問2

問　　題
問題解説
設問解説

3.2 令和5年度 午後Ⅱ 問2

問題 ➡ 問題解説 ➡ 設問解説

問題

問2　ECサーバの増強に関する次の記述を読んで，設問に答えよ。

Y社は，従業員300名の事務用品の販売会社であり，会員企業向けにインターネットを利用して通信販売を行っている。ECサイトは，Z社のデータセンター（以下，z-DCという）に構築されており，Y社の運用PCを使用して運用管理を行っている。

ECサイトに関連するシステムの構成を図1に示し，DNSサーバに設定されているゾーン情報を図2に示す。

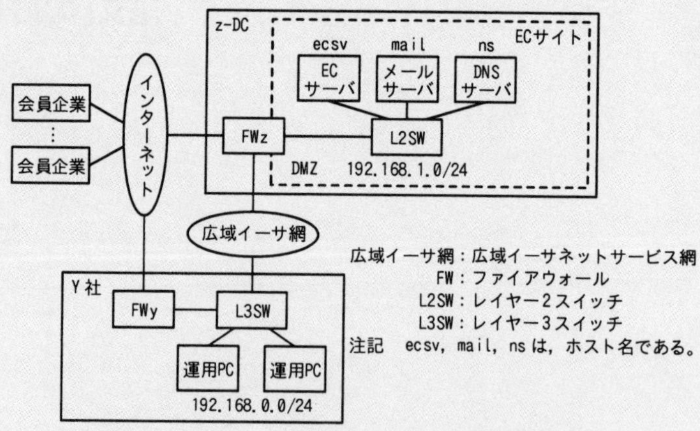

図1　ECサイトに関連するシステムの構成（抜粋）

項番	ゾーン情報
1	@ IN SOA ns.example.jp. hostmaster.example.jp. (省略)
2	IN [a] ns.example.jp.
3	IN [b] 10 mail.example.jp.
4	ns IN A [c]
5	ecsv IN A (省略)
6	mail IN A [d]
7	@ IN SOA ns.y-sha.example.lan. hostmaster.y-sha.example.lan. (省略)
8	IN [a] ns.y-sha.example.lan.
9	IN [b] 10 mail.y-sha.example.lan.
10	ns IN A [e]
11	ecsv IN A (省略)
12	mail IN A [f]

図2 DNSサーバに設定されているゾーン情報（抜粋）

〔ECサイトに関連するシステムの構成，運用及びセッション管理方法〕

- 会員企業の事務用品購入の担当者（以下，購買担当者という）は，Webブラウザでhttps://ecsv.example.jp/を指定してECサーバにアクセスする。
- 運用担当者は，運用PCのWebブラウザでhttps://ecsv.y-sha.example.lan/を指定して，広域イーサ網経由でECサーバにアクセスする。
- ECサーバに登録されているサーバ証明書は一つであり，マルチドメインに対応していない。
- ECサーバは，アクセス元のIPアドレスなどをログとして管理している。
- DMZのDNSサーバは，ECサイトのインターネット向けドメインexample.jpと，社内向けドメインy-sha.example.lanの二つのドメインのゾーン情報を管理する。
- L3SWには，DMZへの経路とデフォルトルートが設定されている。
- 運用PCは，DMZのDNSサーバで名前解決を行う。
- FWzには，表1に示す静的NATが設定されている。

表1 FWzに設定されている静的NATの内容(抜粋)

変換前IPアドレス	変換後IPアドレス	プロトコル／宛先ポート番号
100.α.β.1	192.168.1.1	TCP/53，UDP/53
100.α.β.2	192.168.1.2	TCP/443
100.α.β.3	192.168.1.3	TCP/25

注記 100.α.β.1～100.α.β.3は，グローバルIPアドレスを示す。

第3章 過去問解説 令和5年度 午後II 問2 問題 問題解説 設問解説

ECサーバは，次の方法でセッション管理を行っている。

- Webブラウザから最初にアクセスを受けたときに，ランダムな値のセッションIDを生成する。
- Webブラウザへの応答時に，CookieにセッションIDを書き込んで送信する。
- WebブラウザによるECサーバへのアクセスの開始から終了までの一連の通信を，セッションIDを基に，同一のセッションとして管理する。

〔ECサイトの応答速度の低下〕

最近，購買担当者から，ECサイト利用時の応答が遅くなったというクレームが入るようになった。そこで，Y社の情報システム部（以下，情シスという）のネットワークチームのX主任は，運用PCを使用して次の手順で原因究明を行った。

(1) 購買担当者と同じURLでアクセスし，応答が遅いことを確認した。
(2) ecsv.example.jp及びecsv.y-sha.example.lan宛てに，それぞれpingコマンドを発行して応答時間を測定したところ，両者の測定結果に大きな違いはなかった。
(3) FWzのログからはサイバー攻撃の兆候は検出されなかった。
(4) sshコマンドで①ecsv.y-sha.example.lanにアクセスしてCPU使用率を調べたところ，設計値を大きく超えていた。

この結果から，X主任は，ECサーバが処理能力不足になったと判断した。

〔ECサーバの増強構成の設計〕

X主任は，ECサーバの増強が必要になったことを上司のW課長に報告し，W課長からECサーバの増強構成の設計指示を受けた。

ECサーバの増強策としてスケール［ g ］方式とスケール［ h ］方式を比較検討し，ECサイトを停止せずにECサーバの増強を行える，スケール［ h ］方式を採用することを考えた。

X主任は，②ECサーバを2台にすればECサイトは十分な処理能力をもつことになるが，2台増設して3台にし，負荷分散装置（以下，LBという）によって処理を振り分ける構成を設計した。ECサーバの増強構成を図3

に示し，DNSサーバに追加する社内向けドメインのリソースレコードを図4に示す。

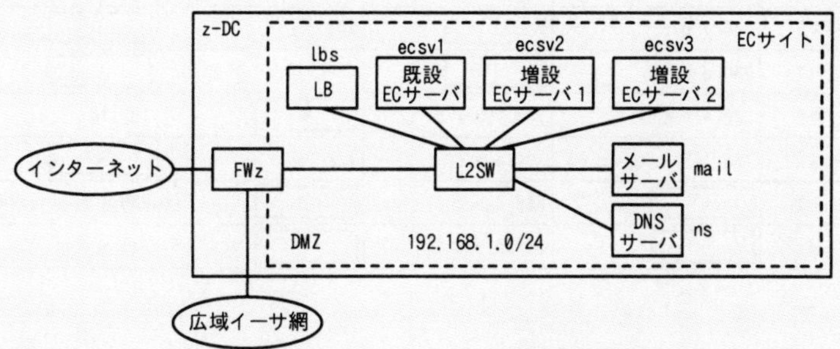

注記　lbsはLBのホスト名であり，ecsv1〜ecsv3は増強後のECサーバのホスト名である。

図3　ECサーバの増強構成（抜粋）

lbs	IN	A	192.168.1.4	; LBの物理IPアドレス
ecsv1	IN	A	192.168.1.5	; 既設ECサーバのIPアドレス
ecsv2	IN	A	192.168.1.6	; 増設ECサーバ1のIPアドレス
ecsv3	IN	A	192.168.1.7	; 増設ECサーバ2のIPアドレス

図4　DNSサーバに追加する社内向けドメインのリソースレコード

ECサーバ増強後，購買担当者がWebブラウザでhttps://ecsv.example.jp/を指定してECサーバにアクセスし，アクセス先が既設ECサーバに振り分けられたときのパケットの転送経路を図5に示す。

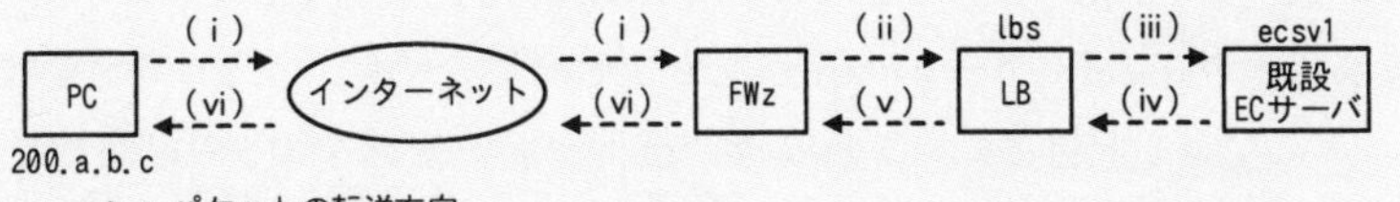

注記　200.a.b.cは，グローバルIPアドレスを示す。

図5　既設ECサーバに振り分けられたときのパケットの転送経路

導入するLBには，負荷分散用のIPアドレスである仮想IPアドレスで受信したパケットをECサーバに振り分けるとき，送信元IPアドレスを変換する方式（以下，ソースNATという）と変換しない方式の二つがある。図5中の（ i ）～（vi）でのIPヘッダーのIPアドレスの内容を表2に示す。

表2　図5中の(ⅰ)～(ⅵ)でのIPヘッダーのIPアドレスの内容

図5中の番号	LBでソースNATを行わない場合		LBでソースNATを行う場合	
	送信元IPアドレス	宛先IPアドレス	送信元IPアドレス	宛先IPアドレス
(ⅰ)	200.a.b.c	i	200.a.b.c	i
(ⅱ)	200.a.b.c	j	200.a.b.c	j
(ⅲ)	200.a.b.c	192.168.1.5	k	192.168.1.5
(ⅳ)	192.168.1.5	200.a.b.c	192.168.1.5	k
(ⅴ)	j	200.a.b.c	j	200.a.b.c
(ⅵ)	i	200.a.b.c	i	200.a.b.c

〔ECサーバの増強構成とLBの設定〕

X主任が設計した内容をW課長に説明したときの，2人の会話を次に示す。

X主任：LBを利用してECサーバを増強する構成を考えました。購買担当者がECサーバにアクセスするときのURLの変更は不要です。

W課長：DNSサーバに対しては，図4のレコードを追加するだけで良いのでしょうか。

X主任：そうです。ECサーバの増強後も，図2で示したゾーン情報の変更は不要ですが，③図2中の項番5と項番11のリソースレコードは，図3の構成では図1とは違う機器の特別なIPアドレスを示すことになります。また，④図4のリソースレコードの追加に対応して，既設ECサーバに設定されている二つの情報を変更します。

W課長：分かりました。LBではソースNATを行うのでしょうか。

X主任：現在のECサーバの運用を変更しないために，ソースNATは行わない予定です。この場合，パケットの転送を図5の経路にするために，⑤既設ECサーバでは，デフォルトゲートウェイのIPアドレスを変更します。

W課長：次に，ECサーバのメンテナンス方法を説明してください。

X主任：はい。まず，メンテナンスを行うECサーバを負荷分散の対象から外し，その後に，運用PCから当該ECサーバにアクセスして，メンテナンス作業を行います。

W課長：X主任が考えている設定では，運用PCからECサーバとは通信できないと思いますが，どうでしょうか。

X主任：うっかりしていました。導入予定のLBはルータとしては動作しませんから，ご指摘の問題が発生してしまいます。対策方法として，ECサーバに設定するデフォルトゲートウェイを図1の構成時のままとし，LBではソースNATを行うとともに，⑥ECサーバ宛てに送信するHTTPヘッダーにX-Forwarded-Forフィールドを追加するようにします。

W課長：それで良いでしょう。ところで，図3の構成では，増設ECサーバにもサーバ証明書をインストールすることになるのでしょうか。

X主任：いいえ。増設ECサーバにはインストールせずに⑦既設ECサーバ内のサーバ証明書の流用で対応できます。

W課長：分かりました。負荷分散やセッション維持などの方法は設計済みでしょうか。

X主任：構成が決まりましたので，これからLBの制御方式について検討します。

〔LBの制御方式の検討〕

X主任は，導入予定のLBがもつ負荷分散機能，セッション維持機能，ヘルスチェック機能の三つについて調査し，次の方式を利用することにした。

- 負荷分散機能

  アクセス元であるクライアントからのリクエストを，負荷分散対象のサーバに振り分ける機能である。Y社のECサーバは，リクエストの内容によってサーバに掛かる負荷が大きく異なるので，ECサーバにエージェントを導入し，エージェントが取得した情報を基に，ECサーバに掛かる負荷の偏りを小さくすることが可能な動的振分け方式を利用する。

- セッション維持機能

  同一のアクセス元からのリクエストを，同一セッションの間は同じサーバに転送する機能である。アクセス元の識別は，IPアドレス，IPアドレスとポート番号との組合せ，及びCookieに記録された情報によって行う，三つの方式がある。IPアドレスでアクセス元を識別する場合，インターネットアクセス時に送信元IPアドレスが同じアドレスになる会員企業では，複数の購買担当者がアクセスするECサーバが同一になってしまう問題が発生する。⑧IPアドレスとポート番号との組合せでアクセス元を識別する場合は，TCPコネクションが切断されると再接続時にセッション維持ができなくなる問題が発生する。そこで，⑨Cookie中のセッションIDと振分け先のサーバから構成されるセッション管理テーブルをLBが作成し，このテーブルを使用してセッションを維持する方式を利用する。

・ヘルスチェック機能

振分け先のサーバの稼働状態を定期的に監視し，障害が発生したサーバを負荷分散の対象から外す機能である。⑩ヘルスチェックは，レイヤー3，4及び7の各レイヤーで稼働状態を監視する方式があり，ここではレイヤー7方式を利用する。

X主任が，LBの制御方式の検討結果をW課長に説明した後，W課長から新たな検討事項の指示を受けた。そのときの，2人の会話を次に示す。

W課長：運用チームから，ECサイトのアカウント情報の管理負荷が大きくなってきたので，管理負荷の軽減策の検討要望が挙がっています。会員企業からは，自社で管理しているアカウント情報を使ってECサーバにログインできるようにして欲しいとの要望があります。これらの要望に応えるために，ECサーバのSAML2.0（Security Assertion Markup Language 2.0）への対応について検討してください。

X主任：分かりました。検討してみます。

〔SAML2.0の調査とECサーバへの対応の検討〕

X主任がSAML2.0について調査して理解した内容を次に示す。

- SAMLは，認証・認可の要求／応答のプロトコルとその情報を表現するための標準規格であり，一度の認証で複数のサービスが利用できるシングルサインオン（以下，SSOという）を実現することができる。
- SAMLでは，利用者にサービスを提供するSP（Service Provider）と，利用者の認証・認可の情報をSPに提供するIdP（Identity Provider）との間で，情報の交換を行う。
- IdPは，SAMLアサーションと呼ばれるXMLドキュメントを作成し，利用者を介してSPに送信する。SAMLアサーションには，次の三つの種類がある。

(a) 利用者がIdPにログインした時刻，場所，使用した認証の種類などの情報が記述される。

(b) 利用者の名前，生年月日など利用者を識別する情報が記述される。

(c) 利用者がもつサービスを利用する権限などの情報が記述される。

- SPは，IdPから提供されたSAMLアサーションを基に，利用者にサービスを提供する。
- IdP，SP及び利用者間の情報の交換方法は，SAMLプロトコルとしてまとめられており，メッセージの送受信にはHTTPなどが使われる。
- z-DCで稼働するY社のECサーバがSAMLのSPに対応すれば，購買担当者は，自社内のディレクトリサーバ（以下，DSという）などで管理するアカウント情報を使って，ECサーバに安全にSSOでアクセスできる。

X主任は，ケルベロス認証を利用して社内のサーバにSSOでアクセスしている会員企業e社を例として取り上げ，e社内のPCがSAMLを利用してY社のECサーバにもSSOでアクセスする場合のシステム構成及び通信手順について考えた。

会員企業e社のシステム構成を図6に示す。

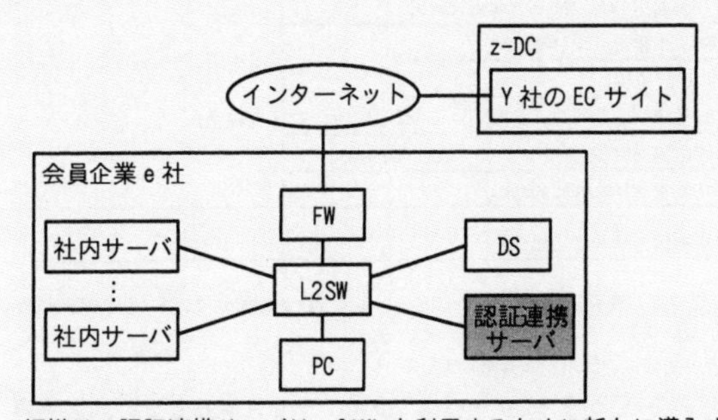

注記　網掛けの認証連携サーバは，SAMLを利用するために新たに導入する。

図6　会員企業e社のシステム構成（抜粋）

図6で示した会員企業e社のシステムの概要を次に示す。

- e社ではケルベロス認証を利用し，社内サーバにSSOでアクセスしている。
- e社内のDSは，従業員のアカウント情報を管理している。

・PC及び社内サーバは，それぞれ自身の共通鍵を保有している。
・DSは，PC及び社内サーバそれぞれの共通鍵の管理を行うとともに，チケットの発行を行う鍵配布センター（以下，KDCという）機能をもっている。
・KDCが発行するチケットには，PCの利用者の身分証明書に相当するチケット（以下，TGTという）とPCの利用者がアクセスするサーバで認証を受けるためのチケット（以下，STという）の2種類がある。
・認証連携サーバはIdPとして働き，ケルベロス認証とSAMLとの間で認証連携を行う。

X主任は，e社内のPCからY社のECサーバにSAMLを利用してSSOでアクセスするときの通信手順と処理の概要を，次のようにまとめた。

e社内のPCからECサーバにSSOでアクセスするときの通信手順を図7に示す。

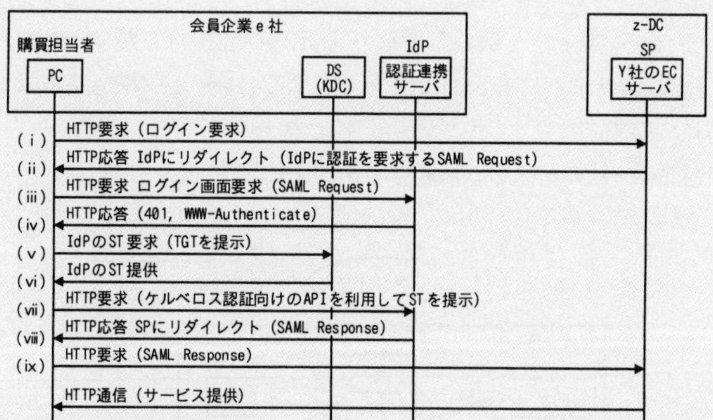

注記1　本図では，購買担当者はPCにログインしてTGTを取得しているが，IdP向けのSTを所有していない状態での通信手順を示している。
注記2　LBの記述は，図中から省略している。

図7　e社内のPCからECサーバにSSOでアクセスするときの通信手順（抜粋）

図7中の，（ i ）～（ix）の処理の概要を次に示す。

（ i ）購買担当者がPCを使用してECサーバにログイン要求を行う。

（ii）SPであるECサーバは，⑪SAML認証要求（SAML Request）を作成しIdPである認証連携サーバにリダイレクトを要求する応答を行う。

ここで，ECサーバには，⑫IdPが作成するデジタル署名の検証に必要な情報などが設定され，IdPとの間で信頼関係が構築されている。

(iii) PCはSAML RequestをIdPに転送する。

(iv) IdPはPCに認証を求める。

(v) PCは，KDCにTGTを提示してIdPへのアクセスに必要なSTの発行を要求する。

(vi) KDCは，TGTを基に，購買担当者の身元情報やセッション鍵が含まれたSTを発行し，IdPの鍵でSTを暗号化する。さらに，KDCは，暗号化したSTにセッション鍵などを付加し，全体をPCの鍵で暗号化した情報をPCに払い出す。

(vii) PCは，⑬受信した情報の中からSTを取り出し，ケルベロス認証向けのAPIを利用して，STをIdPに提示する。

(viii) IdPは，STの内容を基に購買担当者を認証し，デジタル署名付きのSAMLアサーションを含むSAML応答（SAML Response）を作成して，SPにリダイレクトを要求する応答を行う。

(ix) PCは，SAML ResponseをSPに転送する。SPは，SAML Responseに含まれる⑭デジタル署名を検証し，検証結果に問題がない場合，SAMLアサーションを基に，購買担当者が正当な利用者であることの確認，及び購買担当者に対して提供するサービス範囲を定めた利用権限の付与の，二つの処理を行う。

X主任は，ECサーバのSAML2.0対応の検討結果を基に，SAML2.0に対応する場合のECサーバプログラムの改修作業の概要をW課長に説明した。

W課長は，X主任の設計したECサーバの増強案，及びSAML2.0対応のためのECサーバの改修などについて，経営会議で提案して承認を得ることができた。

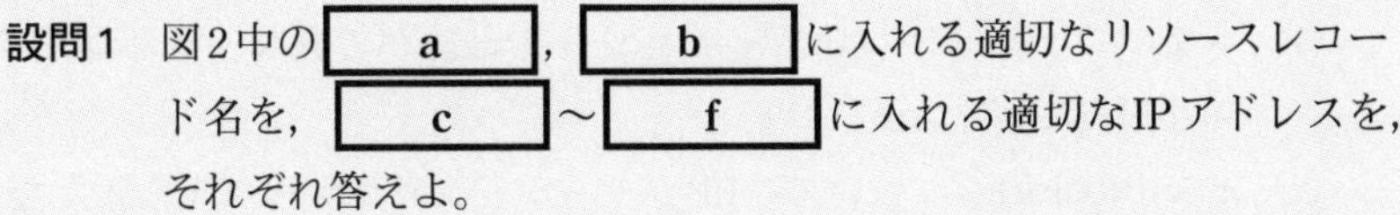

設問1　図2中の　a　，　b　に入れる適切なリソースレコード名を，　c　～　f　に入れる適切なIPアドレスを，それぞれ答えよ。

設問2　〔ECサイトの応答速度の低下〕について答えよ。

(1) URLをhttps://ecsv.y-sha.example.lan/に設定してECサーバにアクセスすると，TLSのハンドシェイク中にエラーメッセージがWebブラウザに表示される。その理由を，サーバ証明書のコモン名に着目して，25字以内で答えよ。

(2) 本文中の下線①でアクセスしたとき，運用PCが送信したパケットがECサーバに届くまでに経由する機器を，図1中の機器名で<u>全て</u>答えよ。

設問3　〔ECサーバの増強構成の設計〕について答えよ。

(1) 本文中の［ **g** ］，［ **h** ］に入れる適切な字句を答えよ。

(2) 本文中の下線②について，2台ではなく3台構成にする目的を，35字以内で答えよ。ここで，将来のアクセス増加については考慮しないものとする。

(3) 表2中の［ **i** ］～［ **k** ］に入れる適切なIPアドレスを答えよ。

設問4　〔ECサーバの増強構成とLBの設定〕について答えよ。

(1) 本文中の下線③について，どの機器を示すことになるかを図3中の機器名で答えよ。また，下線③の特別なIPアドレスは何と呼ばれるかを，本文中の字句で答えよ。

(2) 本文中の下線④について，ホスト名のほかに変更する情報を答えよ。

(3) 本文中の下線⑤について，どの機器からどの機器のIPアドレスに変更するのかを，図3中の機器名で答えよ。

(4) 本文中の下線⑥について，X-Forwarded-Forフィールドを追加する目的を，35字以内で答えよ。

(5) 本文中の下線⑦について，対応するための作業内容を，50字以内で答えよ。

設問5　〔LBの制御方式の検討〕について答えよ。

(1) 本文中の下線⑧について，セッション維持ができなくなる理由を，50字以内で答えよ。

(2) 本文中の下線⑨について，LBがセッション管理テーブルに新たなレコードを登録するのは，どのような場合か。60字以内で答えよ。

(3) 本文中の下線⑩について，レイヤー3及びレイヤー4方式では適切な監視が行われない。その理由を25字以内で答えよ。

設問6 〔SAML2.0の調査とECサーバへの対応の検討〕について答えよ。

(1) 本文中の下線⑪についてログイン要求を受信したECサーバがリダイレクト応答を行うために必要とする情報を，購買担当者の認証・認可の情報を提供するIdPが会員企業によって異なることに着目して，30字以内で答えよ。

(2) 本文中の下線⑫について，図7の手順の処理を行うために，ECサーバに登録すべき情報を，15字以内で答えよ。

(3) 本文中の下線⑬について，取り出したSTをPCは改ざんすることができない。その理由を20字以内で答えよ。

(4) 本文中の下線⑭について，受信したSAMLアサーションに対して検証できる内容を二つ挙げ、それぞれ25字以内で答えよ。

第3章 過去問解説 令和5年度 午後Ⅱ 問2 問題 問題解説 設問解説

問題文の解説

本問題は，「ECサーバの増強を題材に，サーバ負荷分散装置（以下，LBという）を導入するときの構成設計と，SAML2.0を利用するための方式検討について」（採点講評より）の出題です。SMALに関して，SAMLの深いところが問われたわけではありません。DNSやパケット，セキュリティなどの基礎知識があれば，解きやすく，合格ラインを突破しやすい問題だったことでしょう。

問2　ECサーバの増強に関する次の記述を読んで，設問に答えよ。

Y社は，従業員300名の事務用品の販売会社であり，会員企業向けにインターネットを利用して通信販売を行っている。ECサイトは，Z社のデータセンター（以下，z-DCという）に構築されており，Y社の運用PCを使用して運用管理を行っている。

EC（Electronic Commerce）は「電子商取引」という意味です。今回，ECを行うサーバ（ECサイト）をデータセンターに配置します。

ECサイトに関連するシステムの構成を図1に示し，DNSサーバに設定されているゾーン情報を図2に示す。

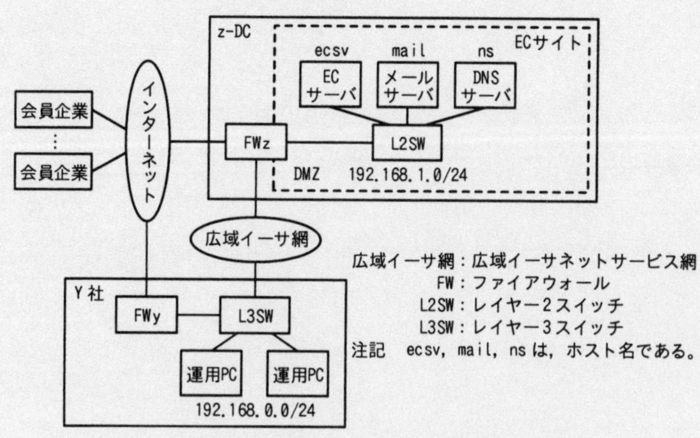

図1　ECサイトに関連するシステムの構成（抜粋）

広域イーサ網は，レイヤー2のネットワークです。広域イーサ網＝L2SWと置き換えて考えても問題ありません。

余談ですが，Y社にあるFWyをなくすと，FWを軸にインターネット，DMZ，内部LANに分けられた，よくある構成になると思います。

項番	ゾーン情報				
1	@	IN	SOA	ns.example.jp.	hostmaster.example.jp.（省略）
2		IN	a		ns.example.jp.
3		IN	b	10	mail.example.jp.
4	ns	IN	A		c
5	ecsv	IN	A		（省略）
6	mail	IN	A		d
7	@	IN	SOA	ns.y-sha.example.lan.	hostmaster.y-sha.example.lan.（省略）
8		IN	a		ns.y-sha.example.lan.
9		IN	b	10	mail.y-sha.example.lan.
10	ns	IN	A		e
11	ecsv	IN	A		（省略）
12	mail	IN	A		f

図2　DNSサーバに設定されているゾーン情報（抜粋）

図1のDNSサーバのゾーン情報です。内容については設問1で詳しく解説しますが，1行目と7行目に着目してください。1行目のns.example.jpの記載から，このゾーンはexample.jpというドメインです。また，7行目の記載から，このゾーンはy-sha.example.lanというドメインです。「.lan」は，プライベート目的のドメイン名（RFC 6762より）です。

〔ECサイトに関連するシステムの構成，運用及びセッション管理方法〕

- 会員企業の事務用品購入の担当者（以下，購買担当者という）は，Webブラウザでhttps://ecsv.example.jp/を指定してECサーバにアクセスする。
- 運用担当者は，運用PCのWebブラウザでhttps://ecsv.y-sha.example.lan/を指定して，広域イーサ網経由でECサーバにアクセスする。

ECサーバは1台ですが，社外からは，ecsv.example.jpというFQDNが利用され，社内からはecsv.y-sha.example.lanというFQDNが利用されます。

図2では項番5と11が「(省略)」となっていますが, ecsv.example.jpへはグローバルIPアドレス（100. α . β .2）で通信をし，ecsv.y-sha.example.lanへはプライベートIPアドレス（192.168.1.2）で通信をします。

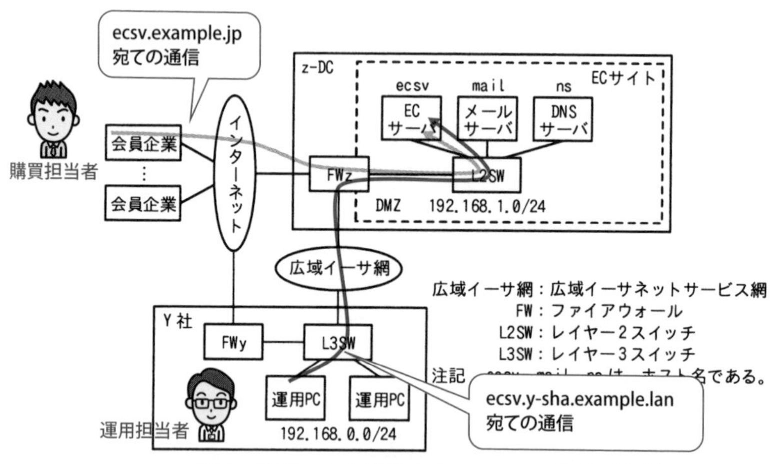

図1　ECサイトに関連するシステムの構成（抜粋）

■ECサーバへの通信

もちろん，Y社内の運用担当者であっても，ecsv.example.jpを指定してECサーバにアクセスすることは可能です。ですが，メンテナンスの通信などもあるでしょうから，社内の閉域網で通信する方法が自然です。

- ECサーバに登録されているサーバ証明書は一つであり，マルチドメインに対応していない。

マルチドメインに対応したサーバ証明書であれば，一つの証明書で，ecsv.example.jpとecsv.y-sha.example.lanに対応します。今回は対応していないということなので，どちらかのドメインへのHTTPS通信は，セキュリティ警告が出ます。なお，「.lan」はインターネット上では使えないドメイン名なので，このドメインに対する証明書は認証局から発行できません。よって，ecsv.example.jpのサーバ証明書が登録されています。社内からhttps://ecsv.y-sha.example.lanへアクセスすると，セキュリティ警告が出ます。

• ECサーバは，アクセス元のIPアドレスなどをログとして管理している。

ログを分析して不正アクセスを確認するなどの観点から，当然といえます。この点は設問4（4）のヒントです。

• DMZのDNSサーバは，ECサイトのインターネット向けドメインexample.jpと，社内向けドメインy-sha.example.lanの二つのドメインのゾーン情報を管理する。

すでに解説したとおりです。

• L3SWには，DMZへの経路とデフォルトルートが設定されている。

デフォルトルートは，もちろんFWyです。

Q. L3SWのルーティングテーブルを記載せよ。ルーティングテーブルの項目も自分で考えること。

A. 正解は以下のとおりです。

宛先ネットワーク	ネクストホップ
0.0.0.0/0	FWyの（L3SW側の）IPアドレス
192.168.1.0/24	FWzの（広域イーサ側の）IPアドレス

• 運用PCは，DMZのDNSサーバで名前解決を行う。
• FWzには，表1に示す静的NATが設定されている。

表1　FWzに設定されている静的NATの内容(抜粋)

変換前IPアドレス	変換後IPアドレス	プロトコル／宛先ポート番号
100.α.β.1	192.168.1.1	TCP/53, UDP/53
100.α.β.2	192.168.1.2	TCP/443
100.α.β.3	192.168.1.3	TCP/25

注記　100.α.β.1～100.α.β.3は，グローバルIPアドレスを示す。

ECサーバやメールサーバなどには，192.168.1.0/24のプライベートIPアドレスが割り振られています。また，インターネットからの通信は，グローバルIPアドレスが必要なので，FWzでNATします。図1のECサイトと見比べて，ポート番号から，該当するサーバは以下であることがわかります。

■該当するサーバ

変換前IPアドレス	変換後IPアドレス	プロトコル／宛先ポート番号	該当するサーバ
100.α.β.1	192.168.1.1	TCP/53, UDP/53	DNSサーバ(ns)
100.α.β.2	192.168.1.2	TCP/443	ECサーバ(ecsv)
100.α.β.3	192.168.1.3	TCP/25	メールサーバ(mail)

ECサーバは，次の方法でセッション管理を行っている。

ECサーバのセッション管理の方法が記載されています。セッション管理に関して，IPAの資料を紹介します。

電子商取引サイトのようにWebサーバーにユーザがログインしてからログアウトするまで，ログイン情報を保持したままページを移管するには，このままでは問題がある。そこで，クライアントとサーバー間でその情報を保持し，アクセス制御を一つの集合体として管理する仕組みが必要となる。この仕組みをセッション管理と呼んでいる。

（http://www.ipa.go.jp/security/awareness/administrator/secure-web/chap6/6_session-1.htmlより）

ザックリいうと，セッション管理とは，クライアントとサーバ間でログインした情報を保持することです。保持しておけば，別のページに遷移したとしても，IDやパスワードを再入力する必要がありません。

- Webブラウザから最初にアクセスを受けたときに，ランダムな値のセッションIDを生成する。
- Webブラウザへの応答時に，CookieにセッションIDを書き込んで送信する。
- WebブラウザによるECサーバへのアクセスの開始から終了までの一連の通信を，セッションIDを基に，同一のセッションとして管理する。

上の2行の内容を，具体的な事例で紹介します。

- 1行目ですが，PCのWebブラウザからWebサーバに接続する（HTTPリクエストを送る）と，WebサーバはPCに対してHTTPレスポンスを返します。このHTTPレスポンスのSet-Cookieヘッダーフィールドに，セッションID（下図左の場合，PHPSESSID＝pkia17～）をPCのブラウザに保持するように指示します。
- 2行目ですが，セッションIDを受け取ったPCは，Cookie情報を保持します。そして，Webサーバにアクセスするときには，HTTPリクエストのCookieヘッダーフィールドに，受け取ったセッションIDを入れて送信します。

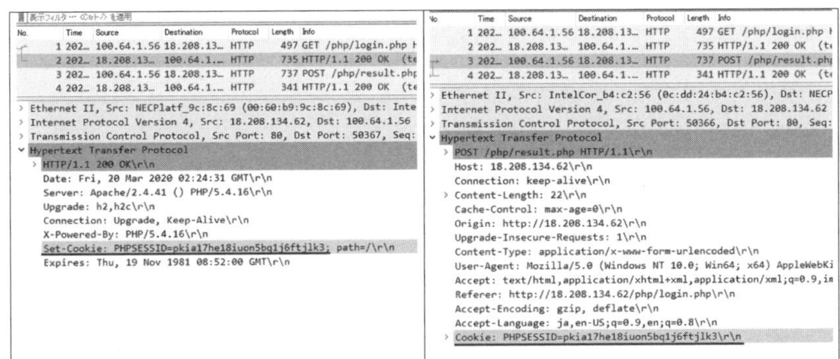

■PCへのHTTPレスポンス（左）とサーバへのHTTPリクエスト（右）

〔ECサイトの応答速度の低下〕

最近，購買担当者から，ECサイト利用時の応答が遅くなったというクレームが入るようになった。そこで，Y社の情報システム部（以下，情シスという）のネットワークチームのX主任は，運用PCを使用して次の手順で原因究明を行った。

(1) 購買担当者と同じURLでアクセスし，応答が遅いことを確認した。

(2) ecsv.example.jp及びecsv.y-sha.example.lan宛てに，それぞれpingコマンドを発行して応答時間を測定したところ，両者の測定結果に大きな違いはなかった。

(3) FWzのログからはサイバー攻撃の兆候は検出されなかった。

(4) sshコマンドで①ecsv.y-sha.example.lanにアクセスしてCPU使用率を調べたところ，設計値を大きく超えていた。

この結果から，X主任は，ECサーバが処理能力不足になったと判断した。

応答が遅くなった原因の究明を行っています。何か重要な手がかりがあるかと思いきや，特にありません。単に，ECサーバが処理能力不足のようです。

下線①は設問2（2）で解説します。

〔ECサーバの増強構成の設計〕

X主任は，ECサーバの増強が必要になったことを上司のW課長に報告し，W課長からECサーバの増強構成の設計指示を受けた。

ECサーバの増強策としてスケール［ g ］方式とスケール［ h ］方式を比較検討し，ECサイトを停止せずにECサーバの増強を行える，スケール［ h ］方式を採用することを考えた。

ECサーバの増強についてです。このあとに記載がありますが，負荷分散装置を使って増強します。

空欄gとhは，設問3（1）で解説します。

X主任は，②ECサーバを2台にすればECサイトは十分な処理能力をもつことになるが，2台増設して3台にし，負荷分散装置（以下，LBという）

によって処理を振り分ける構成を設計した。

下線②は，設問3（2）で解説します。

ECサーバの増強構成を図3に示し，DNSサーバに追加する社内向けドメインのリソースレコードを図4に示す。

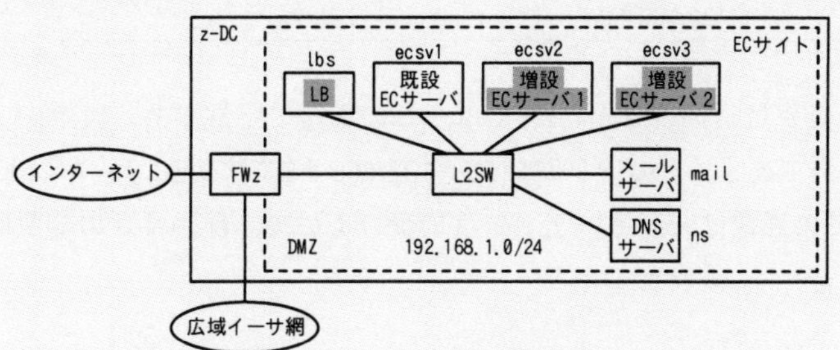

注記　lbsはLBのホスト名であり，ecsv1〜ecsv3は増強後のECサーバのホスト名である。

図3　ECサーバの増強構成（抜粋）

図1との違いを確認しましょう。ECサーバ2台とLBが追加されています。

lbs	IN	A	192.168.1.4	; LBの物理IPアドレス
ecsv1	IN	A	192.168.1.5	; 既設ECサーバのIPアドレス
ecsv2	IN	A	192.168.1.6	; 増設ECサーバ1のIPアドレス
ecsv3	IN	A	192.168.1.7	; 増設ECサーバ2のIPアドレス

図4　DNSサーバに追加する社内向けドメインのリソースレコード

今回追加したLB（lbs）とECサーバ（ecsv2とecsv3）に，それぞれIPアドレスを割り当てます。また，既設ECサーバはホスト名がecsv，IPアドレスは192.168.1.2でした。変更後はホスト名をecsv1にし，IPアドレスを192.168.1.5にしています。

ということは，表1のFWzの静的NATを，変換する必要がありますね？

質問の意図は，静的NATの設定に関して，以下の変更が必要かということですね？ 具体的には，ECサーバ（100. α . β .2）宛ての通信を，192.168.1.2からLBの物理IPアドレス（192.168.1.4）に変更することです。

変換前IPアドレス	変換後IPアドレス	プロトコル／宛先ポート番号
100. α . β .1	192.168.1.1	TCP/53，UDP/53
100. α . β .2	~~192.168.1.2~~ → 192.168.1.4	TCP/443
100. α . β .3	192.168.1.3	TCP/25

実は，この変更は行いません。LBには，このあとに記載がある仮想IPアドレスを割り当てます。そのIPアドレスが192.168.1.2です。ECサーバ(100. α . β .2）宛ての通信は，仮想IPアドレスで受けるので，静的NATの変更はありません。

ECサーバ増強後，購買担当者がWebブラウザでhttps://ecsv.example.jp/を指定してECサーバにアクセスし，アクセス先が既設ECサーバに振り分けられたときのパケットの転送経路を図5に示す。

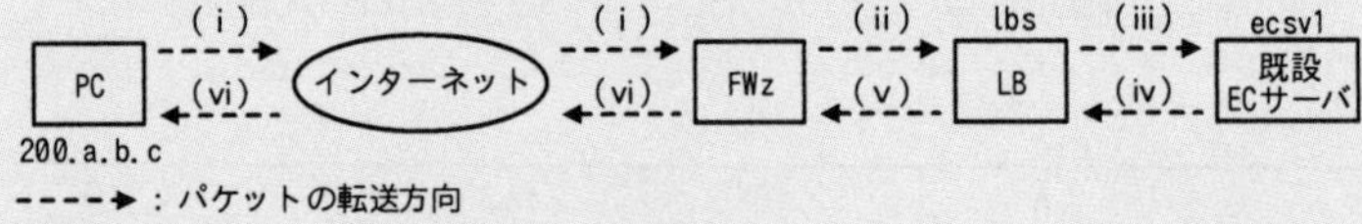

図5 既設ECサーバに振り分けられたときのパケットの転送経路

LBの構成はいくつかありますが，以下のようにネットワークのインラインに配置する方法がわかりやすい構成例です。

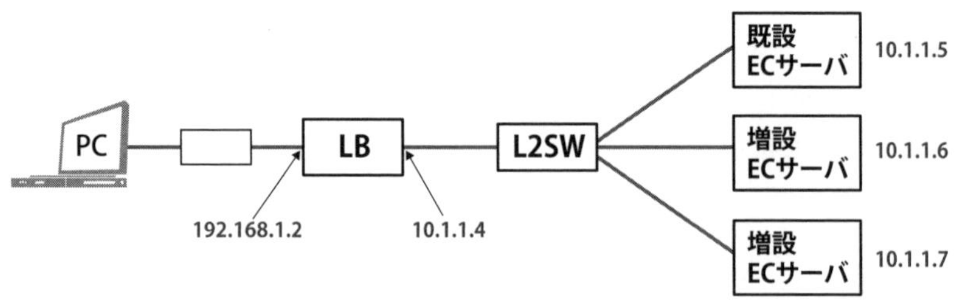

■インラインに配置したLBの構成

図5を見ると，今回もこの構成ですよね？

いえ，図5はパケットの流れだけであって，物理構成ではありません。前図のインラインに配置する場合，LBには二つのインタフェースがあります。そして，それぞれ異なるセグメントのIPアドレスを割り当てます。一方の今回は，図3を見るとわかるように，インタフェースは一つです。

ですが，通信の流れとしては，送信元であるPCとLB（下図❶），LBと振分け先のサーバ（下図❷）の二つのTCPコネクションが確立され，結果的に図5のような流れになります。

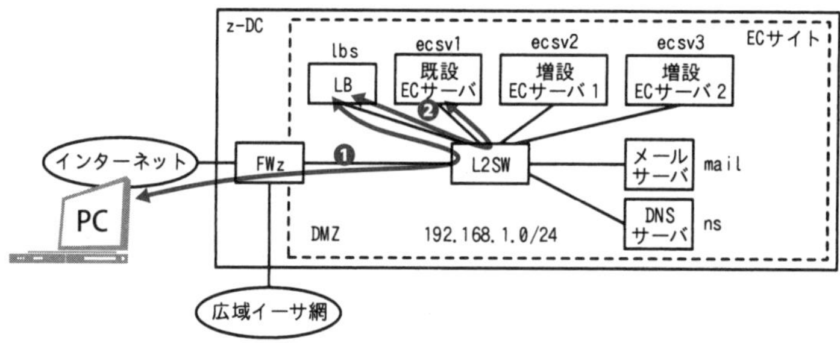

導入するLBには，負荷分散用のIPアドレスである仮想IPアドレスで受信したパケットをECサーバに振り分けるとき，

ここにあるように，LBが受信するパケットは，物理IPアドレス（192.168.1.4）宛てではなく，仮想IPアドレス（192.168.1.2）宛てです。

Q. LBにはどんな設定がされているか。

一般的には，以下の設定がされています。

仮想IPアドレス	振分け方式	振分け先サーバ
192.168.1.2	ラウンドロビンなど	192.168.1.5
		192.168.1.6
		192.168.1.7

送信元IPアドレスを変換する方式（以下，ソースNATという）と変換しない方式の二つがある。図5中の（ｉ）～（vi）でのIPヘッダーのIPアドレスの内容を表2に示す。

表2　図5中の(ｉ)～(vi)での IP ヘッダーの IP アドレスの内容

図5中の番号	LB でソース NAT を行わない場合		LB でソース NAT を行う場合	
	送信元 IP アドレス	宛先 IP アドレス	送信元 IP アドレス	宛先 IP アドレス
(ｉ)	200.a.b.c	i	200.a.b.c	i
(ii)	200.a.b.c	j	200.a.b.c	j
(iii)	200.a.b.c	192.168.1.5	k	192.168.1.5
(iv)	192.168.1.5	200.a.b.c	192.168.1.5	k
(ｖ)	j	200.a.b.c	j	200.a.b.c
(vi)	i	200.a.b.c	i	200.a.b.c

ソースNATでは，送信元IPアドレスを自分自身（＝LB）に変更します。

なぜソースNATをするのですか？

順を追って説明します。

LBの処理は，ルータのように，単純にパケットを転送するのではありません。すでに述べましたが，プロキシサーバみたいに送信側と宛先側で，二つのTCPコネクションを持ちます。

次の流れで通信を考えます。

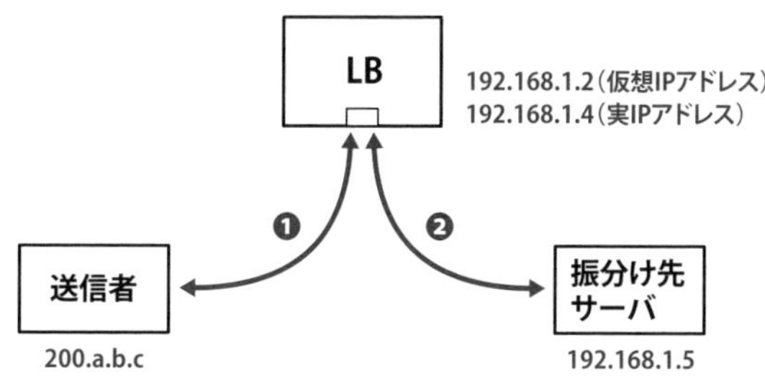

■二つのTCPコネクション

そして，LBが❶と❷の二つのTCPコネクションを管理することで，振分け処理を適切に行うことができます。このとき，❷において，振分け先サーバへ送ったパケットがLBに戻ってこないと面倒です。そのためにLBでは，ソースNATとして，送信元IPアドレスを自分自身に変えます（または，振分けサーバのデフォルトゲートウェイをLBに向けます）。そうすれば，❷の戻りパケットは確実に自分に戻ってきます。

❷で送ったパケットが，LBに戻ってこないことなんてあるのですか？

はい，あります。詳しくは設問3（3）で解説します。

〔ECサーバの増強構成とLBの設定〕

X主任が設計した内容をW課長に説明したときの，2人の会話を次に示す。

X主任：LBを利用してECサーバを増強する構成を考えました。購買担当者がECサーバにアクセスするときのURLの変更は不要です。

購買担当者は，インターネット経由で通信をしてきますが，URLはhttps://ecsv.example.jpのまま変わりません。

W課長：DNSサーバに対しては，図4のレコードを追加するだけで良いのでしょうか。

X主任：そうです。ECサーバの増強後も，図2で示したゾーン情報の変更は不要ですが，③図2中の項番5と項番11のリソースレコードは，図3の構成では図1とは違う機器の特別なIPアドレスを示すことになります。

わかりづらい日本語ですね。

はい，そう思います。

少し説明をすると，「図2で示したゾーン情報の変更は不要」とあるので，増強前も後も，項番5と項番11のIPアドレスは変わりません。

■項番5と項番11のIPアドレス

項番	ゾーン情報
5	ecsv IN A （省略） ←100.α.β.2で変わらず
11	ecsv IN A （省略） ←192.168.1.2で変わらず

ですが，192.168.1.2が割り当てられる機器が変わります。p.274ですでに説明済みですが，設問4（1）で詳しく解説します。

また，④図4のリソースレコードの追加に対応して，既設ECサーバに設定されている二つの情報を変更します。

下線④は，設問4（2）で説明します。

W課長：分かりました。LBではソースNATを行うのでしょうか。
X主任：現在のECサーバの運用を変更しないために，ソースNATは行わない予定です。この場合，パケットの転送を図5の経路にするために，⑤既設ECサーバでは，デフォルトゲートウェイのIPアドレスを変更します。

p.277で述べましたが，LBから振分け先のサーバに送ったパケットは，LBに戻してもらう必要があります。そのために，ソースNATまたはデフォルトゲートウェイの変更を行います。

詳しくは設問4（3）で解説します。

W課長：次に，ECサーバのメンテナンス方法を説明してください。

X主任：はい。まず，メンテナンスを行うECサーバを負荷分散の対象から外し，その後に，運用PCから当該ECサーバにアクセスして，メンテナンス作業を行います。

このメンテナンス方法であれば，利用者の通信が切断されません。

W課長：X主任が考えている設定では，運用PCからECサーバとは通信できないと思いますが，どうでしょうか。

X主任：うっかりしていました。導入予定のLBはルータとしては動作しませんから，ご指摘の問題が発生してしまいます。対策方法として，ECサーバに設定するデフォルトゲートウェイを図1の構成時のままとし，LBではソースNATを行うとともに，⑥ECサーバ宛てに送信するHTTPヘッダーにX-Forwarded-Forフィールドを追加するようにします。

「X主任が考えている設定」とは，ECサーバのデフォルトゲートウェイをLBに変更することです。この設定は何が問題なのかを解説します。

ECサーバとLBは同一セグメントですよね？ レイヤー2の通信ですから，デフォルトゲートウェイは何でもいいのでは？

そのとおりです。振分け処理に関しては，ECサーバのデフォルトゲートウェイは何でもいいです。ですが，問題文に記載があるように，運用PCから直接ECサーバへの通信をするときには問題が発生します。

たとえば，運用PCから増設ECサーバ2にパケットを送ったとします。その戻りのパケットの流れは次のようになります。

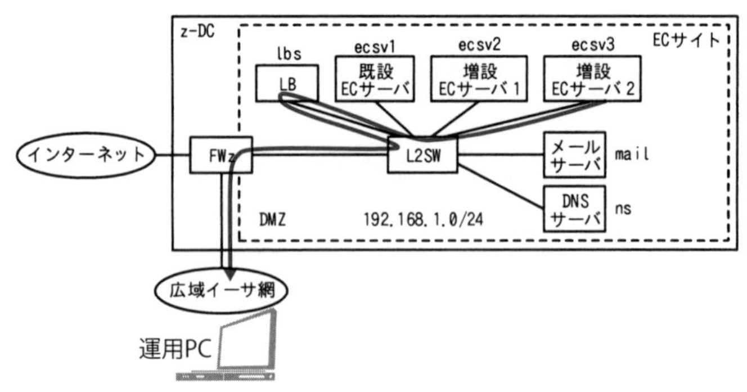

■ **増設ECサーバ2から運用PCへの戻りのパケットの流れ**

ECサーバのデフォルトゲートウェイはLBです。ですから，ECサーバは，LBにパケットを送ります。ですが，LBはルータではありません。単にパソコンやサーバと思ってもらえばいいのですが，パケットを転送するルーティング処理をしてくれません。問題文にも「導入予定のLBはルータとして動作しない」とあります。

ですから，ECサーバのデフォルトゲートウェイはFWz（＝図1の構成時のまま）にします。

W課長：それで良いでしょう。ところで，図3の構成では，増設ECサーバにもサーバ証明書をインストールすることになるのでしょうか。

X主任：いいえ。増設ECサーバにはインストールせずに<u>⑦既設ECサーバ内のサーバ証明書の流用で対応できます</u>。

W課長：分かりました。負荷分散やセッション維持などの方法は設計済みでしょうか。

X主任：構成が決まりましたので，これからLBの制御方式について検討します。

HTTPSの通信をする際に，サーバ証明書をサーバに配置します。では，LBを導入したとき，サーバ証明書をどこに置けばいいでしょうか。

正解は，「LBに置く」の一択です。

各サーバに証明書を配置してはだめですか？

1台のLBに配置すればいいものを，すべての振分け先のサーバに証明書を配置するのは面倒ですよね。それに証明書を使ってHTTPS通信をされると，LBでは通信の中身を見ることができません。その結果，LBは，レイヤー7での振分け処理ができないのです。

〔LBの制御方式の検討〕

X主任は，導入予定のLBがもつ負荷分散機能，セッション維持機能，ヘルスチェック機能の三つについて調査し，次の方式を利用することにした。

- 負荷分散機能

　アクセス元であるクライアントからのリクエストを，負荷分散対象のサーバに振り分ける機能である。Y社のECサーバは，リクエストの内容によってサーバに掛かる負荷が大きく異なるので，ECサーバにエージェントを導入し，エージェントが取得した情報を基に，ECサーバに掛かる負荷の偏りを小さくすることが可能な動的振分け方式を利用する。

「エージェント」とありますが，簡易なソフトウェアです。サーバのCPUやメモリの使用率などを取得し，LBに情報を送ります。

「動的振分け方式」ですが，最もコネクション数が少ないもの，応答時間が最も短いもの，サーバの負荷が小さいものなどの方法で振り分けます。対となるのが「静的振分け方式」で，ラウンドロビンや重みづけラウンドロビンなど，あらかじめ決められたルールで振り分けます。

- セッション維持機能

　同一のアクセス元からのリクエストを，同一セッションの間は同じサーバに転送する機能である。

参考ですが，LBのセッション維持機能は，令和元年のネットワークスペシャリスト試験でも登場しました。

さて，セッション維持はとても大事です。セッション維持をしていないと，ecsv1に振り分けられて買い物をしていたのに，途中からecsv2に接続されたりします。それまでのカートの情報などが保持されません。

アクセス元の識別は，IPアドレス，IPアドレスとポート番号との組合せ，及びCookieに記録された情報によって行う，三つの方式がある。IPアドレスでアクセス元を識別する場合，インターネットアクセス時に送信元IPアドレスが同じアドレスになる会員企業では，複数の購買担当者がアクセスするECサーバが同一になってしまう問題が発生する。

「送信元IPアドレスが同じアドレスになる会員企業」とありますが，多くの場合はNAPTをしているので，こうなります。

そうなると，同じIPアドレスの人は，すべて同じサーバに振り分けられてしまいます。

これ，何が問題なんでしたっけ？

負荷が偏るというデメリットはあるでしょうが，微々たるものでしょう。たいしたデメリットはありません。

⑧IPアドレスとポート番号との組合せでアクセス元を識別する場合は，TCPコネクションが切断されると再接続時にセッション維持ができなくなる問題が発生する。そこで，⑨Cookie中のセッションIDと振分け先のサーバから構成されるセッション管理テーブルをLBが作成し，このテーブルを使用してセッションを維持する方式を利用する。

ポート番号ですが，宛先ポート番号は443で固定です。ですから，実質的には送信元ポート番号で識別すると考えてください。

下線⑧は，設問5（1），下線⑨は，設問5（2）で解説します。

• ヘルスチェック機能

振分け先のサーバの稼働状態を定期的に監視し，障害が発生したサーバを負荷分散の対象から外す機能である。⑩ヘルスチェックは，レイヤー3，4及び7の各レイヤーで稼働状態を監視する方式があり，ここではレイヤー7方式を利用する。

ヘルスチェック機能として，振分け先のサーバが正常動作しているかを監視します。

下線⑩は，設問5（3）で解説します。

X主任が，LBの制御方式の検討結果をW課長に説明した後，W課長から新たな検討事項の指示を受けた。そのときの，2人の会話を次に示す。

W課長：運用チームから，ECサイトのアカウント情報の管理負荷が大きくなってきたので，管理負荷の軽減策の検討要望が挙がっています。会員企業からは，自社で管理しているアカウント情報を使ってECサーバにログインできるようにして欲しいとの要望があります。これらの要望に応えるために，ECサーバのSAML2.0（Security Assertion Markup Language 2.0）への対応について検討してください。

X主任：分かりました。検討してみます。

最近の定番になってきたSSO認証の問題です。R4年度 午後Ⅰ問3ではケルベロス認証が問われました。今年はSAMLと，ケルベロス認証についてです。

〔SAML2.0の調査とECサーバへの対応の検討〕

X主任がSAML2.0について調査して理解した内容を次に示す。

• SAMLは，認証・認可の要求／応答のプロトコルとその情報を表現するための標準規格であり，一度の認証で複数のサービスが利用できるシングルサインオン（以下，SSOという）を実現することができる。
• SAMLでは，利用者にサービスを提供するSP（Service Provider）と，利用者の認証・認可の情報をSPに提供するIdP（Identity Provider）との間で，情報の交換を行う。

苦手なんですよ。SAMLとか，複雑なシーケンスが。

そう思います。しかも今回は,SAMLに加えケルベロス認証が組み合わさっていますから，さらに複雑です。ただ，今回の設問に限っていうと，SAMLの知識はほとんど使いません。デジタル署名やネットワークの基礎知識があれば解ける問題になっています。なので今回は，SAMLやケルベロス認証に関する解説は限りなく少なくしました。SAMLに関しては，1章6節で基礎だけまとめているので，そちらをご確認ください。ケルベロス認証に関しては,『ネスペR4』に詳しく説明していますので,必要に応じてご確認ください。

では，今回の場合の，SAMLの役割を整理しておきます。

■SAMLの役割

役割	内容	今回の場合
SP(Service Provider)	利用者にサービスを提供する	Y社のECサーバ
IdP(Identity Provider)	利用者の認証・認可の情報をSPに提供する	認証連携サーバ（新たに導入）
認証サーバ	アカウント情報を管理	DS（KDC）

- IdPは，SAMLアサーションと呼ばれるXMLドキュメントを作成し，利用者を介してSPに送信する。SAMLアサーションには，次の三つの種類がある。

(a) 利用者がIdPにログインした時刻，場所，使用した認証の種類などの情報が記述される。
(b) 利用者の名前，生年月日など利用者を識別する情報が記述される。
(c) 利用者がもつサービスを利用する権限などの情報が記述される。

SAMLアサーションとは，認証結果の情報です。図7では，（viii）のSAML Responseに記載されます。

さて，三つの種類とありますが，(a)～(c)のどれか一つだけしか記載できないわけではありません。今回の場合，少なくとも(b)や(c)の内容は記載されていると思われます。ただ，この内容は設問に関係しません。

- SPは，IdPから提供されたSAMLアサーションを基に，利用者にサービスを提供する。
- IdP，SP及び利用者間の情報の交換方法は，SAMLプロトコルとしてまとめられており，メッセージの送受信にはHTTPなどが使われる。

SAMLの基本的なことが記載されています。特筆することはありません。

- z-DCで稼働するY社のECサーバがSAMLのSPに対応すれば，購買担当者は，自社内のディレクトリサーバ（以下，DSという）などで管理するアカウント情報を使って，ECサーバに安全にSSOでアクセスできる。

「自社内のディレクトリサーバ」は，マイクロソフト社のActive Directoryをイメージしてください。Active Directoryは多くの企業で導入され，ユーザのアカウント情報を一元管理しています。

今回，SAMLの認証サーバは，DSが該当します。

X主任は，ケルベロス認証を利用して社内のサーバにSSOでアクセスしている会員企業e社を例として取り上げ，e社内のPCがSAMLを利用してY社のECサーバにもSSOでアクセスする場合のシステム構成及び通信手順について考えた。

SAMLは一旦忘れてください。ここから，ケルベロス認証に関する仕組みの解説です。

会員企業e社のシステム構成を図6に示す。

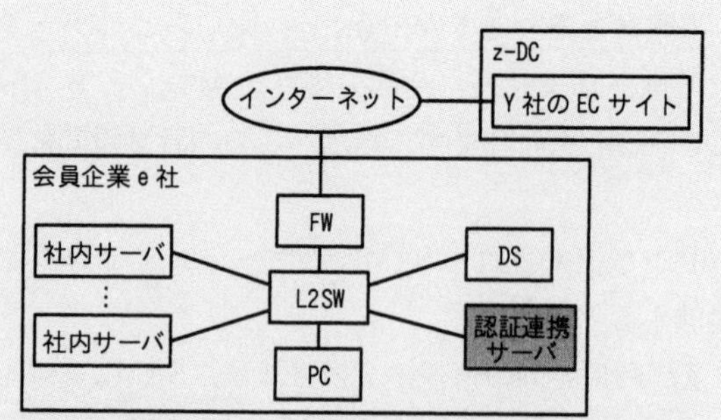

注記　網掛けの認証連携サーバは，SAMLを利用するために新たに導入する。

図6　会員企業e社のシステム構成（抜粋）

図6で示した会員企業e社のシステムの概要を次に示す。

- e社ではケルベロス認証を利用し，社内サーバにSSOでアクセスしている。
- e社内のDSは，従業員のアカウント情報を管理している。
- PC及び社内サーバは，それぞれ自身の共通鍵を保有している。
- DSは，PC及び社内サーバそれぞれの共通鍵の管理を行うとともに，チケットの発行を行う鍵配布センター（以下，KDCという）機能をもっている。

ケルベロス認証の特徴の一つが，共通鍵を使う点です。認証情報（ID/パスワード）などをやり取りする際に，第三者に盗聴されないように，共有鍵にて暗号化します。そのため，PC（及び社内サーバ）の共通鍵は，DSにも保管します。

- KDCが発行するチケットには，PCの利用者の身分証明書に相当するチケット（以下，TGTという）とPCの利用者がアクセスするサーバで認証を受けるためのチケット（以下，STという）の2種類がある。

TGTとSTの二つのチケットを使います。詳しくはこのあとの通信手順（図7）で解説します。

- 認証連携サーバはIdPとして働き，ケルベロス認証とSAMLとの間で認証連携を行う。

ケルベロス認証とSAMLによる認証が連携します。複雑ですね。

ざっくりいいますと，SAMLの通信手順において，IdPから認証サーバへの認証だけにケルベロス認証を使います。

X主任は，e社内のPCからY社のECサーバにSAMLを利用してSSOでアクセスするときの通信手順と処理の概要を，次のようにまとめた。

e社内のPCからECサーバにSSOでアクセスするときの通信手順を図7に示す。

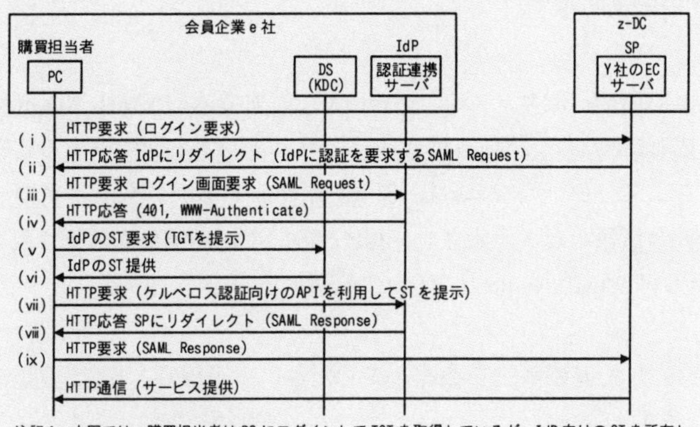

注記1　本図では，購買担当者はPCにログインしてTGTを取得しているが，IdP向けのSTを所有していない状態での通信手順を示している。
注記2　LBの記述は，図中から省略している。

図7　e社内のPCからECサーバにSSOでアクセスするときの通信手順（抜粋）

図7は，基礎解説でも述べたとおり（p.59），一般的なSAMLの認証の流れです。ただ，違いがいくつかあります。すでに述べましたが，認証サーバとの通信は，ケルベロス認証（図の（ⅴ）～（ⅶ））を使います。これにより，基礎解説で述べたシーケンスとも若干異なっています。

注記1がいいたいことは，ケルベロス認証の最初の手続きが終わっているということです。具体的には，PCがログインした際にDSから認証を受けています。ですから，PCは，KDCから身分証明書に当たるTGTをすでに受信しています。しかし，IdP向けのSTはまだ所有していません。

図7中の，（ⅰ）～（ⅸ）の処理の概要を次に示す。

さて，ここから通信手順の詳細な説明に入ります。すでにお伝えしましたが，今回の設問の場合，SAMLやケルベロス認証の仕組みを理解しないと解けないわけではありません。なので，解説は最小限にします。

（i）購買担当者がPCを使用してECサーバにログイン要求を行う。

「ログイン要求」とありますが，特別な手順があるわけではありません。購買担当者はブラウザを使って，ECサーバのURL（https://ecsv.example.jp/）にアクセスします。

（ii）SPであるECサーバは，⑪SAML認証要求（SAML Request）を作成しIdPである認証連携サーバにリダイレクトを要求する応答を行う。ここで，ECサーバには，⑫IdPが作成するデジタル署名の検証に必要な情報などが設定され，IdPとの間で信頼関係が構築されている。

（iii）PCはSAML RequestをIdPに転送する。

このあたりは，基礎解説を参照してください。下線⑪と⑫は，設問6（1）（2）で解説します。

（iv）IdPはPCに認証を求める。

（v）PCは，KDCにTGTを提示してIdPへのアクセスに必要なSTの発行を要求する。

（vi）KDCは，TGTを基に，購買担当者の身元情報やセッション鍵が含まれたSTを発行し，IdPの鍵でSTを暗号化する。さらに，KDCは，暗号化したSTにセッション鍵などを付加し，全体をPCの鍵で暗号化した情報をPCに払い出す。

（vii）PCは，⑬受信した情報の中からSTを取り出し，ケルベロス認証向けのAPIを利用して，STをIdPに提示する。

さて，ケルベロス認証に関する設問は，下線⑬に関する設問6（3）だけです。なので，ケルベロス認証に関する解説は，次ページの参考解説にまとめました。興味がある人は，ぜひ読んでください。

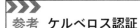

参考 ケルベロス認証

ケルベロス認証の概要から簡単に整理します。

(1) 二つのチケット

ケルベロス認証では，チケットによって認証処理を行います。チケットは2種類あり，いずれもKDCから発行されます。あくまでもイメージとしてだけですが，遊園地に例えるなら，TGTが入場券，STが乗り物券にあたります。受付（KDC）で本人認証を受けて入場券（TGT）をもらいます。その後，各アトラクション（IdPなど社内サーバ）専用の乗り物券（ST）を受付（KDC）でもらいます。

①TGT（**チケット保証チケット**；Ticket Granting Ticket）

身分証明書に該当するチケットです。購買担当者がPCにログインする際にKDCから取得します（図7の注記1に，その旨の記載があります）

②ST（**サービスチケット**；Service Ticket）

PCがSSO対象のサーバ(社内サーバやIdP)に提示する個別のチケットです。

(2) ケルベロス認証に関する通信手順

ケルベロス認証に関連する通信手順である(iii)～(vii)を詳細に解説します。こちらは，図に内容の解説を含めています。図7と対比しながら確認してください。

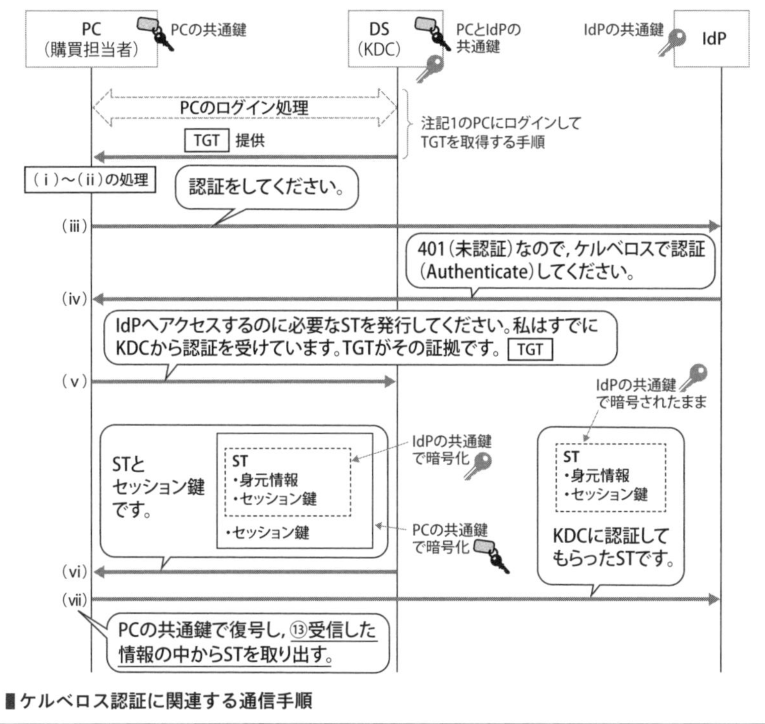

■ケルベロス認証に関連する通信手順

(ⅷ) IdPは，STの内容を基に購買担当者を認証し，デジタル署名付きのSAMLアサーションを含むSAML応答（SAML Response）を作成して，SPにリダイレクトを要求する応答を行う。

(ix) PCは，SAML ResponseをSPに転送する。SPは，SAML Responseに含まれる⑭デジタル署名を検証し，検証結果に問題がない場合，SAMLアサーションを基に，購買担当者が正当な利用者であることの確認，及び購買担当者に対して提供するサービス範囲を定めた利用権限の付与の，二つの処理を行う。

IdPで，認証が無事に成功しました。なので，その結果を（ⅷ）と（ix）にてSPに伝えます。

下線⑭は設問6（4）で解説します。

X主任は，ECサーバのSAML2.0対応の検討結果を基に，SAML2.0に対応する場合のECサーバプログラムの改修作業の概要をW課長に説明した。

W課長は，X主任の設計したECサーバの増強案，及びSAML2.0対応のためのECサーバの改修などについて，経営会議で提案して承認を得ることができた。

問題文の解説はここまでです。おつかれさまでした。

設問の解説

設問1

図2中の[a]，[b]に入れる適切なリソースレコード名を，[c]～[f]に入れる適切なIPアドレスを，それぞれ答えよ。

空欄a

項番	ゾーン情報
1	@ IN SOA ns.example.jp. hostmaster.example.jp.（省略）
2	IN [a] ns.example.jp.
3	IN [b] 10 mail.example.jp.
4	ns IN A [c]
5	ecsv IN A （省略）
6	mail IN A [d]
7	@ IN SOA ns.y-sha.example.lan. hostmaster.y-sha.example.lan.（省略）
8	IN [a] ns.y-sha.example.lan.
9	IN [b] 10 mail.y-sha.example.lan.
10	ns IN A [e]
11	ecsv IN A （省略）
12	mail IN A [f]

図2　DNSサーバに設定されているゾーン情報（抜粋）

DNSの基礎知識です。合格するためには，全問正解してほしいところです。

項番1はそれほど大事ではないのですが，念のため解説します。読み飛ばしてもらってもかまいません。

1	@ IN SOA ns.example.jp. hostmaster.example.jp.（省略）

- **@**　：ドメイン名を省略したものです。example.jp.と書いても同じになります。
- **IN**　：リソースレコードのクラスとして，IN（＝Internet）を指定しています。ただ，他のクラスは使わないので，実質的にはあまり意味はありません。
- **SOA**：SOA（Start Of Authority）レコードを意味しますが，このゾーン（＝example.jp）に関する情報を記載するレコードです（直後に，このゾーンのネームサーバやメールアドレスが記載されます)。

- **ns.example.jp.**：このゾーンのネームサーバが，ns.example.jpであることを意味します。また，この情報から，このDNSサーバのドメインがexample.jpであることもわかります。末尾の「.」に関しては，後ほど説明します。
- **hostmaster.example.jp.**：管理者のメールアドレスがhostmaster@example.jpという意味です。何かあったときの連絡先です。

空欄a，b

2	IN	a		ns.example.jp.
3	IN	b	10	mail.example.jp.

INの後ろの位置ですから，リソースレコードのタイプが入ります。リソースレコードのタイプには，先に説明したSOA以外に，メールサーバを表すMX（Mail eXchanger）や，DNSサーバを表すNS（Name Server），ホストのIPアドレスを表すA（Address）などがあります。

項番2は，ns.example.jpとあります。空欄aには，DNSサーバとしてNSが入ります。nsがネームサーバであることは，図1や項番1からわかります。

項番3は，mail.example.jpとあります。空欄bには，メールサーバとしてMXが入ります。こちらも，図1からmailはメールサーバであるとわかります。また，10という優先度設定があるのもMXレコードの特徴です。参考ですが，複数のMXレコードがある場合，数字が小さいほうが優先されます。

解答例　空欄a：NS　　空欄b：MX

余談ですが，ns.example.jp.の最後の「.」の意味を説明します。この「.」がないと自動的にこのゾーンのドメインである「example.jp」が付与されます。なので，ns.example.jp.example.jpという意味になってしまいます。項番2は，「.」を付与せずに「IN　NS　ns」と記載することも可能です。この場合，nsの後ろに「.」がないので，example.jpが自動的に付与されて，ns.example.jpを意味します。

空欄c，d

4	ns	IN	A	c
5	ecsv	IN	A	（省略）
6	mail	IN	A	d

空欄cとdには，リソースのデータが入ります。Aレコードにおけるリソースデータは IPアドレスです。では，ns(DNSサーバ)のIPアドレスは何でしょうか。この正解を導くには，表1を見る必要があります。

問題文で解説した表を再掲します。

変換前 IP アドレス	変換後 IP アドレス	プロトコル／宛先ポート番号	該当するサーバ
100.α.β.1	192.168.1.1	TCP/53，UDP/53	DNSサーバ(ns)
100.α.β.2	192.168.1.2	TCP/443	ECサーバ(ecsv)
100.α.β.3	192.168.1.3	TCP/25	メールサーバ(mail)

IP アドレスが二つあるんでしたね。

そうです。インターネットから接続してくる場合には，100.α.β.xのグローバルIPアドレス，Y社内から接続してくる場合には，192.168.1.xのプライベートIPアドレスを使います。さて，今回はどちらのIPアドレスを答えればいいでしょうか。

空欄cとdは，example.jpというインターネット向けのゾーン情報です。よって，グローバルIPアドレスを答えます。

解答例 空欄c：100.α.β.1　　空欄d：100.α.β.3

空欄e，f

問題文から空欄eの箇所を再掲します。

10	ns	IN	A	e
11	ecsv	IN	A	（省略）
12	mail	IN	A	f

空欄c，dと考え方は同じです。今度は，y-sha.example.lanという内部向けのゾーン情報です。よって，プライベートIPアドレスを答えます。

解答例	空欄e：192.168.1.1	空欄f：192.168.1.3

設問2

〔ECサイトの応答速度の低下〕について答えよ。

(1) URLをhttps://ecsv.y-sha.example.lan/に設定してECサーバにアクセスすると，TLSのハンドシェイク中にエラーメッセージがWebブラウザに表示される。その理由を，サーバ証明書のコモン名に着目して，25字以内で答えよ。

まず，サーバ証明書のコモン名とはなんだったでしょうか。IPAのWebサイトの証明書を見てみましょう。

以下は，Google Chromeでwww.ipa.go.jpに接続し，URLの横の鍵マークをクリック，「この接続は保護されています」「証明書は有効です」を順にクリックした画面です。

■IPAのWebサイトの証明書

ここで,「発行元」というのは,証明書を発行した認証局を指し,「発行先」がIPAです。色枠内にCN（Common Name：コモンネーム）とありますが,これが「コモン名」です。

設問文に「TLSのハンドシェイク中」とありますが,HTTPS（HTTP over SSL/TLS）通信はそのフルスペルにあるように,TLS（Transport Layer Security）通信です。TLSでは,セキュリティを保つために,通信の暗号化だけでなく,電子証明書を使った通信相手の認証を行います。具体的には,接続するFQDNと証明書のCNが一致するかを確認します。正規のIPAのWebサイトに接続した場合はどちらも同じ値ですから,エラーは出ません。

■https://www.ipa.or.jpへ接続する場合

項目	値
接続するFQDN（URL）	www.ipa.go.jp
証明書のCN	www.ipa.go.jp

さて,この設問ですが,問題文にヒントがありました。

- ECサーバに登録されているサーバ証明書は一つであり,マルチドメインに対応していない。

問題文でも解説しましたが（p.268）,マルチドメインに対応したサーバ証明書であれば,一つの証明書でecsv.example.jpとecsv.y-sha.example.lanに対応します。今回は対応していないということなので,社内からのhttps://ecsv.y-sha.example.lan/へのHTTPS通信においては,以下のように値が一致しません。

■https://ecsv.y-sha.example.lan/へ接続する場合

項目	値
接続するFQDN（URL）	ecsv.y-sha.example.lan
証明書のCN	ecsv.example.jp

その結果,セキュリティ警告が出ます。

答案の書き方ですが,「サーバ証明書のコモン名に着目して」とあります。

着目したことがわかるように，「（サーバ証明書の）コモン名」を解答に入れましょう。また，理由が問われているので，文末は「から」で終わるようにしましょう。

解答例	コモン名とURLのドメインが異なるから（19字）

ドメインとありますが，正しくはFQDNです。よって「コモン名とURLのFQDNが異なるから」でも正解だったことでしょう。

参考までに，Webブラウザに表示されるエラーメッセージの画面を以下に示します。どうやって表示させたかというと，トヨタ社のホームページ（https://toyota.jp/）に対して，IPアドレス（https://23.53.198.89/）で接続しました。証明書のCNはtoyota.jpなのに対し，接続したFQDNが23.53.198.89と，一致していないからです。

■エラーメッセージ

設問2

（2） 本文中の下線①でアクセスしたとき，運用PCが送信したパケットがECサーバに届くまでに経由する機器を，図1中の機器名で全て答えよ。

下線①には，「sshコマンドで①ecsv.y-sha.example.lanにアクセス」とあります。ecsv.y-sha.example.lanのIPアドレスは，図2の項番11では「（省略）」になっていますが，プライベートIPアドレスだと想像がつくと思います。

y-sha.example.lanのゾーンに関して，ecsvのIPアドレスは，プライベートIPアドレスの192.168.1.2です。

では，192.168.0.0/24のセグメントにある運用PCが，192.168.1.2のECサーバに通信する経路はどうなるでしょうか。簡単ですよね。インターネットを通らずに，広域イーサ網を経由します。

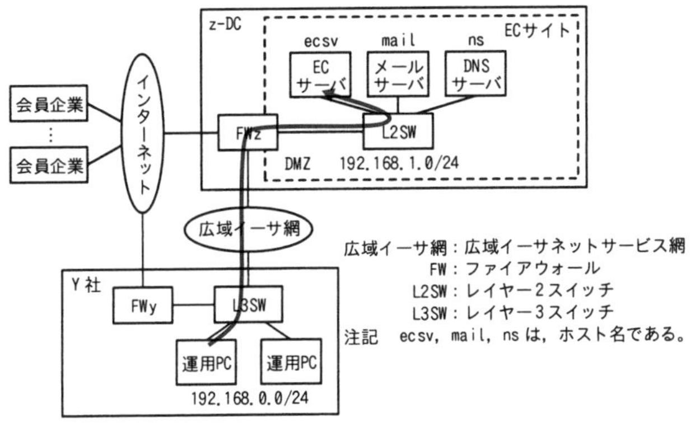

■運用PCから192.168.1.2のECサーバへの通信経路

経由する機器は，（運用PC）→L3SW→FWz→L2SW→（ECサーバ）です。

解答	L3SW，FWz，L2SW

設問3

〔ECサーバの増強構成の設計〕について答えよ。

(1) 本文中の[g]，[h]に入れる適切な字句を答えよ。

空欄g，h

ECサーバの増強策としてスケール[g]方式とスケール[h]方式を比較検討し，ECサイトを停止せずにECサーバの増強を行える，スケール[h]方式を採用することを考えた。

知らないと難しい問題です。解答例を見ましょう。

解答例	空欄g：**アップ**	空欄h：**アウト**

ではスケールアップとスケールアウトの違いを説明します。まず，過去問（H30年度春期AP試験 午前問14）を見てみましょう。

問14　物理サーバのスケールアウトに関する記述として，適切なものはどれか。

ア　サーバのCPUを高性能なものに交換することによって，サーバ当たりの処理能力を向上させること

イ　サーバの台数を増やして負荷分散することによって，サーバ群としての処理能力を向上させること

ウ　サーバのディスクを増設して冗長化することによって，サーバ当たりの信頼性を向上させること

エ　サーバのメモリを増設することによって，単位時間当たりの処理能力を向上させること

スケールアップに関する記述が選択肢ア，エです。ここにあるように，サーバのスペックを向上させます。スケールアップは，CPUやメモリ等を交換するので，サーバを停止する必要があります。一方，スケールアウトに関する記述が選択肢イです。サーバの台数を増やして負荷分散します。負荷分散

のやり方次第にもよりますが，システム全体としては，サービスを停止せずに増強することが可能です。

設問3

(2) 本文中の下線②について，2台ではなく3台構成にする目的を，35字以内で答えよ。ここで，将来のアクセス増加については考慮しないものとする。

問題文から下線②の箇所を再掲します。

X主任は，②ECサーバを2台にすればECサイトは十分な処理能力をもつことになるが，2台増設して3台にし，負荷分散装置（以下，LBという）によって処理を振り分ける構成を設計した。

文章がわかりづらいと感じた人もいることでしょう。比較するのは以下の二つです。

- 案1：ECサーバ2台を，負荷分散装置で振り分ける
- 案2：ECサーバ3台を，負荷分散装置で振り分ける

2台でも十分だけど，なぜ3台にするか。簡単ですよね。2台にして，そのうちの1台が故障したら，処理能力が十分ではなくなるからです。

答案の書き方ですが，上記のように，2台構成のデメリットを書いてはいけません。設問で指示された，「3台構成にする目的」を書いてください。「3台にすれば，1台故障しても処理能力を保てる」という主旨の内容を書いていれば，正解になったことでしょう。

解答例 1台故障時にも，ECサイトの応答速度の低下を発生させないため（30字）

(3) 表2中の[i]～[k]に入れる適切なIPアドレスを答えよ。

図5を再掲します。

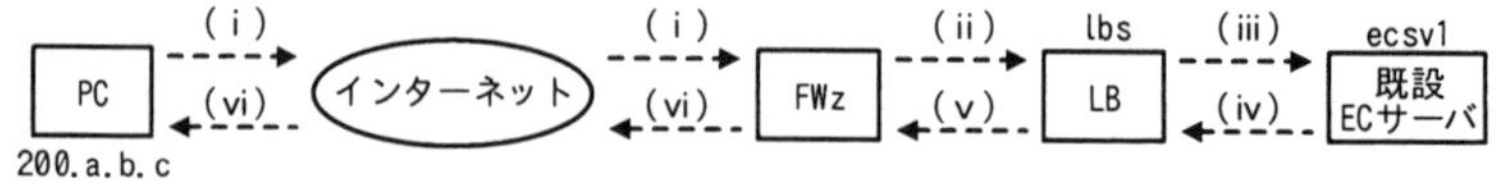

PC 200.a.b.c ―(i)→ インターネット ―(i)→ FWz ―(ii)→ LB (lbs) ―(iii)→ 既設ECサーバ (ecsv1)
既設ECサーバ ―(iv)→ LB ―(v)→ FWz ―(vi)→ インターネット ―(vi)→ PC

----▶：パケットの転送方向

注記　200.a.b.cは，グローバルIPアドレスを示す。

図5　既設ECサーバに振り分けられたときのパケットの転送経路

問題文に「導入するLBには，負荷分散用のIPアドレスである仮想IPアドレスで受信したパケットをECサーバに振り分ける」とあります。なので，LBが受け取る（ii）の宛先IPアドレスは，LBの仮想IPアドレスである192.168.1.2です。

では，以下の表2の空欄を，ソースNATを行わない場合と行う場合のそれぞれで，どんなパケットになるかを確認しましょう。

表2　図5中の(i)～(vi)でのIPヘッダーのIPアドレスの内容

図5中の番号	LBでソースNATを行わない場合		LBでソースNATを行う場合	
	送信元IPアドレス	宛先IPアドレス	送信元IPアドレス	宛先IPアドレス
(i)	200.a.b.c	[i]	200.a.b.c	[i]
(ii)	200.a.b.c	[j]	200.a.b.c	[j]
(iii)	200.a.b.c	192.168.1.5	[k]	192.168.1.5
(iv)	192.168.1.5	200.a.b.c	192.168.1.5	[k]
(v)	[j]	200.a.b.c	[j]	200.a.b.c
(vi)	[i]	200.a.b.c	[i]	200.a.b.c

(1) ソースNATを行わない場合

図5にIPアドレスを書き込みました（次ページ図）。FWzのインターネット側のIPアドレスは，100.α.β.2で，ECサイト側を192.168.1.254としました。LBの仮想IPアドレスは192.168.1.2で，既設ECサーバは192.168.1.5です。

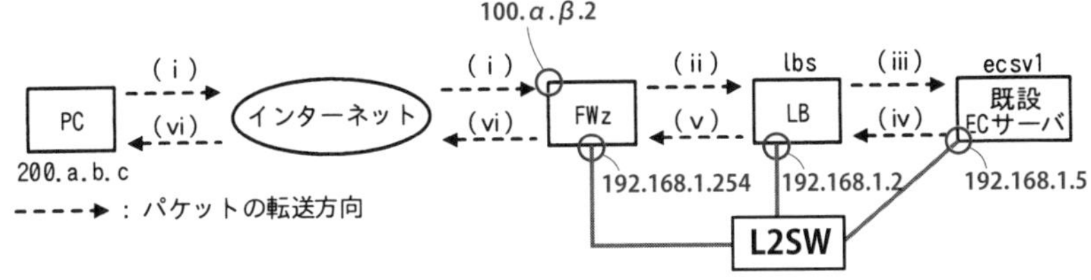

■図5にIPアドレスを追加

このとき大事なのが，物理的な接続です。FWzとLB，既設ECサーバは，図5のように接続されているのではなく，L2SWで接続されているという点です。

では，具体的なパケットです。次の図を見てください。色文字でパケットの宛先IPアドレスと送信元IPアドレスを記載しました。

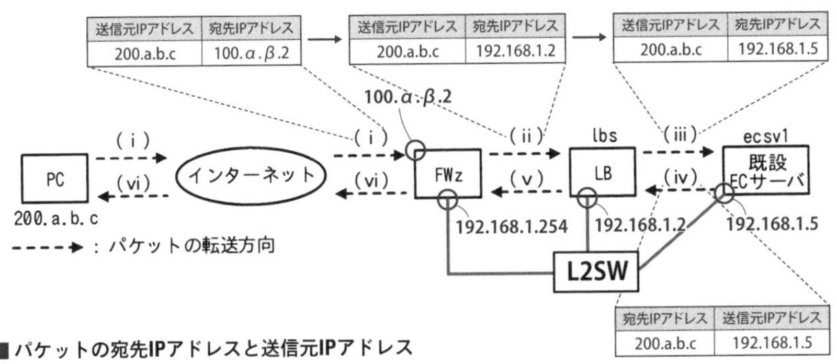

■パケットの宛先IPアドレスと送信元IPアドレス

(i) PCからFWzへの通信

送信元はPC（200.a.b.c）です。宛先は，既設ECサーバのNATをする前のIPアドレスなので，表1から100.α.β.2です。

(ii) FWzからLBへの通信

送信元のIPアドレスは変わらないので，200.a.b.cのままです。宛先IPアドレスは，FWzでNATされます。宛先は，LBの仮想IPアドレスである192.168.1.2です。

(iii) LBから既設ECサーバへの通信

LBでは，ecsv1（192.168.1.5）にパケットを届けるために，宛先IPアドレスを192.168.1.5に変換します。「LBでソースNATを行わない場合」を考えているので，送信元IPアドレスは，200.a.b.cのままです。

第3章 令和5年度 過去問解説 午後II 問2 問題 問題解説 設問解説

さて，このあとの（iv）（v）（vi）通信ですが，多少複雑です。それは，この先の解説を読んでもらうとわかるのですが，既設サーバのデフォルトゲートウェイを変えるなどの設定変更が必要になるからです。ここでは，行きのパケットの（i）（ii）（iii）を逆にしたのが（iv）（v）（vi）だと，単純に考えてください。

解答　空欄i：100. α . β .2　　　空欄j：192.168.1.2

(2) ソースNATを行う場合

ソースNATを行わないとX主任が主張しましたが，W課長の指摘を受け，実施することになりました。

さて，着目すべきはソースNATの部分です。図5でいうと（iii）と（iv）だけです。それ以外は，ソースNATを行わない場合と同じです。

では，p.301のLBの前後に注目した以下の図を見てください。（※まだソースNATをしていません）

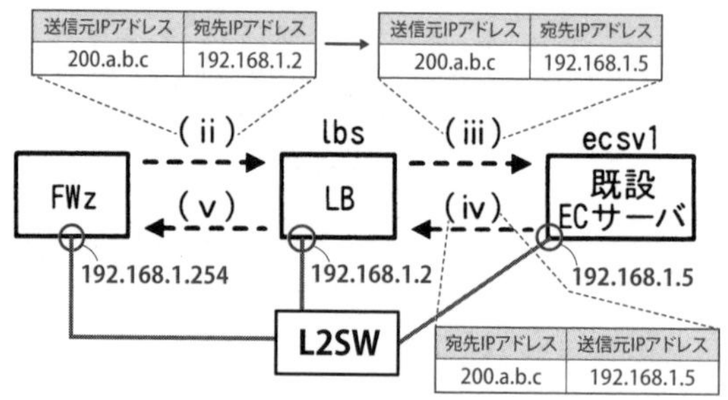

■ソースNATを行わない場合の（iii）と（iv）に着目

LBでは，送信元IPアドレスを何に変えるでしょうか。正解はLBのIPアドレスです。目的は，振分け先に送ったパケットを，自分（LB）に戻してほしいからです。ただ，LBには物理（192.168.1.4）と仮想（192.168.1.2）の二つのIPアドレスがあります。どちらを使うのでしょうか。

ないです。仮想IPアドレスの特性を考えましょう。仮に，仮想IPアドレス宛てにパケットが送られたとしましょう。LBは，どういう処理をすると思いますか？ LBは，振分け処理をしてしまいます。ですから，LBの物理IPアドレス宛にパケットを送るべきです。

最終的に，パケットの流れは以下のようになります。

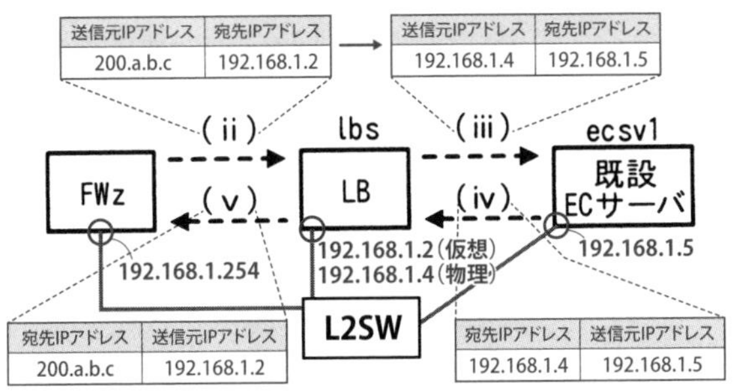

■ソースNATを行った場合のパケット

解答例 空欄k：192.168.1.4

設問4

〔ECサーバの増強構成とLBの設定〕について答えよ。

(1) 本文中の下線③について，どの機器を示すことになるかを図3中の機器名で答えよ。また，下線③の特別なIPアドレスは何と呼ばれるかを，本文中の字句で答えよ。

問題文から下線③の箇所を再掲します。

> ECサーバの増強後も，図2で示したゾーン情報の変更は不要ですが，③図2中の項番5と項番11のリソースレコードは，図3の構成では図1とは違う機器の特別なIPアドレスを示すことになります。

また，図2の項番5と項番11のリソースレコードは次のとおりです。

項番	ゾーン情報
5	ecsv　IN　A　（省略）　←100.α.β.2
11	ecsv　IN　A　（省略）　←192.168.1.2

これまでの図1の構成では，ecsv宛てに通信をすると，既設ECサーバ(ecsv)が応答しました。ECサーバを増強したあとの図3の構成では，LBによる負荷分散をします。よって，ecsv宛ての通信は，LBが応答する必要があります。つまり，項番5と項番11のリソースレコードは，LBのIPアドレスを示します。

解答例　どの機器：**LB**

では，LBのIPアドレスは何と呼ばれるでしょうか。困ったら問題文を探します。すると，「導入するLBには，**負荷分散用のIPアドレスである仮想IPアドレス**で受信したパケットをECサーバに振り分ける」とあります。正解は「仮想IPアドレス」です。

解答例　IPアドレスの呼称：**仮想IPアドレス**

設問4

（2）本文中の下線④について，ホスト名のほかに変更する情報を答えよ。

問題文から下線④の箇所を再掲します。

④図4のリソースレコードの追加に対応して，既設ECサーバに設定されている二つの情報を変更します。

「**既設ECサーバ**に設定されている二つの情報」とあります。また，「図4のリソースレコードの追加に対応して」とあります。よって，既設ECサーバのリソースレコードを確認しましょう。

```
ecsv1         IN    A          192.168.1.5        ;既設ECサーバのIPアドレス
```

■図4の既設ECサーバのレコード

ここに記載があるのは，ホスト名とIPアドレスだけですね。

そうなんです。問題文の指示どおりに答えると，答えは簡単です。設問文には「ホスト名のほかに」とあるので，残るはIPアドレスです。

解答 IPアドレス

参考までに，変更した内容は以下のとおりです。

	変更前	変更後
ホスト名	ecsv	ecsv1
IPアドレス	192.168.1.2	192.168.1.5

設問4

(3) 本文中の下線⑤について，どの機器からどの機器のIPアドレスに変更するのかを，図3中の機器名で答えよ。

問題文の該当箇所は以下のとおりです。

X主任：現在のECサーバの運用を変更しないために，ソースNATは行わない予定です。この場合，パケットの転送を図5の経路にするために，⑤既設ECサーバでは，デフォルトゲートウェイのIPアドレスを変更します。

まず，変更前のデフォルトゲートウェイはどの機器でしょうか。図1を見ると，ECサーバと同じセグメントにあるレイヤー3デバイスはFWzしかありません。よって，FWzが正解です。

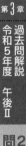

では，デフォルトゲートウェイをどの機器に変更するのでしょうか。図3を見ると，候補は絞られます。ほとんどがサーバで，デフォルトゲートウェイになりそうな機器は，LBしかありません。

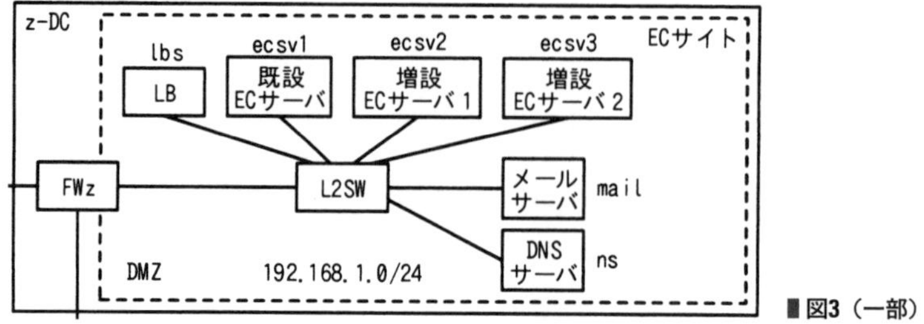

■図3（一部）

また，図5の流れを見ても，LBがデフォルトゲートウェイになりそうだと予想できたことでしょう。

解答　FWzからLB

では，直感ではなく，技術的な解説をします。すでに説明していますが，パケットの流れを解説した次の図を見てください。色文字で，パケットの宛先IPアドレスと送信元IPアドレスを記載しました。

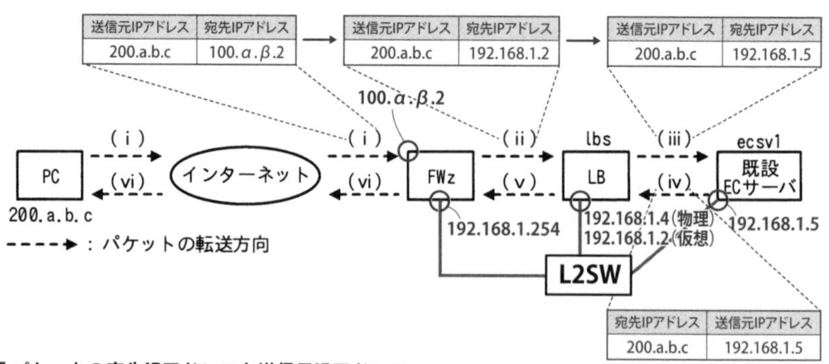

■パケットの宛先IPアドレスと送信元IPアドレス

この中で，（iii）と（iv）に着目してください。

（iii）LBから既設ECサーバへの通信

LBでは，ecsv1（192.168.1.5）にパケットを届けるために，宛先IPアドレスを192.168.1.5に変換します。「LBでソースNATを行わない場合」を考えているので，送信元IPアドレスは，200.a.b.cのままです。

（iv）既設ECサーバからの通信

ここがポイントです。既設ECサーバでは，送信元IPアドレスが200.a.b.c，宛先IPアドレスが192.168.1.5のパケットを受け取ります。この応答を返す場合，送信元IPアドレスと宛先IPアドレスを逆にします。よって，宛先IPアドレスが200.a.b.c，送信元IPアドレスが192.168.1.5です。宛先が同一セグメント宛てではないので，既設ECサーバはデフォルトゲートウェイであるFWzにパケットを送ります。つまり，LBを通りません。問題文にある「パケットの転送を図5の経路にする」ことができないのです。

ですから，既設ECサーバのデフォルトゲートウェイをFWzからLBに変更しなければいけません。そうすれば，パケットがLBに送られるようになります。

設問4

（4）本文中の下線⑥について，X-Forwarded-Forフィールドを追加する目的を，35字以内で答えよ。

問題文から下線⑥の箇所を再掲します。

ECサーバに設定するデフォルトゲートウェイを図1の構成時のままとし，LBではソースNATを行うとともに，<u>⑥ECサーバ宛てに送信するHTTPヘッダーにX-Forwarded-Forフィールドを追加する</u>ようにします。

X-Forwarded-For（以下，XFFと略します）は，HTTPヘッダーにおいて，送信元のIPアドレス情報を記載するフィールドです。利用例として，皆さんにも馴染み深いプロキシサーバ経由でインターネットに接続する構成で考えます。構成図は次ページのとおりです。192.168.1.11のPCから，プロキシサーバ経由でWebサーバに通信します。

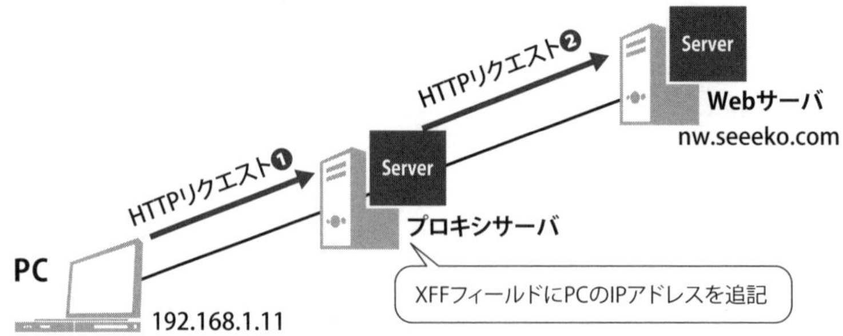

■プロキシサーバがXFFフィールドにPCのIPアドレスを追加

この場合，プロキシサーバが，PCからのHTTPリクエスト❶のXFFフィールドにPCのIPアドレスを追加します。そして，WebサーバにHTTPリクエスト❷を送信します。次がそのHTTPヘッダーの例です。PCのIPアドレス192.168.1.11が追記されていることがわかります。

```
GET / HTTP/1.1
Accept: text/html, application/xhtml+xml, */*
Accept-Language: ja
User-Agent: Mozilla/4.0 (compatible; MSIE 6.0;Windows NT 5.1; SVl)
X-Forwarded-For: 192.168.1.11  ←プロキシサーバが追加したPCのIPアドレス
Host: nw.seeeko.com
Connection: keep-alive
```

■プロキシサーバがWebサーバに送信したHTTPリクエスト❷

今回，ソースNATをするので，ECサーバに届くパケットの送信元IPアドレスは，すべてLBのIPアドレスです。ですから，ECサーバでは，アクセス元のIPアドレスを把握できません。

そこで，ECサーバがアクセス元のIPアドレスを把握するために，X-Forwarded-Forフィールドを使います。

解答例 ECサーバに，アクセス元PCのIPアドレスを通知するため（28字）

「ECサーバが，アクセス元PCのIPアドレスを把握できるようにするため」などと書いても正解になったでしょう。

アクセス元のIPアドレスを把握する必要があるのですか？

はい。あとのSAMLの処理（図7の（ⅱ））では，アクセス元IPアドレスなどをもとにリダイレクト先を決めたりします。その他にも，アクセスログを記録するために必要です。不正アクセスなどがあった場合には，アクセスログからアクセス元IPアドレスを確認することが多いでしょう。問題文の冒頭にも「ECサーバは，**アクセス元のIPアドレス**などをログとして管理している」とありました。

設問4

(5) 本文中の下線⑦について，対応するための作業内容を，50字以内で答えよ。

問題文から下線⑦の箇所を再掲します。

X主任：いいえ。増設ECサーバにはインストールせずに⑦既設ECサーバ内のサーバ証明書の流用で対応できます。

証明書は，既存のサーバ証明書をLBに配置します。このとき，どういう作業が必要でしょうか。

どういう作業って，サーバ証明書を移行する以外にあるのですか？

そのとおりなのですが，サーバ証明書だけでは足りません。サーバ証明書のペアになる**秘密鍵**も必要です。そこが解答のポイントでもあります。丁寧に説明すると長くなるのですが，簡単にいうと，TLSの暗号化通信をする際に秘密鍵を使うからです。

解答例 既設ECサーバにインストールされているサーバ証明書と秘密鍵のペアを，LBに移す。（40字）

補足 TLS通信で秘密鍵をいつ使うのか

この問題の採点講評には，「正答率が低かった。サーバ証明書は，サーバの公開鍵の正当性をCAが保証するものであり，秘密鍵とサーバ証明書とが一緒に管理されることで，TLSでは，サーバの認証及びデータの暗号化に用いられる共通鍵の安全な配送が可能になることを理解してほしい」とありました。

では，この二つの観点で，秘密鍵の必要性を解説します。

①サーバの認証

以下は，R4年度 午後Ⅱ問1での，TLSのシーケンスです。この問題でも，証明書だけでなく秘密鍵が必要であることに関する出題がありました。

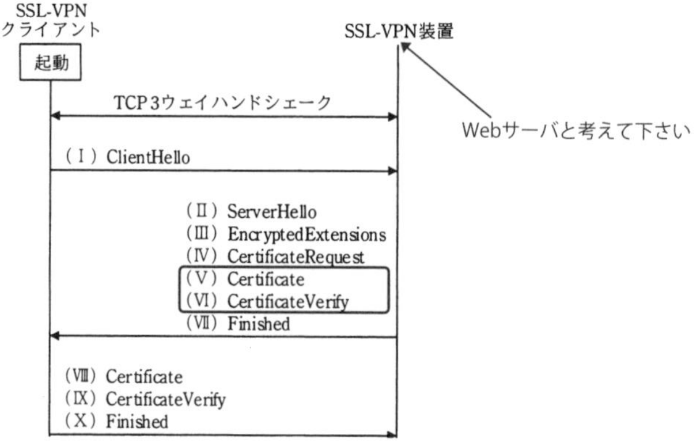

図の（Ⅴ）Certificateにて，サーバからクライアントに，サーバ証明書が送られます。しかし，クライアントに配布するということは，誰でもサーバ証明書を入手できるということです。であれば，別のサーバがこのWebサーバになりすまし可能です。そこで，（Ⅵ）CertificateVerifyです。Webサーバは，秘密鍵を利用して，（Ⅰ）～（Ⅴ）のデータのデジタル署名を作成し，クライアントに送信します。クライアントは公開鍵を用いてその署名を検証することで，Webサーバが正規のサーバであることの確認（＝サーバの認証）ができます。

②データの暗号化に用いられる共通鍵の安全な配送

TLS1.3では廃止されましたが，鍵交換の方式がRSAの場合は，公開鍵暗号方式で鍵の元となるプリマスタシークレットを交換します。クライアントからは，Webサーバの公開鍵で暗号化したデータが送られてくるので，Webサーバ側では秘密鍵が必要です。

〔LBの制御方式の検討〕について答えよ。

(1) 本文中の下線⑧について，セッション維持ができなくなる理由を，50字以内で答えよ。

問題文から下線⑧の箇所を再掲します。

⑧IPアドレスとポート番号との組合せでアクセス元を識別する場合は，TCPコネクションが切断されると再接続時にセッション維持ができなくなる問題が発生する。

LBに届くパケット構造ですが，以下のようになります。送信元ポート番号は毎回異なるのですが，仮で20001としました。

■LBに届くパケット構造

送信元 IPアドレス	宛先 IPアドレス	送信元 ポート番号	宛先 ポート番号	データ
200.a.b.c	LB (192.168.1.2)	20001	443	

ここで，宛先ポート番号や宛先IPアドレスは固定です。また，送信元IPアドレスも，同じ端末からの通信であれば変化しません。ですが，PCが新規にTCPコネクションを確立する場合には，送信元ポート番号は変わります。よって，「IPアドレスとポート番号との組合せ」ではアクセス元を識別できないので，セッション維持ができません。

解答例 TCPコネクションが再設定されるたびに，ポート番号が変わる可能性があるから（37字）

解答例では「再設定」とありますが，「再接続」という語句でも正解だったことでしょう。

(2) 本文中の下線⑨について，LBがセッション管理テーブルに新たなレコードを登録するのは，どのような場合か。60字以内で答えよ。

問題文には「⑨Cookie中のセッションIDと振分け先のサーバから構成されるセッション管理テーブルをLBが作成」とあります。この内容から，セッション管理テーブルは以下のようになっていることがわかります。

■セッション管理テーブルの内容

セッションID	振分け先サーバ
12345678	192.168.1.5
9534abcd	192.168.1.6
1a2b3c4d	192.168.1.7
87654321	192.168.1.5

答案ですが，「新たなレコードを登録」ということで，新規のPCが接続してきた場合ではないでしょうか。

考え方はそうなります。これまでに接続したことがない（＝セッション管理テーブルに情報がない）PCからの接続があった場合に，登録したいですよね。しかし，セッションIDを発行するのは，PCではなく**サーバ**です。新しく接続したPCはセッションIDを持っていないので，そのタイミングでは登録できません。

先に解答例を見ましょう。

解答例 **サーバからの応答に含まれるCookie中のセッションIDが，セッション管理テーブルに存在しない場合**（49字）

では，セッション管理テーブルがどのように更新されるのかを詳しく説明します。

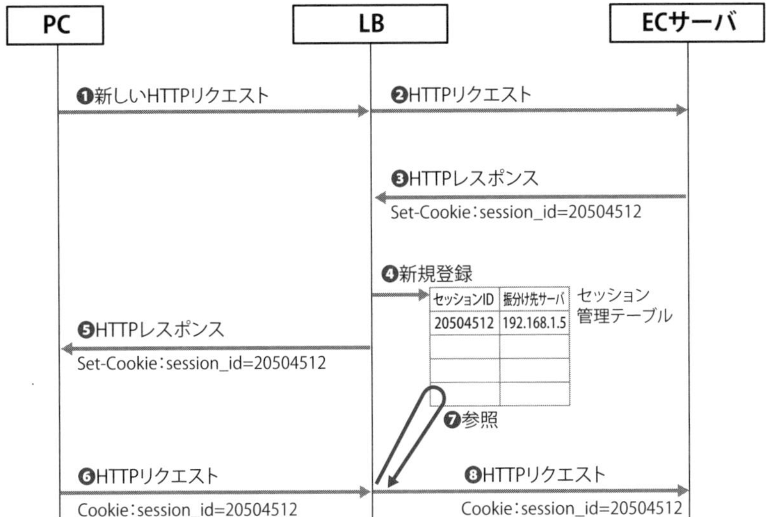

■セッション管理テーブルの更新

❶PCがECサーバに新しいHTTPリクエストを送ります。このとき，PCはCookieを受け取っていないので，セッションIDを送付しません（というか，できません）。

❷LBは，負荷の低いECサーバを決定し，HTTPリクエストをECサーバに送信します。

❸ECサーバはHTTPレスポンスを返します。このとき，HTTPレスポンスのSet-Cookieヘッダーフィールドに，セッションIDを記載します。

❹LBは，ECサーバからのHTTPレスポンスに含まれるCookie中のセッションIDを確認します。このセッションIDが，セッション管理テーブル内に存在しなければ，新規に登録します。これが解答例の内容

❺LBは，PCにHTTPレスポンスを返します。❸と同様に，セッションIDが記載されています。

❻PCが次の要求をECサイトに送信します。このとき，❺で受信したセッションIDをHTTPリクエストのCookieヘッダーフィールドに含めます。

❼❽LBは，セッション管理テーブルを参照し，セッションIDを元にECサーバにHTTPリクエストを送信します。

設問5

（3）本文中の下線⑩について，レイヤー3及びレイヤー4方式では適切な監視が行われない。その理由を25字以内で答えよ。

問題文から下線⑩の箇所を再掲します。

⑩ヘルスチェックは，レイヤー3，4及び7の各レイヤーで稼働状態を監視する方式があり，ここではレイヤー7方式を利用する。

レイヤー3，4，7の監視方式を以下に整理しました。それぞれのレイヤーのプロトコルを使って，ECサーバの動作状況を確認します。

■レイヤー3，4，7の監視方式

方式	稼働状態の確認方法	稼働確認できる内容
レイヤー3	LBから振分け先サーバにICMPエコー要求を送信し，応答を確認する（ping試験）	OSが稼働していること
レイヤー4	LBから振分け先サーバにTCPハンドシェイク（SYNパケット送信）を試行し，SYN/ACKパケットの応答があることを確認する。	サービスがTCP/80で待ち受けしていること
レイヤー7	LBから振分け先サーバにHTTPリクエスト（例：GET）要求を送信し，正常な応答があることを確認する。	サービスが正常に動作していること

レイヤー3方式では，OSが稼働していることは確認できますが，サービス（Webサーバプロセス）が稼働しているかを確認できません。

また，レイヤー4方式では，サービスが正常稼働しているかを確認できません。たとえば，TCPポートの待ち受けを行っているけれども，HTTP要求を処理できない障害が発生していたとします。この場合，LBからのSYNパケットに対しSYN/ACKを返すので，「正常」と判定されてしまいます。

解答例 サービスが稼働しているかどうか検査しないから（22字）

設問6　〔SAML2.0の調査とECサーバへの対応の検討〕について答えよ。

(1) 本文中の下線⑪についてログイン要求を受信したECサーバがリダイレクト応答を行うために必要とする情報を，購買担当者の認証・認可の情報を提供するIdPが会員企業によって異なることに着目して，30字以内で答えよ。

問題文から下線⑪の箇所を再掲します。

(ii) SPであるECサーバは，⑪SAML認証要求（SAML Request）を作成しIdPである認証連携サーバにリダイレクトを要求する応答を行う。

リダイレクト応答とは，ブラウザに対して「別のURIへアクセスしてください」と応答を返すことです。リダイレクト先は，下線⑪にもあるように，IdPです。IdPは，図7を見てもらうとわかるように，会員企業内に配置されていますから，会員企業ごとにURIが異なります。

ということは，「IdPのURI」が答えですか。

いいえ，そうではありません。IdPは複数あるので，どのIdPにリダイレクトするのかを，どうやって判断するのか。それが設問で問われた内容でした。

たとえば，次ページの画面はCiNii（学術機関向けの論文検索サイト）のログイン画面です。CiNiiがSP，多数の学術機関（大学など）がIdPにあたります。CiNiiにログインする際，利用者がどの学術機関に属しているのかを選択すると，選択した学術機関のIdPにリダイレクトされます。このように，利用者にどのIdPを利用するのか選択させることで，リダイレクト先を決定します。

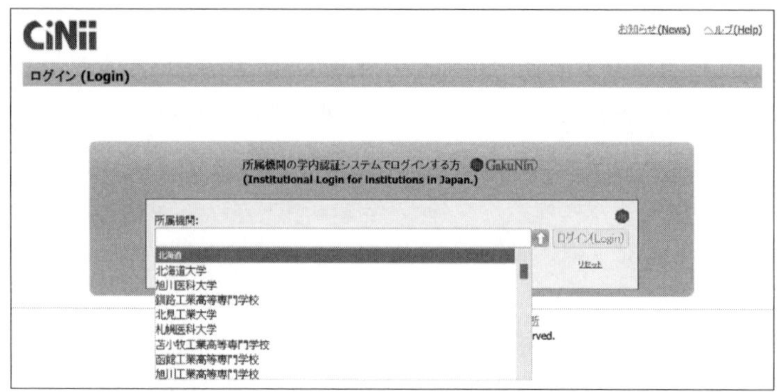

■CiNiiのログイン画面

なお，学術機関であればこの方式でよいのですが，Y社のようなECサーバにはあまり向かない方式です。ECサーバを利用する会社名の一覧がわかってしまうからです。

ただ，設問では「具体的に」の指示がなく，どうやって識別するかの具体的な方法までは問われていません。会員企業のIPアドレスによって識別するのかもしれません。解答例を見ると，ふわっと書かれています。

解答例 アクセス元の購買担当者が所属している会員企業の情報（25字）

設問6

(2) 本文中の下線⑫について，図7の手順の処理を行うために，ECサーバに登録すべき情報を，15字以内で答えよ。

問題文から下線⑫を再掲します。

ここで，ECサーバには，⑫IdPが作成するデジタル署名の検証に必要な情報などが設定され，IdPとの間で信頼関係が構築されている。

ケルベロス認証に関する難しい問題かと思いきや，単なるデジタル署名の検証の問題です。

さて，デジタル署名の検証には何が必要でしたか？

ルート証明書の公開鍵でしたっけ？

それは証明書の認証の場合です。参考欄にて違いを整理するので，そちらを確認してください。

デジタル署名の検証には，署名をした人の公開鍵が必要です。

具体的な処理を確認しましょう。IdPはSAMLアサーションを（viii）で作成します。その際に，IdPの秘密鍵を使ってデジタル署名を作成します。このSAMLアサーションは，最終的に（ix）でECサーバが受信します。ECサーバは，IdPの公開鍵を使ってSAMLアサーションに付与された署名を検証します。この処理をするために，ECサーバは，IdPの公開鍵を保持していなければいけません。そこで，事前に，IdPの公開鍵証明書をSPに登録します。

解答例 IdPの公開鍵証明書（10字）

参考 デジタル署名と電子証明書の検証の仕組み

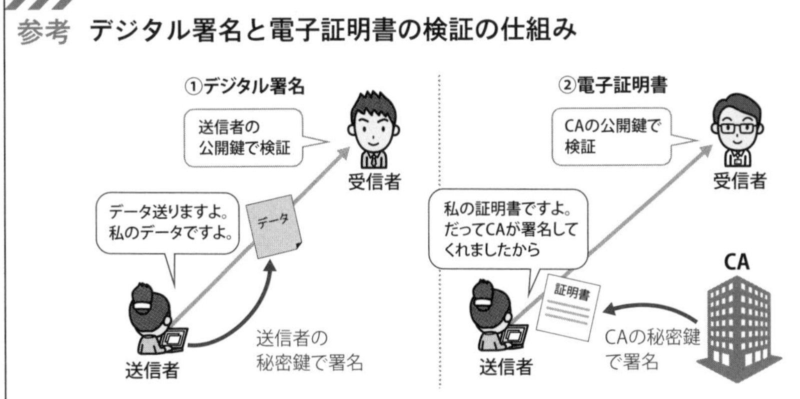

■デジタル署名と電子証明書での検証方法の違い

①デジタル署名の場合

送信者が，送信者の秘密鍵で署名をします。よって，受信者は，送信者の公開鍵で検証します。

②電子証明書の場合

認証局であるCAが，CAの秘密鍵で署名します。よって，受信者は，CAの公開鍵で検証します。※CAの公開鍵は，CAのルート証明書に含まれています。

設問 6

(3) 本文中の下線⑬について，取り出したSTをPCは改ざんすることができない。その理由を20字以内で答えよ。

問題文から下線⑬の箇所を再掲します。

(vi) KDCは，TGTを基に，購買担当者の身元情報やセッション鍵が含まれたSTを発行し，IdPの鍵でSTを暗号化する。さらに，KDCは，暗号化したSTにセッション鍵などを付加し，全体をPCの鍵で暗号化した情報をPCに払い出す。

(vii) PCは，⑬受信した情報の中からSTを取り出し，ケルベロス認証向けのAPIを利用して，STをIdPに提示する。

STの処理方法は，p.289の「参考：ケルベロス認証」で解説したので，そちらを確認してもらうと，理解しやすいと思います。

さて，（vi）の処理では，KDCはIdPの共通鍵を使ってSTを暗号化しました。つまり，STを復号できるのは，IdPだけです。（vii）の処理では，PCがSTを取り出していますが，STをそのままIdPに送信します。このとき，PCはSTの内容を見たり改ざんしたりすることはできません。なぜなら，PCはIdPの共通鍵を持っていないからです。

解答例 **IdPの鍵を所有していないから**（15字）

昨年の問題でも似たような問題を見た気がします。

そうなんです。R4年度 午後Ⅰ問3でも，同じような設問がありました。過去問，しっかりと勉強しましょう！

設問6

(4) 本文中の下線⑭について，受信したSAMLアサーションに対して検証できる内容を二つ挙げ、それぞれ25字以内で答えよ。

問題文には,「SPは, SAML Responseに含まれる⑭デジタル署名を検証し」とあります。この検証によって何が検証できるのかを答えます。

デジタル署名で検証できるのは何だったでしょうか？

勉強しましたよ！ 真正性（本人が署名したこと），完全性（改ざんがないこと），否認防止の3点です。

その知識があれば，完璧です。今回は，真正性と完全性を答えます。

①真正性

設問6（2）で解説したように, IdPが作成したSAMLアサーションに対して, IdPの秘密鍵で署名を生成します。SPは，IdPの公開鍵で署名を検証することで，他人ではなく，本人（IdP）が署名したことの確認ができます。

②完全性

SPは，IdPの公開鍵で署名を検証することで，SAMLアサーションが改ざんされていないことを確認できます。

もちろん，否認防止も検証できます。ですが，今回の認証において，否認防止はそれほど重要ではありません。優先度が高いのは，上記二つになるでしょう。

解答例
- **信頼関係のあるIdPが生成したものであること**（22字）
- **SAMLアサーションが改ざんされていないこと**（22字）

一つ目の,「信頼関係のある」は必要ですか？

第3章 過去問解説 令和5年度 午後Ⅱ 問2 問題 問題解説 設問解説

「正規の」などの，何らかの枕詞があったほうがいいと思います。今回の場合，問題文に「IdPとの間で**信頼関係が構築**されている」とあるので，このような解答例になったのでしょう。

ネットワークSE Column 6 皆さんに支えられて

この「ネスペ」シリーズであるが，2013年の解説を収めた『ネスペ25』を技術評論社さんで書き始めてから，2023年の今年の『ネスペR5』で，10冊目になる。

目の前の仕事を全力でやることだけを意識して，走り続けてきたなーって感じである。

10年間書き続けられたこと，そして今まで書いてきた本を並べてみると，よくがんばったなと思う。マラソンの有森裕子さんではないが，自分で自分をほめてあげたい。

さて，私がこの本をどんな風に書いているか。もしかすると皆さんの想像では，「楽々と書いている」と思われるかもしれない。

だが，当然ながら，まったくそうではない。すごくしんどい作業である。技術的に難しいところは実機で設定して確認するし，どうやったらわかりやすく説明できるのかも考える。また，IPAさんの解答例は秀逸なのだが，ときに「ん？」と思うときもあり（笑），それをどう解説するか，頭を悩ませ，ものすごく体力を使う。

しかし，「つらかったですか？」と聞かれると，そうは思わない。つらかったはずなのだが，「楽しかった」という気持ちのほうが大きい。

そう思える最大の理由は，ある意味，成功したからだと思っている。成功というと大げさだが，読者の皆さんからの「勉強になりました」という声援や，「合格しました！」という興奮さめやらぬメッセージをいただけたからである。

それと，たくさんの方がこの本を買ってくださったからである。誰も買ってくれないと，続かないのだ。面白くないから，途中でやめてしまう。仮に私がやめないと主張しても，出版社からNGが出て本が出せなくなる。そういう意味では，皆さんに感謝しつつ，本を書き続けられたことを素直に喜びたいと思う。

今後も，私の気力体力が続く限り，そして，読者の皆様が求めてくださる限り，この「ネスペ」シリーズを書き続けたい。

皆さんも，仕事や家庭などが忙しい中，遊びたい気持ちを抑えて，この試験にチャレンジされている。そんな，あくなき成長を求める皆さんと一緒に，手段やフィールドは違うかもしれないが，今後もゆっくりと走り続けていきたい。

我々エンジニアは，日本のITやビジネス，生活を支えている。

ペースは人それぞれでよいので，今後も一緒に走り続けましょう！

※余談ですが，どこかで，ネスペのオフ会をやりたいなーってずっと思っています。

IPAの解答例

設問			IPAの解答例・解答の要点	予想配点
設問1		a	NS	3
		b	MX	3
		c	100. α . β .1	2
		d	100. α . β .3	2
		e	192.168.1.1	2
		f	192.168.1.3	2
設問2	(1)		コモン名とURLのドメインが異なるから	5
	(2)		L3SW，FWz，L2SW	4
設問3	(1)	g	アップ	3
		h	アウト	3
	(2)		1台故障時にも，ECサイトの応答速度の低下を発生させないため	5
	(3)	i	100. α . β .2	2
		j	192.168.1.2	2
		k	192.168.1.4	2
設問4	(1)	どの機種	LB	2
		IPアドレスの呼称	仮想IPアドレス	3
	(2)		(自身の)IPアドレス	4
	(3)		FWzからLB	3
	(4)		ECサーバに，アクセス元PCのIPアドレスを通知するため	5
	(5)		既設ECサーバにインストールされているサーバ証明書と秘密鍵のペアを，LBに移す。	6
設問5	(1)		TCPコネクションが再設定されるたびに，ポート番号が変わる可能性があるから	5
	(2)		サーバからの応答に含まれるCookie中のセッションIDが，セッション管理テーブルに存在しない場合	6
	(3)		サービスが稼働しているかどうか検査しないから	5
設問6	(1)		アクセス元の購買担当者が所属している会員企業の情報	5
	(2)		IdPの公開鍵証明書	4
	(3)		IdPの鍵を所有していないから	4
	(4)	①	・信頼関係のあるIdPが生成したものであること	4
		②	・SAMLアサーションが改ざんされていないこと	4
			合計	100

※予想配点は著者による

受験者の復元解答

nさんの解答	正誤	予想採点	あずにゃんさんの解答	正誤	予想採点
NS	○	3	NS	○	3
MX	○	3	MX	○	3
100. α . β .1	○	2	100. α . β .1	○	2
100. α . β .3	○	2	100. α . β .3	○	2
192.168.1.1	○	2	192.168.1.1	○	2
192.168.1.3	○	2	192.168.1.3	○	2
URLのFQDNとサーバ証明書のコモン名が異なる	○	5	コモン名が購買担当者用URLのドメインであるため。	△	2
L3SW，FWz，L2SW	○	4	L3SW, FWZ, L2SW, EC サーバ	×	0
アップ	○	3	アップ	○	3
アウト	○	3	アウト	○	3
メンテナンス時に1台停止しても十分な処理性能を確保できるから	×	0	1台で障害が発生しても残り2台で十分な処理能力を保てるようにするため。	○	5
100. α . β .2	○	2	100. α . β .2	○	2
仮想IPアドレス	×	0	192.168.1.2	○	2
仮想IPアドレス	×	0	192.168.1.4	○	2
LB	○	2	LB	○	2
仮想IPアドレス	○	3	仮想IPアドレス	○	3
(自身の)IPアドレス	○	4	IPアドレス	○	4
FWz　から　LB　に変更	○	3	FWz　から　LB　に変更	○	3
LB経由のリクエストであることをECサーバで識別するため	×	0	ECサーバでアクセス元のIPアドレスをログに記録するため	△	4
ECサーバの80番ポートを有効化し既設ECサーバ内のサーバ証明書と秘密鍵をLBにインストールする	○	6	LBに既設ECサーバ内のサーバ証明書をインストールする。	×	0
再接続後に送信元ポート番号が変化してしまうことで，異なるセッションとして認識されてしまうから	○	5	送信元ポート番号はTCPコネクションごとに任意の番号に変わることが多いから。	○	5
クライアントからの初回アクセス時に,負荷分散機能によって負荷分散対象のサーバに振分けた場合	×	0	セッション管理テーブルに存在しないセッションIDでアクセスがあった場合	△	5
レイヤー7の応答遅延を検出できないから	△	2	ECサイトのアプリケーション障害を検知できないから。	○	5
会員企業毎に異なるIdPにリダイレクトするためのURL	×	0	購買担当者の所属する会員企業のIdPのURL	×	0
IdPの公開鍵	△	2	IdPの公開鍵	△	2
STがIdPの共通鍵で暗号化されたから	△	2	STはIdPの鍵で暗号化されているため。	△	2
SAMLアサーションが偽造や改ざんされていないこと	○	4	正規のIdPからのものであること。	○	4
SAMLアサーションがIdPから発行されたこと	○	4	SAMLアサーションの内容が改ざんされていないこと。	○	4
	予想点合計	68		予想点合計	76

（※実際は79点）

IPAの出題趣旨

インターネット上でサービスを提供するシステムは，顧客数の変化に対応して適切な処理能力をもつ構成を維持することが重要である。また，登録する顧客数の増加によって，顧客のアカウント情報の管理負荷も増大するので，異なるドメイン間で認証，認可情報の交換が可能な認証連携技術の活用も求められる。

このような状況を基に，本問では，サーバ負荷分散装置（以下，LBという）によってシステムの処理能力を増強させる構成設計と，SAML2.0を利用するための方式検討を事例として取り上げた。

本問では，ECサーバの増強を題材として，LB導入に伴う構成設計及びSAML2.0を利用するための方式検討において，受験者が習得した技術が活用できる水準かどうかを問う。

IPAの採点講評

問2では，ECサーバの増強を題材に，サーバ負荷分散装置（以下，LBという）を導入するときの構成設計と，SAML2.0を利用するための方式検討について出題した。全体として正答率は平均的であった。

設問3では，（3）jの正答率が低かった。図5の構成では，PCはLBに設定された仮想IPアドレス宛てにパケットを送信するが，ファイアウォールに設定されたNATは変更されないことから，表1を基に正答を導き出してほしい。

設問4では，（5）の正答率が低かった。サーバ証明書は，サーバの公開鍵の正当性をCAが保証するものであり，秘密鍵とサーバ証明書とが一緒に管理されることで，TLSでは，サーバの認証及びデータの暗号化に用いられる共通鍵の安全な配送が可能になることを理解してほしい。

設問5では，（2）の正答率が低かった。本文中の記述から，サーバがセッションIDを生成する条件，cookieにセッションIDを書き込む条件，及び導入予定のLBがセッション管理テーブルを作成する条件が分かるので，これら三つの条件を基に，セッション管理テーブルに新たなレコードが登録される場合を導き出してほしい。

■出典
「令和5年度 春期 ネットワークスペシャリスト試験 解答例」
https://www.ipa.go.jp/shiken/mondai-kaiotu/ps6vr70000010d6y-att/2023r05h_nw_pm2_ans.pdf
「令和5年度 春期 ネットワークスペシャリスト試験 採点講評」
https://www.ipa.go.jp/shiken/mondai-kaiotu/ps6vr70000010d6y-att/2023r05h_nw_pm2_cmnt.pdf

ときに電話が怖い

トラブルやクレームではないかと心配するのだ。

お客様とのコミュニケーションがうまくとれない

SEの仕事でもっとも大事なのは、コミュニケーション能力である。しかし、なかなか難しい。

■ 著者

左門 至峰（さもん しほう）

ネットワークスペシャリスト。執筆実績として，本書のネットワークスペシャリスト試験対策『ネスペ』シリーズ（技術評論社），『FortiGate で始める 企業ネットワークセキュリティ』（日経 BP 社），『ストーリーで学ぶ ネットワークの基本』（インプレス），『日経NETWORK』（日経 BP 社）や「INTERNET Watch」での連載など。近著に，キャリアに悩むすべての若手 SE に贈る成長物語を書いた小説形式の『ぼく、SE やめて転職したほうがいいですか？』（日経 BP 社）がある。
また，資格対策やネットワークおよびセキュリティのハンズオン研修も精力的に実施。
保有資格は，ネットワークスペシャリスト，技術士（情報工学），情報処理安全確保支援，プロジェクトマネージャ，システム監査技術者，IT ストラテジストなど多数。

平田 賀一（ひらた のりかず）

ビジネス向け SaaS のサービスオペレーションに従事するかたわら，情報処理技術者試験の受験者支援に携わる。執筆実績として『ネスペ』『支援士』シリーズ（技術評論社），『IT サービスマネージャ「専門知識＋午後問題」の重点対策』（アイテック）などがある。
保有資格はネットワークスペシャリスト，情報処理安全確保支援士，技術士（情報工学部門，電気電子部門，総合技術監理部門）など。

答案用紙ダウンロードサービス

ネットワークスペシャリスト試験の午後Ⅰ，午後Ⅱの答案用紙をご用意しました。
本試験の形式そのものではありませんが，試験の雰囲気が味わえるかと思います。
ダウンロードし，プリントしてお使いください。

https://gihyo.jp/book/2023/978-4-297-13803-5/support

カバーデザイン◆SONICBANG CO.,
カバー・本文イラスト◆後藤 浩一
「SE事件簿」イラスト◆厚焼 サネ太
本文デザイン・DTP◆田中 望
編集担当◆熊谷 裕美子

ネスペR5（れいわご）
ー本物（ほんもの）のネットワークスペシャリストになるための最（もっと）も詳（くわ）しい過去問解説（かこもんかいせつ）

2023年 11月28日 初 版 第1刷発行
2024年 5月 4日 初 版 第3刷発行

著 者 左門（さもん） 至峰（しほう）・平田（ひらた） 賀一（のりかず）
発行者 片岡 巌
発行所 株式会社技術評論社
東京都新宿区市谷左内町21-13
電話 03-3513-6150 販売促進部
03-3513-6166 書籍編集部
印刷／製本 昭和情報プロセス株式会社

定価はカバーに表示してあります。

ISBN978-4-297-13803-5 C3055

Printed in Japan

■問い合わせについて

本書に関するご質問については、本書に記載されている内容に関するもののみとさせていただきます。本書の内容と関係のないご質問につきましては、一切お答えできませんので、あらかじめご了承ください。また、電話でのご質問は受け付けておりませんので、FAXか書面にて下記までお送りください。弊社のWebサイトでも質問用フォームを用意しておりますのでご利用ください。

なお、ご質問の際には、書名と該当ページ、返信先を明記してくださいますよう、お願いいたします。

お送りいただいたご質問には、できる限り迅速にお答えできるよう努力いたしておりますが、場合によってはお答えするまでに時間がかかることがあります。また、回答の期日をご指定なさっても、ご希望にお応えできるとは限りません。あらかじめご了承くださいますよう、お願いいたします。

■問い合わせ先

〒162-0846
東京都新宿区市谷左内町21-13
株式会社技術評論社 書籍編集部
「ネスペR5」係
FAX番号 ：03-3513-6183
技術評論社Web：https://gihyo.jp/book